早生樹

——産業植林とその利用——

パラゴムノキ(左)とファルカタ(右)(インドネシア・東ジャワ植林地、写真提供:村田功二)

海青社

❶ ユーカリグランディス

▲16年生ユーカリグランディス植林地

▲16年生ユーカリグランディスの樹皮

▲16年生ユーカリグランディスの葉と種子

ブラジルのユーカリ植林の歴史は100年を超える。現在世界最大のユーカリ植林国の一つであり、面積は300万ヘクタールを超える。用途の多くはパルプ原料であるが、その他製鉄用の木炭や、一部は家具・住宅内装材としての需要もある。

学名：*Eucalyptus grandis* 現地名：Flooded gum, Rose gum
（写真提供：児嶋美穂 撮影地：ブラジル・リオグランデスル州）

▲丸太の切断面に生じた心割れ

❷ ユーカリユーログランディス(1)

▲ハイブリッド ユーカリの挿し穂（クローン苗）

▲ミストルームで育苗中のハイブリッドクローン苗

▲左図の丸囲み内：植えたばかりのクローン苗

▲ハイブリッドクローン苗を植栽するよう。筒状の道具を用いて、立ったままクローン苗を植えこんでいる（ブラジル・サンパウロ州）。

▲造成されたハイブリッドユーカリ植林地の航空写真。整然とした植林地の間に、その土地固有の植生を回復させる試みを行っている。

高成長速度・高品質の植林ユーカリを求めて、ハイブリッドがいくつか作出されてきた。グランディスをもとにするものが多く、ブラジル・アラクルツ社が開発した*E. urograndis*（商品名Lyptus）はその一つである。ユーログランディスは、現在はブラジルだけでなく、中国南部や東南アジア諸国でも植林されている。

学名：Hybrid *Eucalyptus grandis* × *E. urophylla*
（写真提供 a-d：山本浩之、e：ブラジル・アラクルツセルロース社（現フィビリア社））

❸ ユーカリユーログランディス(2)

▲ハイブリッドユーカリの5年生植林地
（中国広西壮族自治区・広西王子豊産林有限公司）

▲植栽後1年半

▲ハイブリッドユーカリの組織培養による苗作り
（中国広西壮族自治区・林業科学研究院）

▲ハイブリッドユーカリ 广林巨尾桉5号
（中国広西壮族自治区・林業科学研究院）

中国では1982年からオーストラリアとの共同プロジェクトで数多くのユーカリ種の導入が試みられた。その結果、成長が早く、パルプ製造に適した品種として、E. urophylla（尾叶桉）や E. globulus（蓝桉）が植えられるようになった。2000年代に入り、E. grandis x E. urophylla（巨尾桉）が積極的に植林されている。

（写真提供：村田功二）

❹ ユーカリグロブラス

▲ユーカリグロブラス植林地3年目(オーストラリア)

▲ユーカリグロブラスの葉

▲高さ約30mのグロブラスの巨木(オーストラリア)

▲20年生グロブラス植林地(オーストラリア)

ユーカリグロブラスはパルプ用途では最も植林されている樹種の1つであり、特にオーストラリアでは広く植林されている。

学名:*Eucalyptus globulus*　原地名:Southern Blue Gum
(写真提供　a,b&d:粟野達也　c:岩崎　誠)

❺ ユーカリカマルドレンシス

▲ユーカリカマルドレンシス植林地（タイ・ナコーンラーチャシーマ県）

▲ユーカリカマルドレンシス樹皮

▲葉

ユーカリカマルドレンシスはオーストラリア原産であり、世界中で植林されている。痩せた乾燥した土地でも育ち、干ばつや高温にも耐性がある。パルプ用途としてはグロブラス(blue gum)に次いで広く植林される。材は建築、造船、枕木、橋などに使用されるが、密度が高く加工性に難がある。

学名：*Eucalyptus camaldulensis*　原地名：River Red Gum
（写真提供：石栗　太）

❻ アカシアマンギウム

▲アカシアマンギウムの葉（たく葉）と花

▲アカシアマンギウム植林地（マレーシア・サラワク州）

▲アカシアマンギウム11年生人工林（マレーシア・ボルネオ島）

▲アカシアマンギウムの苗

▲泥炭湿地林伐採跡地における植林の試み

アカシア属の植林樹種の代表例は、マンギウム、アウリカリフォルミス、クラシカルパであるが、これらに加え、近年では、マンギウムとアウリカリフォルミスのハイブリッドが、盛んに植林されている。これらマメ科の樹種は、泥炭湿地林伐採跡地のような、酸性度が高く、栄養分の欠如した土壌（問題土壌）でも生育することが多い。このことから、乱開発により生じた荒地の再緑化に効果があるものと期待される。

学名：*Acacia mangium*
（写真提供 a, d & e：山本浩之、b：大建工業、c：奥山　剛撮影）

❼ アカシアアウリカリフォルミス

▲アカシアアウリカリフォルミス植林地
（インドネシア・ジャワ島）

▲アカシアアウリカリフォルミスの葉と花
（マレーシア・サバ州）

▲アカシアアウリカリフォルミスの樹形
（インドネシア・ジャワ島）

▲アウリカリフォルミス植林地
（マレーシア・サバ州）

アカシアアウリカリフォルミス（カマバアカシア）はマメ科のアカシア属に属する常緑の熱帯性高木であり、成育条件に恵まれれば樹高25～35m、胸高直径35～50cmに達する。自生域は、両樹種ともオーストラリア・クイーンズランド州北部沿岸部、ニューギニア島低地（中央部南岸低地および北西部沿岸地域）、さらにインドネシア・マルク州の一部である。

マンギウムは早生樹の中では密度が高く、幹は比較的通直である。一方、アウリカリフォルミスもさらに密度は高く強度を有するが、地面近くから枝分かれする傾向にあり、樹形に劣るとされる。

マンギウム、アウリカリフォルミスの双方とも、本来の植生域は、アルティソルあるいはオキシソルを主体とするローム質沖積土壌である。これらの土壌は、高い酸性度を示し（pH 4.0～6.5）、また多くは貧栄養であり、植物の繁茂には適さないとされる。そのような問題土壌であっても、十分な降水量（年平均1,500～3,000mm）と気温（最低・最高気温、20～33℃）に恵まれれば両樹種とも問題なく成育する。

学名：*Acacia auriculiformis*
（写真提供　a＆c：村田功二、b＆d：佐藤　裕）

❽ アカシアハイブリッド

▲アカシアハイブリッド1年生(ベトナム・タイグエン省)

▲アカシアハイブリッド9年生(ベトナム・トゥアチエン-フエ省)

▲ハイブリッドの母樹木(マレーシア・サバ州)

▲アカシアハイブリッドの葉や花(上)と植林地(マレーシア・サバ州)(下)

アカシア属は1500種からなり、主に熱帯地域に分布する。アカシアマンギウム(Acacia mangium)、アカシアアウリカリフォルミス(Acacia auriculiformis)およびそのハイブリッドは、成長が早くて材質が良く、様々な土壌条件への抵抗性が高いことから、重要な早生樹として世界各地にプランテーションがある。

学名:Hybrid *A. mangium* × *A. auriculiformis*
(写真提供 a&b:松村順司、c:村田功二、d:佐藤裕(越井木材工業))

❾ アカシアハイブリッドの育苗

▲アカシアハイブリッドの採穂園 (a)

▲台木からの採穂 (b)

▲採穂した苗の挿し木 (c)

▲発根した幼苗（1〜3週間） (d)

▲シェーディングでの育苗（3週間） (e)

▲全天の育苗（〜3カ月） (f)

越井木材工業(株)では2004年にKM Hybrid Plantation社を設立し、2010年8月時点で150万本の交配種の植林を完了している（インドネシア・サバ州）。一般にアカシアはパルプ用途で植林される場合が多く、枝打ちや間伐の施業は行わずに7年程度で伐採される。同社では合板原料に適した樹形の良い材を得るために下草刈りや枝打ちなどの育林施業を行い、15年伐期のシステムを目指している。

（写真提供　村田功二、協力：越井木材工業株式会社）

❿ ファルカタ(1)

▲7年生ファルカタにおけるアグロフォレストリ。パパイアとの混植(インドネシア、中部ジャワ州)

▲23年生ファルカタ(インドネシア・東カリマンタン州)

▲7年生ファルカタ植林地(インドネシア・中部ジャワ州)

ファルカタは、アカシア、バリカと同じくマメ科に属する早生樹であり、原産地のソロモン群島からインドネシア一帯、フィリピン、マレーシアなどで植林されている。成長は早く、低比重であるが、材は白く、加工性は容易なので、合板や箱物などに用いられる。

学名：*Paraserianthes falcataria*/*Falcataria moluccana*　原地名：Batai, Sengon
(写真提供：山本浩之)

⑪ ファルカタ (2)

▲ ファルカタの葉

▲ ファルカタの種

▲ ファルカタの苗床 (1カ月)

▲ ファルカタ植林 (6カ月)

▲ ファルカタ植林 (6年)

住友林業株式会社のグループ会社であるPT. Kutai Timber Indonesia (KTI) が、林業公社、農園公社と共同で地域住民のファルカタ植林を支援している。苗木を無料で配布し森林管理を指導、5～7年後に収穫された材を買い取り、KTI工場で合板に加工する取り組みである。2008年12月には地域住民と共同で結成した植林共同組合がFSC森林認証を取得した。

(写真提供　PT.Kutai Timber Indonesia)

⑫ ポプラ類

▲中国ポプラ植林地（6年生、中国・江蘇省連雲港市）

▲ポプラの葉（4年生）

▲中国ポプラ幼木（1年生、中国・山東省臨沂市）

温帯の代表的な早生樹であるポプラは、中国華東地区で大量に植林されている。1970年代初頭にアメリカ黒楊（*Populus deltoides*）を導入し、南京林業大学を中心に品種改良・栽培技術の改良がなされた。山東省、河南省、江蘇省、安徽省、湖北省の平原地帯で大規模な植林がされている。

我が国でも早生樹の品種開発に向けた研究がなされている。たとえば遺伝子組替えによる形質転換を行い、ヘミセルロース分解酵素を構成発現したポプラの野外試験などがある（写真左下）。遺伝子を導入したメスのポプラ（*Populus alba*）は、根萌芽によって繁殖することができる。そこで、組換えポプラの根が毎年何m伸びるのか、計測する必要がある。写真（下）の根掘りは、野外試験4年目で、長いものは14mに達した。

学名：*Populus* spp.
（写真提供 a,c：村田功二　b：張敏　d,e：林　隆久）

▲野外試験中の遺伝子組換えポプラ

▲ポプラの根ほりによる調査

⓭ メリナ

▲3.5年生メリナ植林地 (a)

▲3.5年生メリナの葉 (b)

▲12年生メリナ植林地 (c)

▲3.5年生メリナ植林木の丸太 (d)

▲植林メリナの合板工場 (e)

　メリナは、チークやスンカイと同じく、シソ科に属する早生樹であり、インドから東南アジア（マレーシア、インドネシアを除く）、さらには中国南部に自生する。現在では、東南アジア全域、中南米、アフリカで植林されている。白色（灰白色）の木材と、比較的高い比重を有することから、合板、MDF、集成材としての用途がある。植林拡大への課題は、病虫害への対策である。

学名：*Gmelina arborea*　原地名：Beechwood, Gmelina
（写真提供 a, b, d & e：山本浩之、c：児嶋美穂、撮影地 a～c：インドネシア・中部スラウェシ州、c, e：インドネシア・東カリマンタン州）

⑭ メルクシマツ

▲メルクシマツ植林地

▲メルクシマツ樹皮

メルクシマツはミャンマー、タイ、ラオス、カンボジア、ベトナム、インドネシア、フィリピンなどの東南アジア諸国に分布しているマツ科マツ属の樹木である。二葉松であり、日本のアカマツやクロマツによく似ている。古くから植林樹種として用いられており、東南アジア各国に植林地が存在している。比較的成長が早く、30年で樹高30m、胸高直径50cm程度に達するものもある。

学名：*Pinus merkusii*　原地名：Thong mu, Tapulau, Tusan
（写真提供：石栗　太、撮影地：インドネシア・西ジャワ州）

⑮ メラルーカ

▲メラルーカ林（ベトナム・ロンアン省タンホア）

▲メラルーカの樹皮

▲メラルーカの葉、花、種

メラルーカは耐酸性を有することから農耕地に利用することができない酸性硫酸塩土壌あるいは塩分の多い土壌に自生する。分布地域は、オーストラリア北部からニューギニア南部、マラッカ諸島、インドネシア、マレーシア、タイ、ベトナムである。

学名：*Melaleuca cajuputi*　原地名：Cajuput, Kayu putih, cây tràm
（写真提供：佐藤雅俊）

はじめに

　木質資源の利用は古くより我々の生活に深く関わり、近年ではその供給源として早生樹林業が重要な役割を果たしつつある。地球温暖化対策や生物多様性保存について、マスコミによる報道が増えたこともあって、人々の環境に対する意識は高まってきた。それと同時に二酸化炭素排出量や遺伝資源の扱いをめぐり、先進国と発展途上国の対立も目立ち始めている。人々が豊かな生活を送るためには何らかの資源が必要で、これまでにも化石資源や生物資源を求めて様々な活動が繰り広げられてきた。木材生産のために天然林が伐採され、食糧増産のために農地がひらかれた。近年は、工業用原料の生産のためにアカシアやユーカリ、パラゴムノキやアブラヤシ（オイルパーム）が東南アジアなどで活発に植栽されている。開発が進むにつれ熱帯雨林がもつ遺伝資源の価値が評価され、また生態系保護意識の高まりから天然林の伐採は禁止され、保全が重要視されるようになった。しかし現代社会の需要に応じた資源生産は必要であり、生産国からみれば資源は自らの生活に利用するだけでなく、豊かな生活を得るための資金ともなる。そのような中で、荒廃地などで効率的に木質資源を生産する方法として早生樹林業がある。

　植林の目的には大きく分けて２つある。環境保全を目的とした環境植林と木材生産を目的とした産業植林である。FAOの報告（2010）によれば、全世界の植林地の中で産業目的のものは８割近くにまでなる。本書ではこの産業植林に焦点を絞ることとする。早生樹の産業利用については、それぞれの分野で活発な研究がなされてきた。しかし、効率的でかつ持続可能な木材生産を追求すると、それぞれの分野は有機的に結びつく。早生樹材を生産する社会的な背景、自然環境へのインパクト、より高品質な材質を求める育種、用途に応じた加工技術、マーケットを意識した商品開発、いずれも互いに影響し合って存在する。そこで本書では、技術的な視点に焦点を置いて、木材生産から加工、製品に至るまでの広範囲を収めることとした。早生樹の植林・利用に関しては、国際的な情勢や市民運動など社会的な問題も大きく影響するが、それらについて

は他書にゆずることとする。また本書で網羅できていない領域もあるが、今後研究を進める上での足がかりとして活用して頂けると幸甚である。

本書は7つの章からなる。第1章では早生樹産業植林の概要として、その規模と生産力について、現状と課題を説明する。早生樹とは何か、また植林の過去・現在・未来について述べる。第2章では早生樹産業植林が環境に与える影響についてまとめ、持続的生産に向けた課題、特に土壌との関係について述べる。第3章では産業利用に向けた早生樹材の材質について説明する。なお早生樹林業は熱帯・亜熱帯で施業される場合が多いが、この章では日本で植栽可能な早生樹についても触れる。第4章ではより高品質な早生樹林業に向けた遺伝子組み換え技術の現状について紹介する。第5章では早生樹材の利用で最も進んでいるパルプ利用について説明する。ここでは特にパルプ利用目的として世界各地で広く植林されているユーカリとアカシアについて詳しく説明する。第6章では、パルプ利用と並んで重要なエネルギー利用について説明するが、早生樹に限定せず、広く木本植物を対象に述べる。ただし、伝統的な薪や炭は対象とせず、固形燃料である木質ペレットと早生樹からのバイオエタノール生産や木本植物からの果実・種子より得られるバイオディーゼルなどの液体バイオ燃料を取り扱う。第7章では、木材の高付加価値用途の一つである住宅建材用途について述べる。経済発展の著しい隣国の中国と、近年の日本における利用技術を紹介する。また酸性土壌でも生育するメラルーカ材の建材利用の可能性についても述べる。

海外で植栽される樹種が多いため、同一樹種でも日本で使用される名称が複数に及ぶ場合がある。また、現地の発音を日本語で表記する場合も幾分異なる場合もある。本書では日本語の名称をできるだけ統一したが、同一樹種の名称が章により異なる場合がある。ご容赦を願いたい。

最後に、本書の出版に多大なるご支援を頂いた海青社の宮内　久氏に謝意を表したい。

編者一同

早生樹
―産業植林とその利用―

目　次

本文中で☞印を付した用語には巻末
「索引・用語解説」中で解説を施した。

目次

口絵（巻頭カラー）
---
① ユーカリグランディス
② ユーカリユーログランディス（1）
③ ユーカリユーログランディス（2）
④ ユーカリグロブラス
⑤ ユーカリカマルドレンシス
⑥ アカシアマンギウム
⑦ アカシアアウリカリフォルミス
⑧ アカシアハイブリッド
⑨ アカシアハイブリッドの育苗
⑩ ファルカタ（1）
⑪ ファルカタ（2）
⑫ ポプラ
⑬ メリナ
⑭ メルクシマツ
⑮ メラルーカ

はじめに 1

第1章　早生樹産業植林の概要——規模と生産力の視点から—— 7
　1.1.　はじめに 7
　1.2.　早生樹産業植林の規模 9
　1.3.　早生樹産業植林の生産力 14
　1.4.　地域環境への影響とランドスケープレベルの計画 21
　1.5.　おわりに 30

第2章　産業植林と環境 35
　2.1.　持続的生産への課題 35
　2.2.　熱帯土壌の性質とその脆弱性 36
　2.3.　早生樹単一林が環境にもたらす影響 42
　2.4.　森林施業に伴う、土壌の攪乱と養分の流出 48
　2.5.　早生樹の持続的な生産に向けて 53

第3章　材　　質 57
　3.1.　はじめに 57
　3.2.　世界の早生樹の材質 59
　　　3.2.1.　アカシア 59
　　　3.2.2.　ユーカリ 69

	3.2.3. ファルカタ	77
	3.2.4. メリナ	80
	3.2.5. メラルーカ	85
	3.2.6. マツ類	86
3.3.	日本産早生樹の可能性	90

第4章 遺伝子組換え技術 ... 105
- 4.1. モデル早生樹による遺伝子研究 ... 105
- 4.2. リグニン改変による木材の加工性の向上 ... 111
- 4.3. ヘミセルロース分解酵素遺伝子組換えによる細胞壁の改変 ... 116
- 4.4. 遺伝子組換えユーカリ ... 123

第5章 パルプ利用 ... 129
- 5.1. はじめに ... 129
- 5.2. 原料として求められる性質 ... 130
- 5.3. ユーカリ ... 132
- 5.4. アカシア ... 141
- 5.5. エネルギー効率の改善や環境配慮など ... 159

第6章 エネルギー利用 ... 163
- 6.1. バイオマス発電 ... 163
- 6.2. 木質ペレット ... 175
- 6.3. バイオエタノール ... 183
- 6.4. 木質系バイオディーゼル ... 192

第7章 用材利用 ... 205
- 7.1. 中国における早生樹資源とその有効利用 ... 205
- 7.2. メコンデルタ地域におけるメラルーカの利用可能性 ... 213
- 7.3. 日本における早生樹材の建材利用 ... 226

目　次

索引・用語解説 241
あとがき 259

第1章　早生樹産業植林の概要
―─規模と生産力の視点から──

1.1.　はじめに

　早生樹産業植林では、工業用原木の生産を目的に高い材積成長速度をもつ樹種を植栽し、5年弱から20年程度の林業としては短い期間で収穫する。管理の行き届いた産業植林施業はあたかも流れ作業の工場のようである。整然と立ち並んだ同じ形をした木が、同じ向きに倒され、同じ長さに玉切りされた材が束ねられ搬出される。伐採跡地には次の収穫にむけて、挿し木により大量生産された優良な形質をもつ系統の苗木が植栽される（**図1-1a-d**）。

　早生樹産業植林は増え続ける世界の木質資源需要に応え、大量の木質資源を供給している。また今後数十年にわたり、世界の木質資源供給に対する早生樹産業植林の役割は重要性を増しつづけると予測されている（岡 2006; Del Lungo et al. 2007）。早生樹産業植林地からの主要な生産物は従来、紙（パルプ原木）と木炭（燃料材）が知られていた。近年は無垢板、集成材、パーティクルボード、繊維板等の原料生産を目的とする植林地も増加しつつある。早生樹産業植林はさらに高価格木材の供給源としても期待されていて、James and Del Lungo（2005）は、早生樹植林地は2000年に世界中で生産された4分の1の量の高価格木材を供給する能力をもつと推定している。しかしながら他の土地利用との競合や、環境保全への配慮などにより、新しく早生樹産業植林地を造成できる土地は減少しつつある。限られた土地から大量の木質資源を収穫するためにも、より成長の早い樹種を植栽し短い期間で収穫する早生樹産業植林の重要性は従来以上に高まっていくはずである。

　世界的に増え続ける木材資源に対する需要に対応するには、早生樹産業植林は必要不可欠な存在である。しかしながら数千から数十万haという大面積の土地にアカシアやユーカリに代表される限られた外来樹種を植栽することか

図 1-1　ユーカリ産業植林地(コンゴ民主共和国、撮影：藤間　剛)
a) 伐採　同じ形状の木が同じ向きに倒されていく。
b) 搬出　玉切りされた材は輸送のために束にされる。
c) 苗畑　選抜された形質の苗木が挿し木により大量生産されている。
d) 再植林地　8年ごとに伐採と再植林が繰り返される。後方の林の林冠高は約30 m。

ら、早生樹産業植林に対してはその利点と同時にさまざまな問題が指摘されてきた。その代表的なものには、生物多様性に富んだ天然林を大面積に切り開き外来樹種を植栽する、政府と大企業による大規模な土地の囲い込みにより地域の人々の生活が破壊される、伐採収穫の繰り返しにより土壌から養分が収奪され土地生産力が失われるなどがある。筆者自身も、管理の行き届いた早生樹産業植林地を訪問する機会を得るまでは、早生樹産業植林が木材生産に果たす役割には考え及ばず、地域社会や生態系にあたえる悪影響を問題視していた。このような早生樹産業植林の両面性について、コサルターとパイスミス(2003)は詳細な検討をおこない、早生樹産業植林は、本来的に良いものでも悪いものでもなく、ずさんに計画・実行された場合には甚大な問題を引き起こし、綿密に計画・実行された場合には大量の木材に加えさまざま環境的・社会的便益をも

たらすものであると結論した。筆者は現在、早生樹産業植林について次のように考えている。早生樹産業植林は、木質資源に対する世界的な需要を満たすため、木材を原料とする工場が必要とする品質の木材を十分な量で供給するには必要不可欠な存在である。しかしながら広大な土地を必要とする事業であるため、地域社会の生活や環境に悪影響をおよぼす危険がある。新しい早生樹産業植林地を造成するよりも、すでにある早生樹産業植林地の生産力の維持・向上が重要である。このような考えのもと、本章では早生樹産業植林の現状と課題について、規模と生産力の観点から紹介するとともに、生物多様性保全と二酸化炭素固定に対する早生樹産業植林の役割について述べる。

1.2. 早生樹産業植林の規模

1.2.1. 世界の森林と植林地の役割

2010年、FAOは5年にわたり実施してきた世界森林資源調査(Global Forest Resources Assessments 2010, FRA2010)の主要な結果を発表した(FAO 2010)。世界森林資源調査は、FAOが1946年以来、5から10年おきに実施している世界の森林資源に関する包括的な調査である。FRA2010には178名の政府機関代表を含む900名以上が参画し、世界の233の国家および地域を対象に、持続可能な森林管理に必要な情報を収集・分析した。FRA2010によると世界の森林面積は約40億ha、そのうち人工林面積は2億6,400万haで森林面積の6.6％を占める。FRA2010では、今後数十年は世界の人口増および収入増により、木質資源への需要増加は継続すると予測している。さらに、この数十年、木質資源への需要増にこたえ供給を増加させたのは、植林地の造成を進めた国々であることを指摘するとともに、天然林から人工林に木質資源の供給源がシフトしてきたこと、今後数十年はその傾向が続くであろうと予測している。

2010年の世界の森林面積は40億3,300万ha、全陸地面積の31％にあたる。2000年から2010年にかけての10年で、毎年1,300万haの森林が他の土地利用への転用または自然要因によって失われた。この森林減少の多くが熱帯林の農地への転用によっておこっている。その一方で、2000年から2010年にかけて、植林、景観修復、自然増により年間780万haずつ森林が増加した。この結果

2000年から2010年にかけて、世界の森林面積は年あたり520万haずつ減少した。なおFRA2010では過去20年間の新規植林、景観修復、森林の自然増に関する情報を整備し、森林面積が純増した国々の森林減少を再推計した。その結果、1990〜2000年における世界の森林減少面積は年平均1,600万haと、2006年に公表した前回の世界森林資源調査（FRA2005）による推定値（年平均1,300万ha）よりも大きくなった。

1990年以来、世界全体で人工林面積は急速に増え続けている。1990年から2000年にかけては年360万ha、2000年から2005年には年560万ha、2005年から2010年にかけては年420万haと、2000年から2010年の10年で世界全体の年平均で約500万haの人工林が造成され続けてきた（FAO 2010）。過去20年間を通じ植林地の増加が特に急速に進んでいるのは中国で、1990年から2010年の年平均増加速度は、193万haに達する。2005年現在、中国には3,137万haの植林地があり、そのうち2,853万haは生産目的で造成されたものであった。このような増加の結果、2010年現在、世界には様々な目的で造成された人工林が2億6,400万haあり、全森林面積の6.6％に相当する。人工林の造成目的は一つに限ることが難しいことからFRA2010では人工林の主たる造成目的を数値として示していない。ただし、FRA2005で人工林の76％が木材および木質繊維などの生産を主目的に生産されたものであったことから、2010年においても人工林造成の主たる目的は生産であるとしている。なお世界全体で人工林に在来樹種が占める割合は約75％で、残りの25％は導入された外来樹種が植栽されている。

FRA2010では世界の木材収穫量を工業用原木と燃料材に区分し、1988〜1992年、1998〜2002年、2003〜2007年のそれぞれ5年間の平均値を1990年、2000年、2005年の収穫量として解析している。世界の木材収穫量は、2005年には32億m^3で世界の全木材蓄積量の0.7％に相当する。収穫量のおよそ半分が工業用原木、残り半分が燃料として利用されている。2005年の木材収穫量は1990年と同程度で、2000年より増加している。地域別にみるとアフリカ地域での収穫増加が顕著で、過去20年にわたり年3％程度の速度で増加している。アジア地域での木材伐採量は減少しているが、中国、タイ、インドネシアからの情報が足りない（例えばゴム農園から収穫する木材が含まれない）ため過

小評価であると指摘されている。また植林地からの生産を含めると東南アジアにおける木材生産は1990年よりも2005年のほうが大きいと推定されている。

　FAOの世界森林資源調査は各国からの報告を基礎に作成されており、国によって、統計値が欠落していたり信頼性に欠けたりするものも含まれる。また調査時によって森林や植林地に関する定義が変更になることもある。このような問題はあるものの、世界森林資源調査は世界の森林資源に関する網羅的な情報を示す唯一の統計である。これまでFRA2000やFRA2005を基礎になされてきた国際的な木材の需要や供給に関する予測（Del Lungo et al. 2007; James and Del Lungo 2005; 岡ほか2006）は、FRA2010や今後の世界森林資源調査の情報により修正されていくだろう（例えば、岡ほか2011）。統計精度の向上に繋がる技術や情報処理、常に更新される統計値を反映した世界的な木材需給予測などは、世界の森林の将来を予測する上でも、また早生樹産業植林の管理運営にとっても、重要な研究分野である。

1.2.2. 早生樹産業植林地の広がり

　コサルターとパイスミス（2003）は、早生樹産業植林が「強度に管理された商業植林で、あるブロックには単一の樹種が植栽され、高い成長速度（年平均成長速度15m^3 ha^{-1}以上）で工業用の丸太材が生産され、そして植栽から20年以内に収穫されるもの」と定義し、世界の早生樹植林地の主要な形態ごとに特徴をその面積および分布と共に示した（**表1-1**）。彼らによると西暦2000年には全世界で1,000万haの早生樹植林地があり、毎年約100万haのペースで増加していた。なお彼らは**表1-1**で示した面積について、ブラジルと中国、南アフリカ以外の熱帯・亜熱帯地域に存在する1,125万haのユーカリの植林地のどれだけが早生樹産業植林地と見なすことができるのかわからないこと、またインドは一国で800万haのユーカリ植林地を保有するがその大半は生産性があまりに低いため早生樹産業植林とは見なせないこと、中国のポプラ植林370万haのうちどれだけが早生樹産業植林とみなせるかはわからないこと、などの問題点を指摘している。

　彼らはまた、早生樹産業植林がおこなわれているのは比較的限られた地域であり、個々の早生樹植林地の所在地、面積、所有形態、量的ならびに経済的な

表1-1　高収量、短伐期植林林業：主要樹種とおもな植栽国(コサルターとパイスミス 2003)

樹　　種	施業規模での平均成長速度 (m^3/ha/year)	成熟に要する時間(年)	早生樹植林推定面積(千ha)	主な植栽国(重要度の高い国順)
ユーカリグランディス(Eucalyptus grandis)とユーカリ雑種[1]	15〜40	5〜15	3,700	ブラジル、南アフリカ、ウルグアイ、インド、コンゴ、ジンバブエ
その他の熱帯産ユーカリ[2]	10〜20	5〜10	1,550	中国、インド、タイ、ベトナム、マダガスカル、ミャンマー
温帯産ユーカリ[3]	5〜18	10〜15	1,900	チリ、ポルトガル、スペイン、アルゼンチン、ウルグアイ、南アフリカ、オーストラリア
熱帯産アカシア[4]	15〜30	7〜10	1,400	インドネシア、中国、マレーシア、ベトナム、インド、フィリピン、タイ
カリビアマツ[5]	8〜20	10〜18	300	ベネズエラ
パツラマツ(Pinus patula)と P. elliottii	15〜25	15〜18	100	スワジランド
メリナ(Gmelina arborea)	12〜35	12〜20	100	コスタリカ、マレーシア、ソロモン諸島
ファルカタ(Paraserianthes falcataria)	15〜35	12〜20	200	インドネシア、マレーシア、フィリピン
ポプラ[6]	11〜30	7〜15	900	中国、インド、アメリカ、中央および西ヨーロッパ諸国、トルニ

(1) 雑種を構成する主な樹種: E. grandis, E. urophylla, E. tereticornis, E. camaldulensis, E. pellita.
(2) 主として、E. camaldulensis, E. tereticornis, E. urophylla, E. robusta, E. pellita, E. deglupta. インド一国で800万haのユーカリ植林地がある(FAO 2001)。著者らの推定では、そのうちの多くは成長速度が中庸であるため、早生樹とは見なせない。
(3) 特にEucalyptus globulusが多いが、耐霜性をもつ樹種(主にE. nitens)も含まれる。
(4) 特にAcacia mangium しかしA. auriculiformisとA. crassicarpaもある。
(5) 特にPinus caribaea var. hondurensis.
(6) 中国には370万haのポプラ植林地がある。ただしその大半は列状植栽によるもので、植栽区全体を早生樹植林地と見なすことはできない。

　実績についての情報は、それぞれに関連する政府機関や民間企業により把握されているものの、企業活動を目的とするそれらの情報は外部に公開されていないと指摘した。

　近年は、熱帯林破壊や違法伐採など、国際的な地球環境問題に対する意識の高まりにより、木材製品を製造・販売する企業に対して使用している木材の

合法性証明や持続性認証を要求する動きが高まりつつある(坂本 2012; 藤間 2011)。そのような状況をうけ、CSR(企業の社会的責任)の一環として自社の植林活動や木材調達に関する情報を公開する企業が増えつつある。日本では海外産業植林センターが会員企業による製紙原料生産のための海外植林についての情報を整理しており、2010年末までに会員企業が海外で実施した産業植林面積は74万ha、将来の目標面積は92万haと報告している。このように個別に公開されている情報を解析することで、特定の生産物を対象とした木材需給の把握や予測など、早生樹産業植林の経営に直結した研究を展開できるだろう。

1.2.3. 早生樹産業植林の規模

産業植林地は工場で加工するための木質資源を供給するために造成される。そのため原料供給先の工場の規模が大きくなると、早生樹産業植林の規模も大きくなる。インドネシアのスマトラ島を例にして、産業植林の規模を試算してみた。スマトラ島には、パルプ原木を供給するための大規模な産業植林地がある。インドネシア林業省の統計によると、2005年の時点でスマトラ島で認可された産業植林地は400万haを超えている。九州(367万ha)よりも広い土地が、アカシアマンギウム(*Acacia mangium*)に代表される早生樹産業植林の対象となっていて、植栽地では7年から8年程度で伐採と再植林が繰り返されている。アカシアマンギウムの平均成長速度から年産100万トンのパルプ工場の操業を可能とする産業植林施業の規模を推定すると次のようになる。

アカシアマンギウムの年平均材積成長速度を$25\,\mathrm{m}^3\,\mathrm{ha}^{-1}$、8年伐期でhaあたり$200\,\mathrm{m}^3$の収穫があるとする。材比重からの概算では1トンのパルプを生産するのに必要な原木は$4.44\,\mathrm{m}^3$であるため、100万トンのパルプ生産に必要な原木は440万m^3、年間の収穫面積は22,000haとなる。植栽から収穫までに8年かかるので、毎年原木生産をするために直接必要な土地は176,000haとなる。産業植林事業地の中には、川沿いなど自然保全のために残すべき土地、林道、苗畑等、植栽が行われない土地、さらには集落や畑等もある。それらを全体の2割とすると、年産100万トンのパルプ工場を操業するために必要な産業植林事業地は22万ha(東京都と同じくらいの面積)となる。

ここで想定した年産100万トンのパルプ工場が一日に必要とする原木は

12,000 m³、毎日の収穫面積は60 haである。これは、一日あたり60 haで再植林が必要となることを意味する。平均的な植栽密度はhaあたり1,100本（3 m×3 m間隔）なので、一日あたり66,000本、1年間で2,400万本の苗木が必要になる。苗木を安定かつ大量に供給するための苗畑と輸送体制も必要となる。

このように規模の大きな産業植林事業では、広大な植林地のどこをいつ収穫するのか、苗畑の規模（年間何万本を生産するのか）と、その配置をどうするのか（中央に1箇所では効率が悪い）、作業員をどのように組織、監督するのかなど、施業功程の改善が収益に大きく影響する。また施業の改善や高成長品種の導入などによる生産力の向上により、植林に必要な面積や植栽本数を減らすとともに、木材や苗木の輸送距離を短くし、施業に要するコストの大幅削減が可能となる。

1.3. 早生樹産業植林の生産力

コサルターとパイスミス（2003）は、早生樹産業植林が急速に拡大した理由を植栽木の成長速度の大きさによる経済的優位性から説明した。パルプやチップ、MDFなど再構成製品など工業製品の原料として木材を生産する場合は、収量が高ければ高いほど原料コストが下がる。早生樹産業植林地は従来の林業に比べ単位面積あたりの収量が大きく短い期間で伐採可能となる。同じ量の木材を生産するのに必要な土地が少なくなり、それにより土地購入、生産、運搬などのコストが下がる。早生樹木材を利用することにより、企業は最も生産性の高い土地に投資を集中することが可能となる。このように単位面積当たりの生産力が高ければ高いほど低コスト化が可能となる。このようなことが温暖な気候により植栽木の潜在的成長速度が高く、またまとまった面積の土地が安価に利用でき人件費も安い熱帯亜熱帯地域の発展途上国での早生樹産業植林地の大面積造成につながった（コサルターとパイスミス 2003）。

このように単位面積当たりの生産力の高さは投資に対する利益に直結しており、早生樹産業植林が成立するための基礎である。しかし、早生樹種を大面積に植えるだけで高い生産力を実現できるわけではない。同じ樹種であっても植栽場所や管理手法などの違いにより施業レベルの生産力には2から3倍の違い

がある(**表1-1**)。本節では、早生樹産業植林の生産力について、単位面積当たりの材積成長速度、管理と施業方法の役割、研究面の課題について説明する。

1.3.1. 材積成長速度

アカシアマンギウムは、東南アジアの代表的な早生樹産業植林樹種の一つで、パルプチップ生産を目的に8年前後の伐採ローテーションで経営されていることが多い。インドネシアおよびマレーシアのアカシアマンギウム植林地の収穫齢での材積(V)は175〜262 $m^3 ha^{-1}$、平均材積成長速度(MAIV)は17.7〜41.1 $m^3 ha^{-1} yr^{-1}$であった(**表1-2**)。アカシアマンギウムは浅くて栄養分の低い堅密な土壌や、季節的に浸水するような土壌をもつ立地では、生産量が低下する(加藤 1995a)。マレーシア・サバ州のアカシアマンギウム植林地の収穫表によると8年生の植林地のMAIVは地位により16.1〜30.9 $m^3 ha^{-1} yr^{-1}$という幅をもっている(猪瀬・Saridi 2004)。早生樹産業植林では、優良系統の導入や施業の改善により生産力が大幅に向上する事が期待される。Nirsatmanto *et al.*(2003)は精英樹選抜により従来の植栽材料に比べMAIVが17〜25％増加する可能性があることを報告している。またほぼ同じ場所で測定された(加藤 1995b; 平塚ほか 2005)アカシアマンギウム植林地のMAIVが、2度目の伐期で大きく向上していることも、施業の改善により生産力が向上する可能性を示唆している。

 Nambiar and Kallio(2008)は、CIFOR(国際林業研究センター)のネットワーク研究で得られたMAIVを調べ、1度目の伐期と2度目の伐期では2度目の伐期のほうが大きい傾向があることを示した(**表1-3**)。**表1-2**、**表1-3**は、比較的近い場所に同じ樹種を植栽しても、生産力に大きな違いがでることがあることを示している。また**表1-3**において2度目の伐期の材積成長速度の最大値と最小値は、同じ場所でも施業方法の違いにより生産力に違いが出ること、土壌肥沃度など立地条件の違いにより施業方法に対する生産力の反応も変化することを示している。

1.3.2. 生産力と植林地管理

 生産力のモニタリングを実施している試験地では、周囲にある同じ管理をし

表1-2 伐期齢に近いアカシアマンギウム植林地の材積(V)と平均材積成長速度(MAIV)

調査地	林齢	V (m^3ha^{-1})	MAIV ($m^3ha^{-1}yr^{-1}$)	備考	出典
インドネシア					
リアウ州	7	200	28.6	直径>7cm	①
南スマトラ州 Toman	9	228	25.3	直径>10cm	②
南スマトラ州 Sodong	9	262	29.1	直径>8cm	②
南スマトラ州 Bunakat	11	217	19.7	1st Rotation	③
南スマトラ州 Bunakat	6	247	41.1	2nd Rotation	④
南スマトラ州	8	218	27.2		⑤
南スマトラ州	8	255	31.8	精英樹	⑤
南スマトラ州	8	274	34.2	精英樹	⑤
東カリマンタン州 Balikpapan	10	255	24.5		⑥
東カリマンタン州 Balikpapan	10	175	17.7		⑥
東カリマンタン州 Balikpapan	8	225	26.6		⑥
東カリマンタン州 Balikpapan	8	221	28.7		⑥
マレーシア					
サバ州	8	247	30.9	地位良	⑦
サバ州	8	181	22.7	地位中庸	⑦
サバ州	8	129	16.1	地位低	⑦
サバ州 Sibuga	10	439	43.9		⑧
パプアニューギニア					
マダン	7	178	25.5		⑨
マダン	7	222	31.7		⑨

出典：①Siregar *et al.* 2008 ②Hardiyanto *et al.* 2004 ③加藤 1995b ④平塚ほか 2005 ⑤Nirsatmanto *et al.* 2003 ⑥海外産業植林センター 1999 ⑦猪瀬・Saridi 2004 ⑧米川・宮脇 1988 ⑨山田ほか 2000

ているはずの植林地よりも生産力が大きくなる、いわゆるプロット効果が観察されることがある。このように成長試験から得られる成長速度が施業地で達成できていないことは、植林地の管理を丁寧にすれば生産力が向上することを示唆している。ただし管理の改善に要するコストをまかなうだけの収量増加が見込めないなら、管理手法を改善する意味はない。

　表1-3に示した同じ場所の1度目の伐期と2度目の伐期の値を比較すると、ほとんどのサイトで伐期の進行により生産力が向上している。しかしながら施業方法の違いにより生産力がどれだけ変化するかを明らかにすることはできなかった。生産力の向上や維持に、施業の違いがどのように影響するかについて科学的根拠を得て施業の改善につなげるには、伐期をまたいで継続した調査と植栽事業地全体を対象にした広域的な調査の両方が必要である。

1.3. 早生樹産業植林の生産力

表1-3　CIFORのネットワーク試験地の平均材積成長速度（MAIV）、1度目の伐期（1st）と2度目の伐期（2nd）の比較。

試験地	樹　種	伐期 (yr)	MAI 1st ($m^3ha^{-1}yr^{-1}$)	MAI 2nd min* ($m^3ha^{-1}yr^{-1}$)	MAI 2nd max* ($m^3ha^{-1}yr^{-1}$)
コンゴ Pointe-Noire	*Eucalyptus* hybrid	8	17	12.0	23.0
インド・ケララ州					
Punalla	*E. tereticornis*	6.5	6	12.0	42.8
Surianelli	*E. grandis*	6.5	9	25.6	41.5
Vattavada	*E. grandis*	6.5	31	50.5	53.8
Kayampoovam	*E. tereticornis*	6.5	12	13.4	21.5
中国 Guangdong	*E. urophylla*	6	10	5.2	7.0
ブラジル Itatinga	*E. grandis*	7	29	20.3	31.8
南アフリカ KZ-Natal	*E. grandis*	7	21	22.4	26.5
オーストラリア					
Busselton	*E. globulus*	8	12	7.4	12.2
Manjimup	*E. globulus*	9	46	43.4	48.7
インドネシア					
リアウ州	*Acacia mangium*	7	41	37.5	44.6
南スマトラ州 Toman	*A. mangium*	9	25	42.9	45.3
南スマトラ州 Sodong	*A. mangium*	10	13	49.0	57.7
ベトナム Binh Duong	*A. auriculiformis*	7	19	19.6	35.4

*複数ある処理区のうちの最小値（min）および最大値（max）

　自動車の燃費のカタログ値が実際に乗っているとほとんど達成されないように、研究目的に設置された試験地で得られた生産力（**表1-2、表1-3**）が、広大な植林事業地でそのまま達成されることはあまりない。一つの植林事業地内でも生産力には大きなばらつきがあり、試験的に知られている植栽樹種ごとの潜在的生産力よりもはるかに低い生産力しか発揮できていないことが多い（Nambiar and Kallio 2008）。Nambiar and Kallio（2008）は、その理由として、立地環境に対する植栽樹種選択の間違い、水環境や土壌の養分状態に応じた施業ができていないこと、害虫や樹病への対応の不備など、さまざまな要因を挙げている。またStape *et al.*（2006）は、植林地の生産力と土壌養分や施肥に関する研究のほとんどが特定の林分を対象とした試験設定であり、産業植林の施業規模に対して現実的な情報を与えていないこと指摘した。その上でStape *et al.*（2006）はブラジル・サンパウロ州の40,500 haのユーカリ植林地内に設置された1,875個の収穫試験地から131の試験地をランダムに選び

施肥試験を実施した。その結果、通常の施業の平均生産力 $41\,\mathrm{m^3\,ha^{-1}\,yr^{-1}}$ が、施肥により $51\,\mathrm{m^3\,ha^{-1}\,yr^{-1}}$ に向上したことと、最大値は $62\,\mathrm{m^3\,ha^{-1}\,yr^{-1}}$ になりうることを報告した。早生樹産業植林地では収穫量調査のための試験地が設定されていることが多いけれど、情報が十分活用されていないことも多い。Stape *et al.*(2006)の手法をもちいることで収穫試験地の情報を施業効果試験にも活用できる。

1.3.3. 生産力を持続するための技術課題
1.3.3.1. 生産の持続性

熱帯地域の短伐期産業植林施業は、長期にわたり生産力を維持できるのか、それとも生物学的な限界による破綻が訪れるのであろうか。Evans and Turnbull(2004)は、造林技術および生物学的要因により長期にわたり生産力が維持できるかどうかという、植林地の生産力に関する狭義の持続性について検討し、次のように結論した。

1. 植林施業の繰り返しは立地環境に悪影響をおよぼし生産力を悪化させることもあるが、必ずしも非持続的という訳ではない。注意深い収穫、有機物の保持、林床植生の管理などにより、土壌への悪影響や養分の流出を避け、生産力の低下を抑えることができる。
2. 植林地は病虫害発生のリスクにさらされている。しかしながら適切な生物学的知見にもとづいた警戒体制をとることで、病虫害を封じ込めることができると、植林の歴史は示唆している。
3. 複数の伐期にまたがった収量調査は、植林施業の繰り返しにより生産力が低下するとは一般に言えないことを示している。伐採収穫の繰り返しにより収量の低下が示された事例では、立地環境の悪化よりも間違った施業が原因であった。
4. 適切な基準を用いた包括的な管理方針のもと、造林技術を改良することにより、将来の生産性を向上できる。特に遺伝形質の改善により、複数回のローテーションにわたり生産力を向上させることが可能である。

1.3.3.2. 技術研究の課題

　世界各地で用材および紙パルプ原木生産のために、早生樹産業植林が実施され10年以下の伐期で伐採、収穫、再植林が繰り返されている。また、上述のようにEvans and Turnbull (2004) は、注意深い施業や技術の改良により、産業植林地の生産力を持続的に管理できることを示した。具体的には、次に述べるような、樹種選択、育苗、病虫害の回避、立地管理、収穫と運材などの個別技術と総合的な地域開発計画の改良により、生産性を向上させたり将来のリスクを低下させたりすることが可能であると筆者は考えている。なお早生樹産業植林の研究で重要なのは、植林施業が大面積で実施されるということである。造林・植林地管理を担当する部局との連携をとって、大面積の現場で適用可能な技術開発を目指さねばならない。

(1) 樹種選択と選抜育種

　早生樹産業植林のような大面積植林の場合、同一植林地内でも土壌養分や水分環境が大きく変動することがあるため、立地環境に応じた樹種もしくは系統を選定する必要がある。石井 (2011) はブラジル・バヒア州にあるユーカリ産業植林地において、収穫時 (7年生) のMAIVが$70\,m^3ha^{-1}year^{-1}$の生産林と3年生で平均樹高16mに達する試験林を見学し、雑種育成と選抜およびクローン化によりMAIVが$100\,m^3ha^{-1}year^{-1}$に達する生産林も実現可能と報告している。また植栽樹種に対する病虫害の蔓延に備え、抵抗性をもつ系統や代替樹種の選定、選抜を継続しておく必要がある。さらに新しい利用目的に対応する樹種および系統の選抜も必要である。

　新しい植栽樹種もしくは系統を導入するためには、熱帯樹木の分類や同定、育種系統の管理など熱帯林の生態と育種に関する技術研究情報の蓄積が必要となる。

(2) 育　苗

　大規模造林においては、優良な苗木を安定して大量に供給する必要がある。選抜された精英樹による採種園の設置による種子の確保と大量生産、苗畑での挿し木による増殖が求められる。また広域に広がる植栽地に安定して苗木を供給するためには、苗畑の適切な配置と一年を通じた生産を可能とするシステム設計が必要である。

(3) 病虫害対策

　植栽木の成長を維持するには、雑草、害虫、樹病等の発生をおさえることが必要で、現状では既存の薬剤が経験的に使用されていることが多い。予防的な害虫管理、対象となる害虫の同定による農薬の適切な使用、潜在的成長能力のみならず害虫の攻撃に対する抵抗性を考慮した樹種の選定、など複数の方法を組み合わせた、地域や植栽樹種に応じた統合的病害虫管理（IPM）の導入と継続的な改良が必要である。その前提として、地域の昆虫相、植物相の把握、特定の樹種を嗜好する害虫や病害の把握など、基礎的な情報が求められている。

(4) 立地管理

　多くの早生樹産業植林地で実施されている施業手順や施肥量は経験的に決められたものである。土壌養分濃度および施肥量の変化に対する植栽木の反応について実験的な情報の蓄積は進んでいるものの、現場での施業には生かし切れていない。とくに大面積植林地施業に適用可能な、土壌養分評価手法、施肥および保育作業の効果を評価する手法、などはいまだ十分ではなく今後の開発が急がれる。

　植栽木の成長は植林地の立地環境によって大きく異なる。短伐期の早生植林施業では、集約的に繰り返される収穫により養分が持ち出され、生産力の低下を引き起こすことが危惧される。短伐期施業産業植林地では、伐採搬出後の枝・葉・樹皮・樹幹先端部（残渣）の林地内への留置、および施肥などを通じたきめ細かい土壌養分管理が、高い生産力を維持するために必要である。また収穫による養分持ち出し量を定量的に把握することにより、養分持ち出し量を最低限に抑えたり適切な施肥量を決めたりすることが可能となる。

　収穫による持ち出しや施肥による追加を含めた土壌養分評価と植栽木の成長に関するモニタリング研究を、長期継続的に実施することが望ましい。

(5) 収穫、運材

　再植林時の樹木の成長を妨げないため、土壌の硬化を避ける搬出手法の開発と導入、効率的な収穫、運材を行うための作業指針や林業機械の改良が課題である。広大に広がる産業植林地では木材の輸送距離が長くなるため、収穫した木材の輸送功程に大量のエネルギー（燃料）が必要となる（言田ほか 2009）。原木輸送に関わるエネルギー消費を精査することで、輸送に要するエネルギー

(燃料)を低減できる可能性が高い。

(6) 総合的な地域開発計画

大規模植林の実施に先立って、対象とする地域における森林被覆や土地利用状況を評価する手法の開発が必要である。また利害関係者の共同参加による総合的な地域開発計画策定手法の開発、事業の進捗状況を広域的にモニタリングする手法の開発、など社会経済的状況にも配慮した手法の開発が必要である。開発した手法は現場での適用を通じて改良を加えて行く必要がある。このようなとりくみはFAOの自主的指針(FAO 2006)など国際的な枠組みにも対応する必要がある。

1.4. 地域環境への影響とランドスケープレベルの計画

熱帯林の破壊は、森林から大気への二酸化炭素の排出や、生物多様性の減少につながったりすることから、地球規模の環境問題としてとらえられてきた。森林が様々な環境サービスをもつことから、植林地に対しても同様の期待をもつ人は多い。また実際に森林の環境サービスに期待した植林活動もなされている。森林の環境サービスのなかでも植林地に対する期待が大きいものに、生物多様性の回復と保全、地球温暖化ガスである二酸化炭素の固定がある。しかしながら、早生樹産業植林は、少数(多くの場合単一)樹種による大面積一斉植林で長くても植林から10年程度で皆伐される(**図1-1d**)のだから、植栽木が長期にわたり炭素を蓄積することは期待できない。またそのような植栽地に生物多様性の回復や保全を期待することはできない。ここではまず、破壊された熱帯林が保持していた炭素や生物多様性を植林により取り返すことができるのか、高齢の熱帯人工林と早生樹産業植林の事例から検討する。そして地域の環境に対する早生樹産業植林の課題について、他の土地利用を含めた(ランドスケープレベルでの)検討の重要性について述べる。

1.4.1. 植林による炭素固定と生物多様性

インドネシアのジャワ島には、同国林業省研究開発庁が管理する植栽後50年を超える熱帯樹木の人工林がある。その一つダルマガ試験林は西ジャワ州

表1-4 パルプ用に植林される主要な5樹種のリターを除く地上部現存量(AGB)と年平均炭素固定量(MAIC)の範囲

樹　　種	林　齢 (年)	AGB ($t\ ha^{-1}$)	MAIC ($t\ ha^{-1}year^{-1}$)
アカシアアウリカリフォルミス A. auriculiformis	6～7	96～136	8.0～9.7
アカシアマンギウム A. mangium	6～9	109～190	7.8～10.5
ユーカリグロブラス E. globulus	6～8	69～275	5.7～17.2
ユーカリグランディス E. grandis	7～12	44～324	3.1～22.9
ユーカリナイテンス E. nitens	7～11	122～195	8.4～8.7

山田ほか(2004)

　ボゴール市の郊外にあり1956年に設立された。ボゴール市の環境は年間を通じて雨が多く土壌も肥沃なため、熱帯人工林の最大成長能力を知るのに適した条件である。ダルマガ試験林では、2003年に幹直径と樹高測定がおこなわれ地上部現存量が推定された。同試験地でもっとも幹が太かったのは、46年生のアフリカ原産のマホガニー(Khaya grandifoliola)で直径は122 cmであった。また最も背が高かったのは46年生のフタバガキ科のShorea selanicaで樹高は51 mであった。植栽区当たりの幹の乾燥重量の合計(幹現存量)は、2種のKhaya属からなる植栽区が最高で911 t ha^{-1}であった。東南アジアの熱帯雨林の代表的な樹種であるフタバガキ科樹木が植栽された20植栽区の最大現存量は、635 t ha^{-1}で16の植栽区で400 t ha^{-1}を超える幹現存量が記録された。天然生のフタバガキ林で報告されている幹の現存量は、368～635 t ha^{-1}程度なので、生育条件の良いところでは、熱帯樹種人工林は植栽から50年で天然林と同程度かそれ以上の炭素を蓄えることが期待できる(Hiratsuka et al. 2005)。

　山田ら(2004)は、パルプ生産目的でユーカリおよびアカシアが植栽されている11カ国31産業植林地産業植林地の地上部現存量(Above Ground Biomass; AGB)、年平均炭素固定量(Mean Annual Increment of Carbon; MAIC)について整理した(表1-4)。AGBとMAICの範囲はそれぞれ、34～324 t ha^{-1}、2.4～22.9 tC ha^{-1} yr^{-1}であった。最も高いMAIC(22.9 tC ha^{-1} yr^{-1})を示したのはブラジル・サンミゲルの7年生のユーカリグランディス(E. grandis)植林地でこの

値は同林齢の他のユーカリグランディス植林地のMAIC（$3\sim10\,tC\,ha^{-1}\,yr^{-1}$）の2倍以上であった。サンミゲルの植林地のAGBは$321\,t\,ha^{-1}$であり、同じ地域内であっても例外的に高い値であった。ユーカリグロブラス（*E. globulus*）植林地のなかでは、$16\,tC\,ha^{-1}\,yr^{-1}$を越える最も高いMAICが西オーストラリア・マンジップで記録されたが、同じく西オーストラリアのアルバニーで$6\,tC\,ha^{-1}\,yr^{-1}$という最も小さい値が記録された。東南アジア地域のアカシア植林地ではMAICの範囲は$7.8\sim10.5\ 10\,tC\,ha^{-1}\,yr^{-1}$と比較的小さかった。山田ら（2004）の整理した早生樹産業植林地のMAICは、ダルマガ試験林に植栽されている樹種よりも概して高いものであった。しかしながらパルプ目的の産業植林では植栽から伐採までの期間が短いため、発達した天然林や高齢の人工林に対比できる現存量をもつには至らない。しつこいけれど、早生樹産業植林に森林として炭素を蓄積する機能を期待することはできないことを繰り返しておく。

1.4.2. 熱帯人工林と生物多様性

　ダルマガ試験林には大木が文字通り林立していることから、天然林と考えている人も多い。しかし東南アジアの熱帯雨林には、1 ha あたり100種類を超える樹木が混じり合って生えている。また森林内には樹高60 mを超える巨木から高さ数cmに満たない実生まで、さまざまな大きさの樹木が階層を作って生育している。ダルマガ試験林を含めほとんどの人工林では、天然林のように多数の樹種が混じり合っていることなく、サイズが違う樹木が複雑な階層構造を形成することもない。少数の樹種を植栽して林冠の高さや現存量が天然林と同程度に育ったとしても、天然林のように多種多様な生物種が棲息する環境を提供することを期待するのは困難である。またダルマガ試験林に植栽されている樹木は、同じインドネシアでもスマトラ島やカリマンタン島、また遠くはアフリカから導入された樹種で、ジャワ島に自生しないものも含まれており、樹高の高い林ではあるものの同地域の天然植生とは全く異なる種組成である。

　ダルマガ試験林の事例は、熱帯の人工林の炭素固定と生物多様性について次のことを示唆する。熱帯雨林の破壊により大気中に放出された炭素は、人工林の造成により数十年の期間で再び樹木中に固定することができる。しかし樹木

を植栽し長期間育成するだけでは、天然林のもつ複雑な種組成や階層構造を再現することはできない。また人工林の造成は植栽樹種によっては、その地域特有の植物相を大きくかえることがある。これらのことは、少数(多くの場合単一)樹種による大面積一斉植林で、植栽から長くても10年程度で皆伐される早生樹産業植林には、生物多様性の回復や保全、炭素の蓄積を期待できないことを端的に示す。

　熱帯地域では植林活動が地域の生物多様性に与える影響について未だにわかっていないことがたくさんある。森林の生物多様性を重視するなら、森林の破壊や劣化を回避することがまず必要である。また植林により失われた生物多様性の回復や保全を目指すなら、早生樹産業植林とは全く別の事業として計画する必要があり、そのための技術研究が必要となる。樹木を植えれば林になるから生物多様性に良いということは決してない。

1.4.3. ランドスケープレベルの計画

　前節の繰り返しになるが、早生樹産業植林地のなかで生産に割り当てられた土地そのものには、生物多様性の保全も二酸化炭素の固定や保持も期待することはできない。その一方、保全帯や事業地の周囲などより広い範囲を考えると、早生樹産業植林は地域の生物多様性や二酸化炭素の固定や保持に貢献しうる。もちろん、早生樹産業植林事業は事業地および周囲の環境に悪影響を及ぼす場合もある。地域の環境に対する早生樹産業植林の課題は、負の影響をいかに避けるかである。このようなことから植林地だけでなく他の土地利用を含めた(ランドスケープレベルでの)検討が必要となる。

　コサルターとパイスミス(2003)は、植林開発ではランドスケープレベルで総合的土地利用の視点を適用することが極めて重要であるとし、次のように結論した。もし植林がランドスケープレベルにおける一連の森林の能力や機能の発現を妨げるようであれば、植林への投資は止めるべきであり、民間企業が植林地を造成する許可を与えるべきではない。たとえば、水循環を断ち切ったり、水質を悪化させる可能性がある場合、早生樹植林地は造成されるべきではない。同じように、地元住民に悪影響をもたらす場合も植林地は造成されるべきではない。たとえば植林地造成により雇用機会が減少したり、地元住民が依存

している薪炭材や放牧地などの資源利用地から排除されたりする場合である。地元住民が受け入れることができる交換条件があるかもしれないので、これらの要因は個別にではなく合わせて検討されるべきである。いかなる場合も、他の利害関係者と同様に地元社会が初期段階から計画・開発に参画する必要がある。さらに天然林や生態的に重要な二次林、その他の重要な生態系の消失につながる可能性がある場合には、いかなる植栽活動も行ってはならない（コサルターとパイスミス 2003）。このような指摘に応え植林開発を計画するには、次に紹介する基準・指標等の活用が有効である。

1.4.4. 持続的産業植林開発のための基準・指標

　森林の長期持続的な管理は、生態的許容量、管理の強度、土・水その他の環境要素、経済的利益、社会開発目標の全てを考慮することによってのみ、達成可能となる。さまざまな要素を含む森林管理の持続性を評価するため、国際的、生態地理的、国家的、国家の一部、さらには施業区などさまざまなレベルの森林を対象に、持続的森林管理を評価・推進するための基準・指標(Criteria and Indicators; C&I)およびガイドラインが開発・提案されている。基準・指標は、原則－基準－指標－検証項目と体系的に整理された構造をもち、それぞれ次のように定義される。原則(Principle)とは、森林を持続的に経営するための主要な枠組みで、基準、指標、検証に根拠を与える。基準(Criterion)とは、持続的森林経営を評価する重要な条件または経過のカテゴリーで、変化を評価するために定期的に観察される関連指標の組合わせによって特徴づけられる。指標(Indicator)とは、基準のある側面を計測するもので、量的または質的に計測または記述が可能であり、かつ定期的に観察することにより変化を示す。検証項目(Verifier)は、指標の評価・確認の基礎となるデータもしくは情報を意味する。なお基準・指標の概念は持続的な森林管理を評価するためにデザインされたもので、モニタリングの結果によって施業や計画を見直す適応的森林管理と同様に、必要に応じた指標の見直しが行われることが想定されている（家原・宮薗 1997）。

　熱帯林の持続的管理についても、異なるレベルの森林を対象に様々な手法によって基準・指標もしくはガイドラインが提案されている。たとえば、CIFOR

による天然林施業を対象とした基準・指標(CIFOR 1999)、国際熱帯木材機関(ITTO)による植林の実施と持続的経営に関する基準・指標(ITTO 1993)、世界自然保護基金(WWF)と国際自然保護連合(IUCN)による植林地・環境・社会・文化的な問題に関わる商業的新規植林に関するガイドライン(WWF and IUCN 1997)、森林管理協議会(Forest Stewardship Council; FSC)による森林管理の一般的な原則と基準(FSC 2000)、Rainforest AllianceのSmartWoodプログラムによる持続的森林管理評価のための一般的指針(SmartWood 2001)などがある。特にインドネシアの森林およびアカシアマンギウム植林地の持続的管理に関する森林認証システムがインドネシア・エコラベリング協議会(Lembaga Ekolabel Indonesia 1999)により提案されている。

インドネシアにおいて1990年代後半からアカシアマンギウム産業植林地の開発が急速に進められたことを受け、Muhataman et al.(2000)は、インドネシアの産業植林開発に特化した基準・指標の開発を行った。まずCIFOR、ITTO、WWF-IUCN、SmartWood、LEIによる基準・指標およびガイドラインを比較・検討し、共通の基準・指標を抽出した。次にリアウ州、南スマトラ州、南カリマンタン州のアカシアマンギウム産業植林地において、抽出した基準・指標の適用性に関する現地調査を実施し、その結果の比較・解析により3つの植林地に共通して適用可能な基準・指標を抽出した。解析過程においては、ある場所に適切な基準・指標のセットを開発・試行するために必要な過程が重視された(Muhataman et al. 2000)。

森林の持続的管理のための基準・指標に対しては、現場の森林管理者にとって現実的もしくは適切では無いという批判が少なからずある。Poulsen and Applegate(2001)は、研究者、森林認証機関、NGO、産業植林企業の開発研究および環境担当者など広い範囲の関係者が参画するワークショップを開催し、Muhataman et al.(2000)の基準・指標をより実用的なものとして再整理した。Poulsen and Applegate(2001)による熱帯産業植林の持続的開発に関する基準・指標は、ランドスケールレベルでの社会・住民関係に関するもの(表1-5)、ランドスケープレベルでの生産計画に関するもの(表1-6a)、施業区レベルでの生産計画に関するもの(表1-6b)、ランドスケープレベルでの森林管理に関するもの(表1-6c)、ランドスケールレベルでの環境問題に関するもの(表1-7)、

表1-5　ランドスケールレベルでの社会・住民関係の基準指標
目標：福利の向上。

基　準	指　標
利害関係者の権利と土地利用権の確保	・国および地域レベルの土地利用計画が開発計画の基礎を特定 ・ランドスケールレベルの土地利用決定プロセス ・長期的土地利用計画 ・土地利用境界線の画定と明示 ・地域共同体の植林地へのアクセスの機会 ・植林地開発による土地利用およびその他の資源の喪失に対する補償を地域共同体が受ける機会
森林計画、管理およびモニタリングに利害関係者の活動が含まれること	・紛争を回避するための公平で効果的なメカニズム ・森林計画に必要な適切かつ妥当な情報の地域住民組織への提供 ・森林計画活動における地域の知識に対する企業の適切な注意 ・コミュニティ開発の専門家職員の配置と管理・運営からの十分な支援 ・文化的価値と多様性および地域固有の知恵の維持に対する貢献
植林地の開発により直接の影響を受けるコミュニティに対する社会経済的利益の最大化	・地域コミュニティは雇用および収入創出の重要な機会を得る ・加工工場で必要な木材を供給するため地域コミュニティは自分たちの土地での植栽が奨励される ・地域コミュニティの必要性と優先順位を踏まえた社会インフラ整備やサービス提供 ・地域コミュニティが別の収入活動を実施するための能力開発への支援 ・能力開発、収入創出、雇用機会の向上等を補助する地域コミュニティに対する教育と訓練 ・生活協同組合もしくは類似の組織を通じた地域住民の株式の保持への参加 ・コミュニティの健康指標（医療サービスへのアクセス）
主要な利害関係者による責任の定義	・地域コミュニティと企業との間の権利と責任に関する検証 ・被雇用者に対する政府による安全衛生基準もしくはILOガイドラインの適用 ・地方政府の賃金基準、雇用条件の遵守 ・公平な機会提供を基本とする人材育成計画 ・植林の物理的、社会的、環境インパクトを住民に説明するプロセスを企業が持つこと ・傷害や損失に対する補償の受け取り、交渉、及び団結に関する労働者の権利

Poulsen and Applegate (2001) Table 1 より著者作成。

表 1-6a　ランドスケープレベルでの生産計画に関する基準・指標
目標：開発プロセス・システムが植林地の持続性を推進するために適切であること。

基　準	指　標
包括的なランドスケープレベルでの計画が利用可能	・管理目的が明確に定義されていること ・ランドスケープレベルでの計画が、環境、住民、生産に対する要求および必要性に対応していること ・適切な造林体系が開発されていること ・ランドスケープレベルでの計画に応じ、資源(財務、人材、機器、土地)の要求および配分計画があること
ランドスケープレベルでの管理計画の効果的な実施	・外縁部境界線が合法的かつ永久的に地図上に記され、現場でも区分され、利害関係者の合意を得ていること
包括的な研究開発プログラムの適切な実施	・施業を改良する研究開発プログラムが確立されているか、外部から習得し、適用が可能なこと
ランドスケープレベルでの計画の適合性に関する効果的なモニタリング・監査システム	・モニタリング・監査のためのすべての森林管理活動に関する記録および書類の保管

Poulsen and Applegate(2001) Table 2a より著者作成。

として整理されており、原典ではそれぞれに検証項目(Verifier)が示されるとともに実施規範(Code of Practice)に対する関連づけがなされている。

　ランドスケールレベルでの社会・住民関係に関する基準・指標(**表 1-5**)は、植林施業区内に暮らすコミュニティを持続性に重要な要素と見なすもので、その目標は産業植林事業地内および周辺地域で生活する地域コミュニティの福利の向上である。生産計画および管理に関する基準・指標(**表 1-6**)は、1)生産計画もしくは施業、2)空間スケール、という二つの概念軸により位置づけられる。空間スケールには、施業区レベルと植林地全体を含むランドスケープレベルが含まれる。生産計画は、施業区およびランドスケープレベルの双方に関連し、両方のレベルで植林地からの持続的な生産を推進することを目的とする。森林管理はランドスケープレベルで、検討・実施されるべきである。環境問題に関する基準・指標(**表 1-7**)は、ランドスケープレベルでしか意味をなさない。土地利用におけるどのような活動や変化も、生態系の機能になんらかの影響をもたらす。産業植林地の持続的な管理は、生態系機能に対する負のインパクトを最小化することを目指すべきである。なお基準・指標を満たす施業を促進するには、基準・指標に対応する実施規範(Code of Practice)を明確に関連づけ、

1.4. 地域環境への影響とランドスケープレベルの計画

表1-6b　施業区レベルでの管理計画に関する基準・指標
目標：開発システムが植林地の持続性を推進するために適切であること。

基　準	指　標
適切な施業計画の立案	・現地調査およびランドスケープレベル計画に基づいた施業計画図の作成 ・詳細植栽計画(月別目標植栽面積、作業計画、労働力、インフラ、機器)
計画に沿った作業の実施	・ランドスケープレベルおよび施業区レベルでの計画にそった作業の実施 ・施業区の区分 ・土壌の硬化、流亡、浸食を最小化する地拵え技術 ・最低限の火入れ(火入れ無しが目標) ・植林地設立に適切な種子および実生を確保するための試植 ・高度な植栽・保育作業 ・化学薬品、殺虫剤、肥料の適切な使用 ・非植栽地の維持

Poulsen and Applegate(2001) Table 2bより著者作成。

表1-6c　ランドスケープレベルでの管理のための基準・指標

基　準	指　標
最良作業体系の開発、実施、維持	・収穫調査区による成長および収穫データ、成長および収量傾向を観測する適切な評価システム ・データ収集、蓄積、報告システムの開発と効果的な運用
火災の予防と管理	・緊急対応および訓練を含む、適切な火災予防・管理計画 ・管理された火の使用、管理されない火の消火もしくは植栽区からの排除
病虫害管理の実施	・適切かつ総合的な病虫害管理計画の実施
森林の安全と完全性の維持	・森林の安全のための作業計画の実施
人材育成プログラムの実施と継続的な改良	・全ての管理レベルにおける適切な人材配置 ・業務内容の定義を含む明快な組織構造
適切な安全ガイドライン	・機器の使用、薬剤使用、車両操作、伐採作業、機械操作、など全ての作業に関するガイドライン ・安全ガイドライン、安全作業に関する訓練 ・事故の記録手順、再発防止のための解析

Poulsen and Applegate(2001) Table 2cより著者作成。

施業計画にとりいれることが必要である(Poulsen and Applegate 2001)。
　産業植林のバイオマス生産および生態系の持続的保全に必要な基準・指標は、生産計画もしくは施業に関わるもの(**表1-6a、b、c**)、ランドスケールレ

表1-7 ランドスケールレベルにおける生態的基準指標
目標:生態系機能に対する負の影響を最小化する。

基　　準	指　　標
生態系の構造と機能に対するインパクトの低減	・最良施業(Best Practice)にそった非施業、保全区の設置 ・植栽生産区内にある野生生物の住処となる樹木の保全 ・絶滅危惧動植物種の保護
土壌および水資源に対する負のインパクトの低減	・土壌攪乱の低減 ・伐採から再植林の間での鉱質土壌の露出の低減 ・病虫害予防、雑草管理、施肥、など適切な化学物質の使用 ・水質および水量に対する悪影響の低減 ・土壌流亡、堆積の低減 ・植林地内外での火災リスクの低減 ・森林計画、管理の失敗による滞水や冠水の低減

Poulsen and Applegate (2001) Table 3 より著者作成。

ベルの環境問題に関わるもの(**表1-7**)である。一組の基準・指標は単独で植林地の持続性を示すものではなく、個々の基準・指標は他の基準・指標との関連づけが考慮される必要がある。インドネシアの産業植林事業は、地域住民との良好な関係無しには成り立たないため、ランドスケールレベルでの社会・住民関係に関する基準・指標(**表1-5**)は、バイオマス生産および生態系の持続的保全の前提条件を示すものといえる。

1.5. おわりに

産業もしくは環境目的の別なく熱帯地域の植林地は、適切な造林施業がなされず管理状況が悪いことから、潜在的な高い生産力を達成できていないことが多い。発展途上国において、環境や社会への悪影響を避けるため、早生樹産業植林地はすでに劣化したとされる土地にしか造成できなくなりつつある。このことは、条件のよいところに先行して造成された植林地ほどの生産力を得ることが難しくなることを示唆している。植林地で予定した生産力が達成できないと、産地からの原木が足りず工場の操業がおぼつかなくなる。補助金や借入金で大規模な工場を設立した場合に原木不足がおきると、違法伐採などによ

り不適切な原木を調達してでも操業を続けるようなことが起きかねない(中田 2006)。早生樹産業植林においては既存の植林地での生産力の維持向上をはかることが今後ますます重要になるはずである。

　熱帯や亜熱帯地域で早生樹産業植林が大々的に実施されている地域は、もともと生物多様性が非常に高い森林植生が発達していた地域である。また温帯や亜寒帯の森林と比べ、森林の保持する養分の大半が土壌ではなく樹木の地上部に蓄積していた。そのようなところに単一樹種の植林地を造成し、10年に満たないような周期で、伐採収穫と再植林を繰り返しているのが早生樹産業植林である。天然の植生が植林地に変わることで木材供給量は増加するが、もともとの植生が提供する森林の多様な生態系サービスが提供されなくなるため、植林地開発では木材生産だけでなく生態系サービスの変化に対する予測が必要である(Baubus et al. 2010)。

　生産力の維持・向上のための樹種選択や病虫害対策、立地管理、植林地開発が地域の生態系に及ぼす影響評価などの技術研究を適切に実施するには、熱帯林の動物の生態や養分循環に関する基礎研究の充実が必要である。大学をはじめとする公的な研究機関と産業植林企業との連携により、基礎研究の充実および、大学院で研究に関するトレーニングを受けた人材を技術開発研究部門に活用することが望まれる。余談ながら、大量の木材を輸入して儲けているのだから日本(企業)はもっと熱帯の森林研究に資金を出すべきであるという批判が少なからずある。基礎研究、応用研究の別を問わず森林研究の経験を持つ人材を、早生樹産業植林関連企業の技術研究および施業管理に活用することができれば、資金だけでなく人材面でも熱帯の森林研究と持続的管理に対する大きな貢献に繋がるだろう。

〈文　献〉

家原敏郎、宮薗浩樹（1997）「モントリオール・プロセスの「基準・指標」の改定―モントリオール・プロセス、ワーキンググループ第17回会合報告―」、熱帯林業、**68**、74-82頁。

石井克明、栗田　学（2011）「ブラジルでのIUFRO樹木バイオテクノロジー2011 国際集会の概要―3年生で平均樹高16mのユーカリ検定林を見学―」、IUFRO-J News、

104、1-3頁。
猪瀬光雄、Zainal Saridi（2004）「アカシアマンギウムの幹材積及び収穫予想表」、熱帯林業、**61**、39-46頁。
FAO（2010）「世界森林資源評価2010（概要）」、国際農林業協働協会版。
FAO（2006）「責任ある植林経営のための自主的指針」、『地球を緑に―産業植林調査概要報告書―』所収、海外産業植林センター編、J-FIC、169-192頁。
岡　裕泰（2006）「世界の森林資源と丸太生産」、『森林・林業・木材産業の将来予測　データ・理論・シミュレーション』所収、森林総合研究所編、J-FIC、東京、17-37頁。
岡　裕泰、田村和也、立花　敏（2005）「世界の林産物需給の将来予測」、『森林・林業・木材産業の将来予測　データ・理論・シミュレーション』所収、森林総合研究所編、J-FIC、東京、39-71頁。
岡　裕泰、道中哲也、立花　敏（2011）「世界の林産物需給予測」、『改訂　森林・林業・木材産業の将来予測　データ・理論・シミュレーション』所収、森林総合研究所編、J-FIC、東京、11-39頁。
海外産業植林センター（1999）「インドネシア共和国における植林適地調査報告書」、平成10年度産業植林適地の発掘等に関する調査事業報告書。
加藤　隆（1995b）「ブナカット試植林その後」、熱帯林業、**34**、24-31頁。
加藤亮助（1995a）「熱帯樹種の造林特性(5)マンギウム」、熱帯林業、**34**、70-75頁。
コサルター・C、パイスミス・C著（2005）『早生樹林業―神話と現実―』、太田誠一、藤間　剛監訳、国際林業研究センター（CIFOR）、ボゴール、インドネシア。［原著：Cossalter, C. and Pye-Smith, C.（2003）*Fast-wood forestry: Myths and Realities.* Center for International Forestry Research（CIFOR）, Bogor, Indonesia.］
坂本有希（2012）「エコな木材・木材製品の制度やマークを学ぶ」、森林技術、**843**、7-11頁。
藤間　剛（2011）「合法木材が守る世界の森林―国際的な違法伐採対策」、森林技術、**837**、2-7頁。
中田　博（2006）「違法伐採の実態―インドネシアを中心に」、『世界の森林はいま』所収、井上真、鷲谷いづみ編、森林文化協会、東京、163-169頁。
平塚基志、森川　靖、長塚耀一、大角泰夫（2005）「南スマトラの森林修復によるバイオマス増加」、熱帯林業、**62**、58-64頁。
山田麻木乃、藤間　剛、平塚基志、森川　靖（2004）「短期施業産業植林の地上部現存量と収穫による養分持ち出し」、熱帯林業、**61**、47-52頁。
山田麻木乃、花水恭二、大道　隆、丹下　健、森川　靖（2000）「産業植林早生樹種の炭素固定量評価(4)パプアニューギニアの*Acacia mangium*人工林及び総まとめ」、熱帯

林業、**49**、20-33 頁。

吉田貴紘、今冨裕樹、田中良明、外崎真理雄、藤間 剛、山本幸一、中村松三（2009）「インドネシアにおける木材伐出・加工におけるエネルギーフロー解析」、海外の森林と林業、**75**、38-44 頁。

米川誠一、宮脇 繁（1988）「ブルネイのアカシアマンギウム」、熱帯林業、**12**、25-32 頁。

Baubus, J, Pokorny, B., van der Meer, P. J., Kanowski, P. J. and Kanninen, M. (2010) Ecosystem goods and services-the key for sustainable plantations. In *Ecosystem good and services from planted forests*. Baubus, J., van der Meer, Kanninen, M. (Eds), pp. 205-227, Earthscan.

CIFOR (1999) *The Criteria and Indicators Toolbox Series*. CIFOR, Bogor, Indonesia.

Del Lungo, A., Ball, J. and Carle, J. (2006) *Global planted forest thematic study results and analysis*. FAO.

Evans, J. and Turnbull, J. (2004) *Plantation Forestry in the Tropics, 3rd edition*. Oxford University Press.

FSC(Forest Stewardship Council) (1999) Principles and criteria fro forest stewardship. http://www.fscoax.org.

Hardiyanto, E. B., Ryantoko, A. and Anshori, S. (2000) Effect of site management in *Acacia mangium* plantations at PT. Hutan Persada, South Sumatra, Indonesia. In *Site management and productivity in tropical plantation forests: workshop proceedings 7-11 December 1999 Kerala, India*. Nambiar E. K. S., Tiarks, A., Cossalter, C. and Ranger, J.(Eds.), pp. 41-49, CIFOR, Bogor, Indonesia.

Hardiyanto, E. B., Anshori, S. and Sulistyono, D. (2004) Early results of site management in *Acacia mangium* plantations at PT. Musi Hutan Persada, South Sumatra, Indonesia. In *Site management and productivity in tropical plantation forests*. Nambiar, E. K. S., Ranger, J., Tiarks, A. and Toma, T.(Eds.), pp. 93-108. CIFOR, Bogor, Indonesia.

Hiratsuka, M., Toma, T., Heriansyah, N. M. I. and Morikawa, Y. (2005) Biomass of a man-made forest of timber tree species in the humid tropics of West Java, Indonesia. *J. For. Res.*, **10**, 487-491.

ITTO (1993) ITTO guidelines for the establishment and sustainable management of planted tropical forests. *ITTO Policy Development 4*, Yokohama, Japan.

James, R. and Del Lungo, A. (2005) *The potential for fast growing commercial forest plantations to supply high value roundwood*. Planted Forests and Trees Working Papers. FAO.

Lembaga Ekolabel Indonesia (1999) Certification system of the Indonesian forestry plantation. *Draft in Indonesian.*

Muhtaman, D. R., Siregar, C. A. and Hopmans, P. (2000) *Criteria and indicators for sustainable plantation forestry in Indonesia.* CIFOR, Bogor, Indonesia.

Nambiar, E. K. S. and Kallio, M. H. (2008) Increasing and sustaining productivity in tropical forest plantations: making a difference through cooperative research and partnership. In *Site management and productivity in tropical plantation forests: workshop proceedings, 22-26 November 2004, Piracicaba, Brazil and 6-9 November 2006 Bogor, Indonesia.* Nambiar E. K. S.(Ed.), pp. 205-208, CIFOR.

Nirsatmanto, A, Kurinobu, S., and Hardiyanto, E. B. (2003) A projected increase in stand volume of introduced provenances of *Acacia mangium* in seedling seed orchards in South Sumatra, Indonesia. *J. For. Res.,* **8**, 127-131.

Poulsen, J. and Applegate, G. (2001) *C and I for Sustainable Development of Industrial Tropical Tree Plantations (with links to a Code of Practice).* CIFOR, Bogor, Indonesia, 36p.

SmartWood (2001) *SmartWood guidelines for assessing forest management.* Smartwood.

Stape, J. L., Binkley, D., Jacob, W. S. and Takahashi, E. N. (2006) A twin-plot approach to determine nutrient limitation and potential productivity in Eucalyptus plantations at landscape scales in Brazil. *For. Ecol. Manage.,* **223**, 358-362.

WWF and IUCN (1997) *Guidelines for timber plantations - environmental, social and cultural issues relating to commercial afforestation.* WWF and IUCN.

（藤間　剛）

第2章　産業植林と環境

2.1.　持続的生産への課題

　早生樹造林による持続的な生産を目指す上で、最も重要であるのは土壌の生産力を維持することである。伐採行為によって生態系外に持ち出される木材や植物体中に含まれる養分量は、こと土壌が貧栄養である場合、生態系全体の存在量に対してかなりの割合となる。伐採が短いサイクルで繰り返される場合、生産力の維持に相当な悪影響を及ぼすであろう。また、伐採を行う際のさまざまな物理的インパクトが、土壌の生産性を低下させうる。これらの影響は、農業生産で生じるものに比べれば程度は低いが、天然林施業や長伐期の人工林施業と比べると影響が大きい。
　植物は、光、二酸化炭素、温度、水、養分といった資源に応じて成長する。天然林では、獲得しうる資源に適合した種構成が成立するが、特定の樹種に偏る人工林においては、これら樹種に適した資源管理を実施することが重要である。光、二酸化炭素、温度は大気との交換を行う拡散系であり、水と養分の可給性は土壌の諸性質によって規定され、比較的閉鎖した系であると言える。土壌は大気系と比較すると容易に攪乱され、土壌の劣化は生産力の低下に直接つながる。
　熱帯土壌、特に巨大なバイオマス蓄積を誇る低地湿潤熱帯天然林の土壌は、その成長を支えるべく、生産力が大きいと誤解されてきた。第二次大戦後の、無秩序な熱帯林の開発は、伐採した資源が比較的早く回復するという楽観的な期待に基づいて行われていた部分がある。しかし、実際には、低地湿潤熱帯天然林は長い時間をかけて成立したものであり、大規模な攪乱に対して非常に脆弱であった。さらに、貧栄養な土壌が広く分布しており、特に脆弱なタイプの土壌は、一度開発を受けると容易に森林の再生ができなくなる。現在、さまざ

まな生態系修復の試みが各地で行われているが、それを困難にしている主要な理由の一つは、土壌の劣化である。

　土壌の諸性質は植物の生産を規定する要因であるが、植物はまた落葉、落枝、根の枯死によって土壌に有機物を供給し、土壌の性質を変化させる。天然林においては多種多様な性質の有機物が林床に供給されるが、人工林においては偏った量および性質を持つ有機物が供給される。偏った性質の有機物が、土壌の生産性や、森林の持つ公益的機能に影響を及ぼす可能性が一部で指摘されている。

　本項では、1)熱帯の土壌の性質とその問題点、2)早生樹単一林が環境にもたらす影響、3)森林施業に伴う土壌の攪乱と養分の流出、の順に、持続的な早生樹生産にとってどのような要因が重要であるかについて論じていきたい。

2.2. 熱帯土壌の性質とその脆弱性

2.2.1. 熱帯林の物質収支

　早生樹造林の諸問題を出来るだけ科学的根拠に基づいて論じた叢書として、国際林業研究センター(CIFOR、インドネシア)から発行された、『早生樹林業―神話と現実―』(邦訳版：コサルターとパイスミス 2005。原著は2003)が詳しい。彼らは早生樹の持続性に関わる要因として、環境問題、社会問題、経済問題を挙げている。環境問題の中では、植林と生物多様性、水に関する問題、植林と土壌に関する問題、森林の健全性などについて検証されている。本項では、主に土壌を介して供給される資源である、水と養分の問題について詳しく検討していきたい。

　図2-1に、熱帯林生態系における物質収支の模式図を示す(Malmer 1996b)。四角形で表した項目が生態系外からの養分の移入経路を示し、円形で表した項目が生態系外への流出経路を示している。養分の流出量が移入量を上回った場合、生態系内での養分欠乏が起こる。ここで、植物の三大養分である、窒素、リン、カリウムの収支を比較してみよう。

　窒素の移入源として大きな割合を示すのは、降雨と窒素固定である。降雨によって、年間にhaあたり数kgから10数kgの窒素が供給され、共生的な窒素

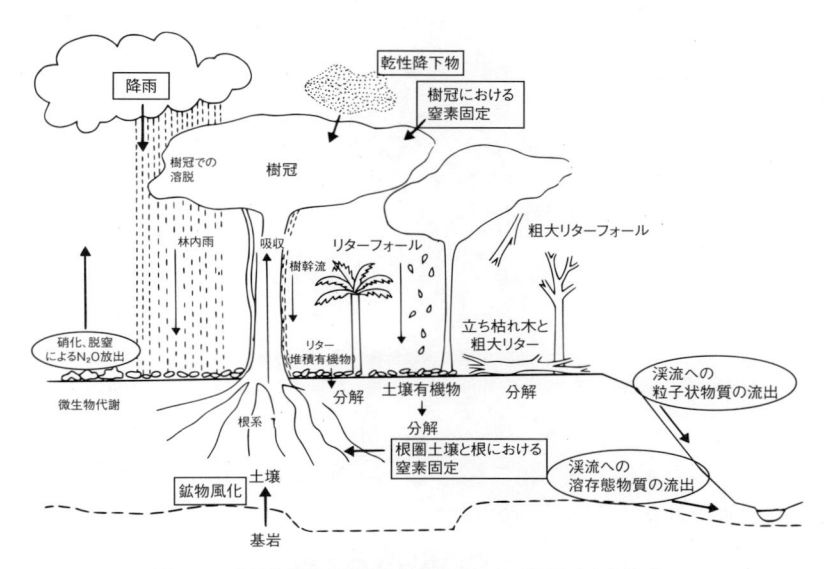

図 2-1　森林生態系の物質の流れ　Malmer(1996b)より作成。

固定では数10から数100 kg程度の供給があると見積もられている。窒素固定による窒素の移入を確保するためには、根粒菌や放線菌と共生する窒素固定植物の存在が必要であるが、特に中南米やアフリカの熱帯雨林ではマメ科植物が、天然林内にある程度の割合で存在している。リンについては、降雨にほとんど含まれないため、鉱物からの風化による供給が大きな割合を占める。一般に、熱帯の土壌は長い期間にわたって強度の風化作用を受けており、土壌中に含まれる養分が温帯と比較して少ない。従って、特に古い土壌に生育している熱帯林では、リンの供給が大きく制限されている。カリウムも鉱物風化からの供給量が大きいが、水に溶けて移動しやすいため、林内の循環が大きく、降雨にもそれなりの量が含まれる。上記以外の養分供給源として、量的には少ないが大気中の塵(乾性降下物)からの供給がある。古い土壌に生育している森林では鉱物から供給されるリンが極めて少ないため、塵が、風化よりもリンを多く供給しうる場合がある。

　系外への流出は、水を介する経路(非溶存態と溶存態)および、ガス態として放出される経路がある。非溶存態の流出は、強い雨が降った場合に土壌の表面

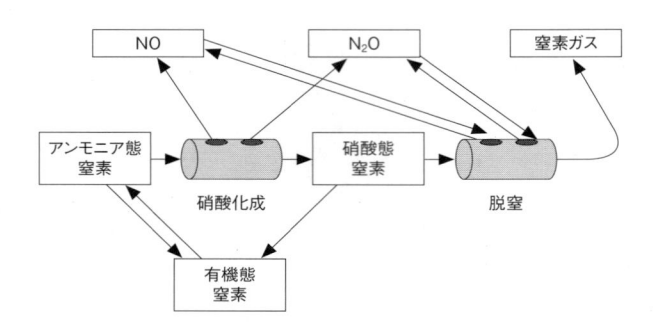

図 2-2 森林土壌の窒素無機化過程とガス放出
微生物による窒素の形態変化をパイプの通過として模式的に表されており、ガスの放出はパイプ通過の際に漏れ出る物質として表現されている。Davidson *et al.*(2000)を改変。

を流れるような水によって起こる。大雨の直後に濁流が流れる場合があるが、濁流中の侵食された土壌粒子の中に含まれる養分が生態系外に流出する。土壌中を通過する水は、通常粒子状の物質が濾過されて透明になる。土壌は通常、陽イオンを持つ養分(カルシウム、マグネシウム、カリウム、アンモニア態窒素)を保持する力を持っており、陰イオンを持つ養分(硝酸態窒素)はその力が弱く生態系外に流れやすい。ガス態として放出されるものは主に窒素である(図2-2)。アンモニアが微生物の働きによって硝酸に変化したり、脱窒されたりする過程で、亜酸化窒素(N_2O)や一酸化窒素(NO)が生成する(Davidson *et al.* 2000)。現在、それらの排出は60％が農業利用に起因し、二酸化炭素の300倍の強さがある温室効果ガスやオゾン層破壊ガスとして、その排出が問題となっている。

以上に述べたように、土壌養分は人為や気象など様々な要因により系外へ流出する。その影響の強弱は土壌の性質によっても大きく異なるが、森林の持続的生産にとって妨げとなる大きな要因であることに間違いない。逆に、系外への流出を抑えることこそが、森林の持続的な生産の維持に結びつくと言える。次に、熱帯林土壌の持つさまざまな性質について検討したい。

2.2.2. 熱帯林の土壌とその発達

土壌とは、物理的、化学的風化を受け破砕した岩石の堆積物に生物的な作

用を受けたものであり、土壌学の分野では、あたかも1つの生命体のように年月を経て成長、変化していくものととらえられている。ここでは仮に、山地に大雨が降って土石流が流れた跡地における土壌生成を想定する。それまで森林だった場所は、跡形もなく消え去り、岩と細かい土だけが存在しているような状態になる。ここに、草本が生えると、葉や根が枯死することによって有機物が供給され、根から滲出する酸によって土壌が変質する。有機物が十分に蓄積され、根を広げるのに十分な地中の柔らかい部分が増えてゆけば、森林に変わってゆく。同時に、表層の有機物が多く含まれる部分の層（土壌学ではA層と呼ばれる）が厚くなり、その下に、元の岩石と混じった土の層（C層）とは異なる、生物の影響を

図 2-3 複雑に層位が変化する湿潤熱帯の土壌断面
マレーシア・サバ州にて撮影。O層：堆積有機物層。Ah層：有機物に富む表層。E層、EB層：溶脱層。Bt層：粘土集積層。Bg層：グライ化を受けた次表層。BCg層：グライ化を受けた土壌生成作用の弱い層

うけた土の層（B層）が形成される。植生の世界で、森林の成立に伴って種構成が変化する遷移という概念があるが、土壌の生成は植生よりも長い期間（数千〜数万年）に渡って変化していくものと考えられている。ここでは土壌の生成には生物的作用、特に有機物（植物遺体）の供給が重要であることに留意されたい。

熱帯地域の土壌は、長い年月にわたって土壌生成作用を受けており、B層部分が非常に厚く、複雑に層が分かれている（**図2-3**）。さらに、降雨の多い場所では、土壌が古くなるほど保持されている養分が少なくなる。これは雨による水の動きによって、土壌中に含まれる陽イオンを持つ養分が少しずつ水に溶けて減少してゆくからである。傾斜地では侵食、崩壊によって新鮮な岩石が表面に表れることがあるが、傾斜の緩い場所では、新鮮な風化面はどんどん地中深くに移動することになる。

保持される養分の減少と同時に、土壌が養分を保持できる容量(粘土鉱物の活性)も風化によって減少する。土壌が養分を保持する容量は陽イオン交換容量とよばれ、土壌生産性の重要な指標の一つである。

2.2.3. 持続的生産性に特に影響する土壌因子

土壌は、さまざまな材料と生成作用によって成立する複雑系であるが、こと養分保持に大きな影響を与える因子は、粘土鉱物と土壌有機物が挙げられる。粘土鉱物は、土壌の中で陽イオンや土壌有機物を吸着する部分であり、土壌有機物自体も陽イオンを保持する能力を持っている。粘土鉱物は、先に述べたように風化過程で活性が変化し、物質を吸着する能力も風化の過程で減少する。土壌有機物は植物にとって利用しやすい養分の源として重要である。

土壌有機物は、炭素の貯蔵庫としても重要な働きを持っている。熱帯の土壌は、有機物の分解が早いために冷温帯や温帯の土壌ほどの炭素蓄積はない。しかし、土層が深いため、積算するとかなりの炭素を土壌中に保持しており、二酸化炭素の吸収源として重要である。土壌中の有機物の量は、土壌の性質によっても異なるし、貯留の時間は有機物の分解のされやすさ、すなわち有機物を供給する植生の違いによっても異なる。土壌有機物は地上部のリターフォールから、堆積有機物層を経て土壌に供給され、また地下部では根の枯死や滲出物、微生物の遺体などから土壌に供給される。したがって、植生の変化、土地利用の変化は土壌の炭素貯留量を変化させうる。早生樹林造林による土壌の変化については 2.3.2. 項で詳しく述べる。

2.2.4. 熱帯の成帯性土壌と、脆弱な特殊土壌

ここでは、早生樹造林が主に行われている湿潤熱帯気候下で代表的な土壌(土壌学では成帯性土壌、zonal soils と呼ぶ)、および分布面積は広くないが、開発に対して脆弱な土壌について述べる。

東南アジアから中国南部にかけて最も広く分布する土壌は、FAO/UNESCO の土壌分類におけるアクリソル(Acrisol)およびその派生型の土壌である。このタイプの土壌は日本では沖縄に分布しており、日本の林野土壌分類では赤黄色土と呼ばれている。大きな特徴は、長期にわたる下方への水の動きによっ

て、A層直下に粘土の移動層があり、B層上部に粘土集積層があること、風化を受けた活性の低い粘土が大きな割合を占めることによって、陽イオン交換容量が低く、保持されているカルシウム、マグネシウム、カリウムなどの塩基類の量も少ないことが挙げられる。さらに、2.4. 項で後述するが、侵食を受けやすいのもこの土壌の特徴である。

アジアでは塩基性母材の一部地域のみに分布するが、アフリカ、中南米で広く分布しているのが、フェラルソル(Ferralsol)およびその派生型の土壌である。この土壌は、極度に強い風化を受けた鉄アルミナ質のB層を持つことが特徴である。この土壌はアクリソルよりもさらに養分の保持能力と、養分量に制限を受けているが、物理性は比較的植物にとって安定している。水分条件によっては、この土壌は鉄の固結層を形成し、根の成長を抑制する。

東南アジアの一部に分布する、開発に対して特に脆弱な土壌を3種類紹介しよう。一つ目は熱帯ポドゾル(Podzol)、二つ目は泥炭土壌、三つ目は酸性硫酸塩土壌である。

熱帯ポドゾルは、砂質で水が滞水しやすい場所に発達する。有機酸によって養分のほとんどが溶脱した漂白層と、その下の集積層があることが大きな特徴である。この土壌は極めて貧栄養であり、東南アジアではケランガス(kerangas)、ブラジルではカーティンガ(caatinga)やバナ(bana)と呼ばれるヒース林が発達しウツボカズラのような貧栄養な場所に特徴的な植物が生える。生物多様性の高い森林という見方が出来るが経済的価値が低く、開発されやすい。しかし一度開発を受けると貧栄養であるため生産性が低く、かつ元の植生を回復させることは非常に困難である。

泥炭土壌はボルネオ島南西部や、スマトラ島、ニューギニア島に広く分布する。文字通り、有機物堆積物が厚くたまった土壌である。冠水する場所としない場所があるが、いずれも湿地に成立する。淡水下では場所によってはアランと呼ばれるフタバガキ科樹木(*Shorea albida*)の純林が形成され、汽水域下ではマングローブが発達する。泥炭中の養分は極めて貧栄養である。開発のために排水を行うと地盤が沈下し、さらに火入れを行うとただでさえ少ない養分が流亡する。また、1997年と98年に、エルニーニョ現象による大規模森林火災が起こった際、開発を受けた泥炭は、長期間にわたって燃焼し続け火事の発生

源となった。

　酸性硫酸塩土壌も、泥炭由来の土壌の一種である。メコンデルタのような海岸低地に分布する。マングローブ下で堆積した有機物には海水中の硫酸イオンが多く含まれるが、これらは嫌気的な条件下で還元されパイライト(FeS_2)という物質に変わる。泥炭が隆起によって陸地になり、開発を受けた場合、パイライトは空気にさらされることによって再び硫酸を大量に生成する。パイライトを多く含む酸性硫酸塩土壌下では、開発によって強酸性で多量の塩を含む土壌条件となり、そのような条件に適したメラルーカ(*Melaleuca cajuputi*)などしか生育できないような荒廃地に変わってしまう。

　以上のように、熱帯の土壌は基本的に貧栄養であり、場所によっては極めて開発に対して脆弱な土壌が広がる。天然生の熱帯林は極めて長期間にわたって発達してきたものであり、大規模な攪乱を受けると、元の状態に戻ることが困難な場所が多い。持続的な生産を目指すためには、植林を行う場所の土壌条件を正しく理解することが重要である。

2.3. 早生樹単一林が環境にもたらす影響

2.3.1. 早生樹造林樹種のさまざまな特徴

　早生樹に用いられる樹種は、その際だった成長の早さと幅広い土壌条件下への適応の点ですぐれたものが、多くの地域で選ばれている。基本的に、早生樹は成長が早いことから水や養分などの資源を他の樹種よりも利用する速度が速いが、主要な早生樹の中でもその性質は異なる。

　代表的な造林樹種として、ユーカリ、アカシア、マツを比較しよう。ユーカリの大きな特徴は、乾性条件への耐性である。ユーカリは地中海性気候に発達するような硬葉樹の一種である。葉の形態も乾燥に耐えるものであるが、根系も支持根を地中深くに延ばし、雨の少ない時期においても他樹種が利用できない水を確保できることが大きな特徴となっている(Fritzshe *et al.* 2006)。湿潤条件下ではユーカリは際だった成長を示し、オーストラリアのタスマニアに生育するユーカリレグナンス(セイタカユーカリ)(*Eucalyptus regnans*)の樹高は約100mにも達する。アカシアの最大の特徴は、マメ科樹種で根粒を付けるた

め窒素固定を行うことであるが、光合成を盛んに行う一方で水や養分の消費が大きいことも大きな特徴である(Inagaki *et al.* 2011)。マツ類の特徴は、養分要求が小さいことである(Reissmann and Wisnewski 2004)。マツ類は、ユーカリ、アカシアほど成長速度が速くないが、通直な樹形になるため、数多くの造林実績がある。

本項ではこのような造林樹種の生理特性の違いが、土壌の生産力にどのような影響を及ぼすかについて解説する。

2.3.2. 早生樹人工林における土壌有機物の蓄積

植林による土壌への有機物蓄積は、温帯地域では土壌生成過程の検証や京都議定書対応のため重点的に研究が行われてきた。熱帯地域での研究は、これまで極めて限られていたが、ここ数年の間に急速に研究事例が報告されるようになった。これは、熱帯造林自体が盛んになったのがごく最近で、ようやく造林による土壌影響に関する研究成果が発表されるようになってきたからである。

植林が土壌にもたらす影響は、気候を含めた土壌条件、植林前の土地利用履歴、植林前の状態、樹種、植林後の年数などによって影響を受け、一定の傾向を見いだすことが難しい。それでも、窒素固定樹種のリターフォール量は大きく、また含まれる窒素量も大きいため、表層土壌の窒素濃度を高める傾向にあることがわかっている(Inagaki *et al.* 2010)。

熱帯人工林のリターフォール中に含まれる窒素量は、中央値で年間haあたり70kg程度である(Inagaki *et al.* 2011)。窒素固定樹種ではその値は有意に高く、年間haあたり200kgを超える研究例は、そのほとんどがマメ科のアカシアやファルカタ(*Paraserianthes falcataria*)林分である。Inagaki *et al.* (2010)によれば、アカシアマンギウム(*Acacia mangium*)林では年間haあたり200kgを超える窒素がリターフォールによって供給されることによって、堆積有機物中の窒素量と表層土壌の窒素濃度が有意に高かったことが報告されている。ブラジルの事例では(Macedo *et al.* 2008)、荒廃地にアカシアなど7種の窒素固定樹種を植林したことによって、13年後に植林地土壌の炭素窒素濃度が天然林の値に近づいたことが示されている。程度の違いはあるが、アカシア造林によって土壌の窒素条件が改善された事例は、他にもこれまでに10例以上報告

表2-1 中国海南島の各土地利用下の表層土壌の性質(0～20cm)

土壌因子	二次林	ジャワマキ林	マツ林	荒廃地
pH(H_2O)	4.88	4.94	4.43	4.63
有機炭素(g kg^{-1})	21.1	17.4	14.4	12.2
全窒素(g kg^{-1})	0.99	0.85	0.73	0.73
全リン(g kg^{-1})	0.22	0.09	0.12	0.27
全カリウム(g kg^{-1})	13.98	13.30	5.79	8.42

Wei et al.(2009)を改変。ジャワマキ林とマツ林は35年生。

されている(Inagaki et al. 2010)。

もっとも、植林を行うことによってすべてのケースで土壌有機物が改善できるわけではない。中国の熱帯地域で二次林、35年生のジャワマキ(*Podocarps imbricatus*)林、カリビアマツ(*Pinus caribaea*)林および荒廃地を比較した例では、ジャワマキ林下では二次林の値に近かったにもかかわらず、カリビアマツ林下の土壌有機物の値は、荒廃地に近い値であることがわかった(Wei et al. 2009; 表2-1)。これは、カリビアマツの養分要求が大きくなく、リターフォールで落とす養分量も少なかったからであろう。マツは自らの養分利用に即した物質循環を行っているが、それが植林による有機物供給という、バイオマス生産以外の目的を満たすことになるとは限らないことを示している。

これらの事例で示すように、植林行為において各種の植物の機能を期待する場合は、それぞれの樹種の性質をよりよく理解することが重要である。

2.3.3. 窒素固定樹種の極端な養分利用とN_2O(亜酸化窒素)放出

窒素固定を行うマメ科植物は、窒素の獲得が他の植物よりも有利な条件にあり、肥料木としての利用が期待されている。しかし実際には、マメ科植物は養分要求量が大きく、土壌中の資源を他樹種よりも多く利用する。Inagaki et al.(2009)は富栄養な土壌にさらに窒素とリンを添加した条件下で、マメ科植物のアカシアマンギウムと他2樹種の細根成長を比較した。他の2樹種が添加した養分に対する反応がなかったにもかかわらず、アカシアマンギウムは窒素、リン両方の添加に対し細根成長を示した(図2-4)。リンに対する反応は早生樹であり、成長のために多くの養分を必要とするという性質から予想しうる

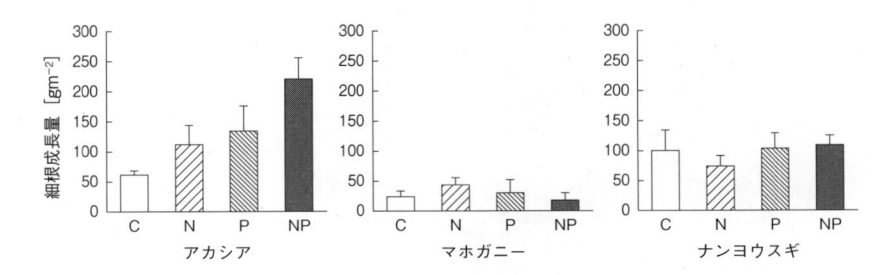

図 2-4　養分添加した土壌内での細根成長
Nは窒素添加区、Pはリン添加区、NPは2元素の混合添加区、Cは無添加区。有意な細根成長は、養分に対する要求を表す。Inagaki et al.(2009)より作成。

結果であったが、窒素については予想外の結果であった。前述したように、リターフォールから年haあたり200kg以上の窒素を落とし、他樹種より窒素が豊富にある中での結果であったからである。このことは、マメ科植物は根粒菌との共生関係で窒素固定を行うにもかかわらず、自らの窒素要求も極めて大きいことを示しており、植林の際には留意する必要がある。

アカシアマンギウムは、リターフォール中の窒素量が大きい一方で、リン量が極めて少ないことも明らかになっている(Inagaki et al. 2010)。これは落葉前に、リンを選択的に樹体内に引き戻していたからである(Inagaki et al. 2011)。そのため、アカシアマンギウムのリターは、窒素とリンのバランスが他樹種と大きく異なっている。林床への養分供給からみると窒素肥料としては極めて有効であるが、リンが極端に少なく、表層土壌の養分バランスを変えてしまいかねない。広大なアカシアマンギウムの一斉林は、極端な養分バランスの土壌を造成してしまう可能性があり、これが次の温室効果ガス放出の話題と関わる。

マメ科早生樹林に限らず、天然生の湿潤熱帯林は、温帯に比べると植物が利用できる窒素の条件が良いことが様々な研究から明らかになっている。これは、窒素固定を行う種が比較的高い割合で含まれていることと、リターフォールで供給される窒素量が温帯の数倍にもなるからである。その弊害として、先に述べたN_2OガスやNOガスの放出量が相対的に大きいことがわかっている。特に窒素条件の良いマメ科早生樹林ではその影響が著しい。インドネシアにおける研究では(Arai et al. 2008)、アカシアマンギウム林の雨期のN_2Oガス

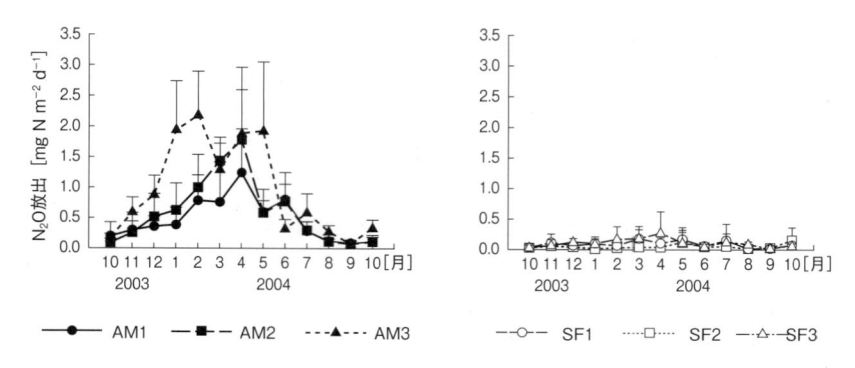

図 2-5　アカシアマンギウム林におけるN_2O放出
AMはアカシアマンギウム林土壌、SFは近接した二次林土壌で、数字は試験地の繰り返しを表す。Arai *et al.*(2008)より作成。

の放出量は、近接する二次林と比較して8倍にも達することが報告されている(図 2-5)。また、伐採行為によってもN_2Oガスが増加する(Yashiro *et al.* 2009)。これは伐採によって土壌中の有機物の分解が促進され、窒素の無機化も促進されるからである。マメ科早生樹のように生産力が大きく、窒素の供給量も大きい造林樹種は単一林からなるCDM植林でもしばしば利用されるが、地球温暖化に対する影響を考えると炭素の固定効果をN_2Oの放出によって薄めてしまう可能性があり、今後詳細に検討を行う必要がある。農業分野においては、N_2Oを生成するプロセスである硝酸化成を抑制する効果がある牧草(*Brachiaria humidicola*)が存在することがわかっている(Subbarao *et al.* 2009)。そのような性質を持つ植物をアカシアと混ぜて植えることによって、単一林でもN_2Oガスの放出が抑えられる可能性がある。次に、早生樹と他の植栽種との混植の現状について紹介したい。

2.3.4. 早生樹の多目的利用

自生種でない早生樹の単一林は、成長による多量のバイオマス生産の点でメリットがあるものの、上記に述べてきたような問題や、生物多様性の問題を抱えている(Cossalter and Pye-Smith 2003)。ここで、現在様々な地域で試みられている、マメ科早生樹を他の植栽種に対する保護樹として活用している事例を紹介したい。

アカシアマンギウムは開発を受けた後の貧栄養の荒廃地でも生育可能なことから、荒廃地の植生回復と直射光や高温条件下に弱いフタバガキ科などの樹種の保護樹としての活用が期待されている（Norisada *et al.* 2005; Yang *et al.* 2009）。実際、裸地に植栽した場合と、林内で植栽した場合を比較すると、ア

図 2-6 アカシアマンギウム林床下に植栽した樹下植栽試験林3年後の様子（マレーシア・サバ州、撮影：稲垣昌宏）

カシア林床の緩和された気象条件下で、フタバガキ苗の初期生存率が劇的に上昇することが報告されている（Norisada *et al.* 2005; JIRCAS 2007）。また、陰樹の中には、窒素条件の良いアカシア林床下でクロロフィル量などの生理活性を高くするものがある（Yang *et al.* 2009）。筆者の携わったプロジェクト（JIRCAS 2007）では、アカシア林下に植えたフタバガキ科等の樹木が、植栽3年後旺盛な成長を見せた（図2-6）。このように、一部の早生樹の養分利用特性を用いて、早生樹植林で荒廃地土壌を回復させる機能が有望視されている。この場合、保護樹下に植えられた樹木の成長に伴い保護樹が被圧要因となるため、どの時点でいかに取り除くかが課題となる。

次に、樹下植栽ではなく、機能的に異なる複数の早生樹種を混交させる試みが、オーストラリアやブラジルなどで行われている事例を紹介したい。ユーカリグロブラス（*Eucalyptus globulus*）と、かつて日本でも植林が試みられたモリシマアカシア（*Acacia mearnsii*）の11年生の混交林の成長を測定した例（Forrester *et al.* 2004）では、それぞれ単層林で植えるよりも混交林のバイオマス量が有意に大きかったことが報告されている。試験において、アカシア林では効果がなかったものの、アカシアから窒素を多く含むリターが供給されることによって、ユーカリに成長促進効果が見られた。また、アカシアでは樹冠が広がるのに対し、ユーカリの樹形は通直で、9年目まで被圧されることが無

く、空間を有効に使うことができたことも成功の要因であると考察されている。

このような、複数樹種による混交林の研究はまだまだ事例が少ないが、成功すれば、バイオマスとしての収穫の増大のみならず、様々な機能を持つ植物の組み合わせから成る、より生物多様性の高い森林の造成が可能となる。この分野のさらなる研究の深化が期待される。

2.4. 森林施業に伴う、土壌の攪乱と養分の流出

本項で述べる事例は早生樹造林に限ったことでなく、また熱帯温帯を問わず造林全般に関わることである。しかし、早生樹造林が行なわれる熱帯地域においては、これまで述べたように土壌が開発によって影響を受けやすいために特に問題になっている事項であり、また早生樹造林はとりわけ伐採のサイクルが早いため特に気をつけるべき事項である。

2.4.1. 森林施業における土壌生産力低下を引き起こす要因

森林土壌に大きな影響を与える要因として、伐採行為とそれにともなう集材路の開設が挙げられる。林道の建設によって多大な土砂が移動する。特に侵食されやすい土壌では、林道の表面から多量の土砂が侵食される。択伐林の集材は林道からトラクターを通して行われるが、トラクターによって圧密を受けた土壌では生産性が顕著に低下する事例が報告されている。皆伐地における、渓流水の水質の変化は温帯地域でかなりの研究事例があるが、熱帯地域においても90年代以降かなりの事例が検証されている。

熱帯林の劣化は、一度の伐採によって起こるのではなく様々な択伐過程を経て最終的に農地、草地へと変わってゆく。土壌については、皆伐されたあとも、土地利用の頻度に応じて劣化が進んでゆく（久馬 2001）。そのため、1980年代頃に国内でも問題になった、天然林の択抜による影響と、現在問題になっているようなオイルパームなどの商品作物造成のための開発による影響を同列に論じるのは難しいかもしれない。しかし、いずれのケースにおいても施業によって問題になるのは、表層の有機物の剥離、分解と、重機による表層土壌の物理性の悪化である。本章では、このテーマについて数多くの論文を発表して

いるスウェーデン農科大熱帯林業研究室の研究事例を主に紹介しながら、問題点を検討したい。

2.4.2. 伐採による、水質と土壌への影響

森林の伐採によって、下流域の水量が増減するかという問題自体、流域に住む住人の水利用に関わる重要な問題であるが、大きすぎるテーマであるので本項では扱わない。ここでは流出する水によって流亡する養分量について検討したい。図2-1を使って述べたように、流出する水に含まれる養分量の大小によって、森林土壌の生産力の減少が左右される。Malmer(1992, 1996a)は、マレーシア・サバ州西部において、流域毎に3種類の異なる施業を行い、施業方式の違いが水流出量および流出する養分量の比較を行った。各流域の処理はそれぞれ、①機械を使わない集材を行い、火入れを行わない施業(低インパクト)、②山火事後の二次林を皆伐したあと火入れをする施業、③トラクターによる集材を行い、さらに火入れをする施業である(高インパクト)。水流出量は、③の流域が最も大きく、3年後までその影響が続いた。②の流域は当初③の流域並みに流出量が大きかったが3年後には低下した。①の流域はもっとも流出量が少なかった。表面流は天然林でほとんど起こらず(2.9%)、②の皆伐地でも増加しなかった。しかし、皆伐地では火入れにより水溶性の養分の流出が増大した。③の流域ではトラクター集材によって表面流が増加し、ガリー侵食(溝を作るような侵食)が顕著に見られた。このように、森林施業方法の違いによって、土壌の持つ生産力への影響が大きく異なることが明らかにされている。①の処理で試みられているような低インパクトな施業(Reduced impact logging; RIL)は持続的な森林経営のキーワードになっており、国際機関による森林認証(FSC)の基準の一つでもある。

次に、Malmerの弟子であるIlstedtらはトラクター集材跡地の特異性に着目し、様々な特性の比較を行った。その結果、トラクター集材跡地では、植物にとって有効な土壌水分を保持できる孔隙が減少し、そのため実生の死亡率が極めて高いことを明らかにした(Ilstedt *et al.* 2004)。

そのような状況を改善するため、彼らは窒素、リン、カリウム肥料および有機資材を投入したところ、直径成長が700%に増加した(図2-7)。それでも、

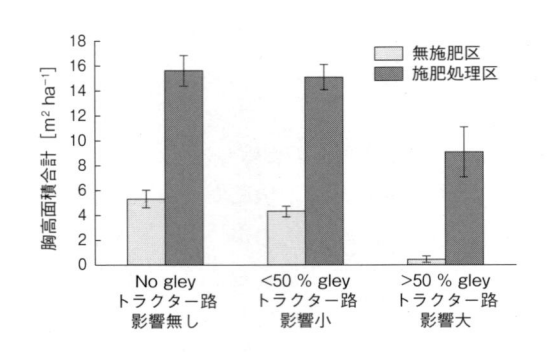

図 2-7　アカシアマンギウム造林2年後の林分におけるトラクター集材跡地の成長阻害
グライ（gley）斑（滞水条件で現れる土壌表面の斑紋）の割合は、圧密による土壌孔隙の減少を示す。
Ilstedt et al.（2004）より作成。

トラクター集材跡地の外側と比較すると、成長は半分以下であった。
　これらのことから、湿潤熱帯においては表層土壌の攪乱が生産性に深刻な悪影響を与えることがわかる。FSC認証を受けるような森林管理が行われている場所では、日本やヨーロッパの技術供与で架線集材が実験的に行われているが、そのような場所は熱帯でも極めて限られている。トラクター集材を行う場合、出来る限り計画的に設計し、インパクトを出来る限り低減すべきである。さらに、その跡地を改善する策を講じる必要があろう。

2.4.3.　土壌の侵食のされやすさ

　土壌の侵食のされやすさは、土壌中の粒子の大きさや結合の強さ、広い見方では土壌型によって異なる。また、森林土壌においては堆積有機物の存在の有無が、降雨の強度と頻度が大きい湿潤熱帯では特に大きく影響する。
　熱帯アジアに広く広がる、アクリソルが分布する地域は、フェラルソルが広がる地域より土壌の侵食をうけやすい傾向にある（久馬 2001）。また、アクリソルよりも陽イオン交換容量が大きい土壌タイプであり、ボルネオ島に広がるアリソル（Alisol）ではさらに侵食されやすい（Chappell et al. 1999）。これらは主に粘土の性質の違いによるものであるが、Chappellらは生物活動の大小にともなう土壌構造の安定性についても言及している。
　沖縄の赤黄色土壌を用いて、土壌の層位別での侵食のされやすさを人工降雨

装置によって測定した例では、B層＞A層＞堆積有機物層の順に侵食量が減少し、特に堆積有機物層で少なかった(Ohnuki and Shimizu 2004)。これは天然林での表面侵食がまれであったという結果とも合致する。熱帯の土壌を観察すると、緻密な粘土質の土壌であっても、森林の内部であれば谷底部でない限り完全に浸水することはほとんどない。これは、樹木の根の跡等によって形成される、パイプと呼ばれる水の通り道が発達しているからである。さらに土壌の塊状構造を観察すると、多数の動植物由来の微少な細長い空隙(channels)が存在し、水を保持する能力が高いことがわかる。ところが、筆者が熱帯地域で土壌断面を作成した際、雨が降った後に掘った場所を再び訪れると、水たまりが出来ていた。これは踏み固めたことによって透水性が下がり、水が浸透できなくなったためであった。

　以上のように、植生による有機物の供給は、雨水を土壌に浸透させる働きとしても非常に重要な意味を持っている。

2.4.4. 生態系における養分の分配と伐採の影響

　前述したように、森林は枯死有機物の働きで表層土壌の有機物量を高める。しかし、炭素窒素以外は、主に降雨と鉱物風化からしか養分が供給されないため、農業活動同様に収穫(伐採)が系外へ養分を持ち出すことになる。

　インドネシアのアカシアマンギウム林とイネ科のチガヤ草地(*Imperata cylindrica*)との比較では(Yamashita *et al.* 2008)、地上部バイオマス中のカルシウム蓄積量と土壌30cmまでの交換性カルシウムの合計値はどちらの林分もほぼ同じ値であった。しかし、草地ではほとんどが土壌中に存在していた一方で、アカシア林では合計値の2/3が地上部バイオマス中に存在していた(ただしリターの値が不明)。同様に、Malmerらと同じサイト(天然林流域)で地上部バイオマス中に蓄積された養分と、50cmまでの土壌中の全養分蓄積を比較した試験でも(Nykvist 1997, 2000)、カルシウムの地上部の比率が大きく約半分が地上部に存在し、伐採で持ち出される幹と樹皮だけでも、生態系全体のカルシウム量の19％が蓄積されていることが示されている(**表2-2**)。Nykvistによれば、試験地の土壌条件が貧栄養で特にカルシウム含有量が少なかったためとしている。さらに、そのようなカルシウム不足は、すべての熱帯地域で起こ

表2-2 マレーシア・サバ州メンドロン試験地の生態系内の養分の分配

元素	生態系全体 (kg ha^{-1})	鉱質土壌 (kg ha^{-1})	材と樹皮の蓄積 (kg ha^{-1})	伐採による持ち出し(%)
有機炭素	371,200	94,200	8,200	22
窒素	6,707	4,641	233	3.5
リン	701	646	5	0.8
カリウム	20,610	19,670	202	1
カルシウム	2,103	727	398	19
マグネシウム	9,061	8,699	76	0.8

Nykvist(2000)より作成。

表2-3 異なる土地利用での収穫による物質収支

土地利用		バイオマス (t ha^{-1} 年$^{-1}$)	窒素 (kg ha^{-1} 年$^{-1}$)	リン (kg ha^{-1} 年$^{-1}$)	カリウム (kg ha^{-1} 年$^{-1}$)
天然ゴム	収穫	0.85	7	3	10
コショウ	施肥	4	480	209	565
	収穫	11.4	234	16	162
オイルパーム	施肥	0.8	96	21	146
	収穫	25	72	11	91
アカシア林	収穫	6.0 (7.7)	30.4 (43.2)	1.1 (1.6)	6.0 (12.5)

Tanaka et al.(2009), Nykvist and Sim(2009)より作成。
アカシア林は10年目で伐採した場合の年あたりの蓄積、括弧内は全幹集材(+枝と葉)の場合。

るものではないが、ポドゾルのような貧栄養な土壌条件下では特に伐採が持続的生産性に深刻な影響をあたえ、施肥などの養分管理が必要であることが述べられている(Nykvist 2000)。

最後に、森林の伐採によって持ち出される養分が、農業利用と比較してどの程度の量になるかの比較をおこなった。データはゴムプランテーション、コショウ畑、オイルパームプランテーションでの物質収支(Tanaka et al. 2009)と、11年生のアカシア林の地上部バイオマス中の養分蓄積量(Nykvist and Sim 2009)から引用した(**表2-3**)。アカシアの伐採で系外に持ち出される養分量は、コショウやオイルパームと比べるとはるかに少ない。しかし、伐採の際に下層植生が傷つけられたり、伐採後に切り株や根が分解されたりすることによって、養分の流出はこの値より大きくなる。さらに、農業利用の場合は、不

足分に相当する肥料が投入された上で養分収支がとれていることを忘れてはならない。

このように、森林の伐採は、農業ほどではないものの確実に樹体に蓄積した養分を系外に持ち出すことになる。熱帯地域は陽イオン交換容量の低い土壌が広がっているため、施用した肥料が流亡してしまい効率的な施用に特に困難が伴うが、確実なバイオマスの収穫を期待するのであれば、適切な養分管理が必要となる。

2.5. 早生樹の持続的な生産に向けて

本項では、熱帯土壌の性質、早生樹の資源利用の特徴、森林施業の影響について述べてきた。早生樹造林に限らず、開発行為は森林の物質循環に何らかの影響を与えることになる。人間の営みとして森林を利用することは必須であり不可欠な行為であるが、その影響をどれだけ少なくするかが課題である。森林には、開発や攪乱に対する回復能力(regiliance)があるが、その能力を十分に発揮するためには、土壌の性質や養分の分配など、森林の物質循環に対する理解が不可欠である。

近年スウェーデンのIKEA社のように、木材を扱う企業が社会林業プロジェクトを試みたり、森林認証機関に積極的に関わることなどによって、企業イメージと製品に対する付加価値を増やそうとする動きがある。一部の天然林で試みられている低インパクト型施業も含め、持続可能な生産を目指すことによって生産性を下げるのではなく、逆に製品の付加価値を上げる方向性が、今後の産業の発展を促すものであると考えられる。

〈文　献〉

久馬一剛編（2001）『熱帯土壌学』、名古屋大学出版会。
コサルター・C、パイスミス・C著（2005）『早生樹林業―神話と現実―』、国際林業研究センター(CIFOR)、ボゴール、インドネシア。[原著：Cossalter, C. and Pye-Smith, C. (2003) *Fast-wood forestry: Myths and Realities*. Center for International Forestry Research(CIFOR), Bogor, Indonesia.]
Arai, S., Ishizuka, S., Ohta, S., Ansori, S., Tokuchi, N., Tanaka, N. and Hardjono, A. (2008)

Potential N$_2$O emissions from leguminous tree plantation soils in the humid tropics. *Glob. Biogeochem. Cycles*, **22**, GB2028.

Chappell, N., Ternan, J. and Bidin, K. (1999) Correlation of physicochemical properties and sub-erosional landforms with aggregate stability variations in a tropical Ultisol disturbed by forestry operations. *Soil Till. Res.*, **50**, 55-71.

Davidson, E. A., Keller, M., Erickson, H. E., Verchot, L. V. and Veldkamp, E. (2000) Testing a conceptual model of soil emissions of nitrous and nitric oxides. *BioScience*, **50**, 667.

Forrester, D., Bauhus, J. and Khanna, P. K. (2004) Growth dynamics in a mixed-species plantation of *Eucalyptus globulus* and *Acacia mearnsii*. *For. Ecol. Manage.*, **193**, 81-95.

Fritzsche, F., Abate, A., Fetene, M., Beck, E., Weise, S. and Guggenberger, G. (2006) Soil-plant hydrology of indigenous and exotic trees in an Ethiopian montane forest. *Tree physiol.*, **26**, 1043-1054.

Ilstedt, U., Malmer, A., Nordgren, A. and Liau P. (2004) Soil rehabilitation following tractor logging: early results on amendments and tilling in a second rotation *Acacia mangium* plantation in Sabah, Malaysia. *For. Ecol. Manage.*, **194**, 215-222.

Inagaki, M., Inagaki, Y., Kamo, K. and Titin, J. (2009) Fine-root production in response to nutrient application at three forest plantations in Sabah, Malaysia: higher nitrogen and phosphorus demand by *Acacia mangium*. *J. For. Res.*, **14**, 178-182.

Inagaki, M., Kamo, K., Miyamoto, K., Titin, J., Jamalung, L., Lapongan, J. and Miura, S. (2011) Nitrogen and phosphorus retranslocation and N:P ratios of litterfall in three tropical plantations: luxurious N and efficient P use by *Acacia mangium*. *Plant Soil.*, **341**, 295-307.

Inagaki, M., Kamo, K., Titin, J., Jamalung, L., Lapongan, J. and Miura, S. (2010) Nutrient dynamics through fine litterfall in three plantations in Sabah, Malaysia, in relation to nutrient supply to surface soil. *Nutr. Cycl. Agroecosyst.*, **88**, 381-395.

JIRCAS (2007) *Agroforestry approach to the rehabilitation of tropical lands by using nurse trees*. JIRCAS, Tsukuba.

Macedo, M. O., Resende, A. S., Garcia, P. C., Boddey, R. M., Jantalia, C. P., Urquiaga, S., Campello, E. F. C. and Franco, A. A. (2008) Changes in soil C and N stocks and nutrient dynamics 13 years after recovery of degraded land using leguminous nitrogen-fixing trees. *For. Ecol. Manage.*, **255**, 1516-1524.

Malmer, A. (1992) Water-yield changes after clear-felling tropical rainforest and establishment of forest plantation in Sabah, Malaysia. *J. Hydrol.*, **134**, 77-94.

Malmer, A. (1996a) Hydrological effects and nutrient losses of forest plantation establishment on tropical rainforest land in Sabah, Malaysia. *J. Hydrol.*, **174**, 129-148.

Malmer, A. (1996b) Nutrient losses from Dipterocarp forests: a case study of forest plantation establishment in Sabah, Malaysia. In *Dipterocarp forest ecosystems: towards sustainable management.* Schulte, A. and Schöne, D.(Ed.), pp. 52-73, World Scientific Publishing, Singapore.

Norisada, M., Hitsuma, G., Kuroda, K., Yamanoshita, T., Masumori, M., Tange, T., Yagi, H., Nuyim, T., Sasaki, S. and Kojima, K. (2005) *Acacia mangium*, a nurse tree candidate for reforestation on degraded sandy soils in the Malay Peninsula. *For. Sci.*, **51**, 498-510.

Nykvist, N. (1997) Total distribution of plant nutrients in a tropical rainforest ecosystem, Sabah, Malaysia. *AMBIO*, **26**, 152-157.

Nykvist, N. (2000) Tropical forests can suffer from a serious deficiency of calcium after logging. *AMBIO*, **29**, 310-313.

Nykvist, N. and Sim, B. (2009) Changes in carbon and inorganic nutrients after clear felling a rainforest in Malaysia and planting with *Acacia mangium*. *J. Trop. For. Sci.*, **21**, 98-112.

Ohnuki, Y. and Shimizu, A. (2004) Experimental studies on rain splash erosion of forest soils after clearing in Okinawa using an artificial rainfall apparatus. *J. For. Res.*, **9**, 101-109.

Reissmann, C. R. and Wisnewski, C. (2004) Nutritional aspects in pine plantations. In *Forest nutrition and fertilization*, Gonçalves J. L. M. and Benedetti V.(Ed.), pp. 141-170, Institute of Forest Research and Study, Piracicaba, São Paulo.

Subbarao, G. V., Nakahara, K., Hurtado, M. P., Ono, H., Moreta, D. E., Salcedo, A. F., Yoshihashi, A. T., Ishikawa, T., Ishitani, M., Ohnishi-Kameyama, M., Yoshida, M., Rondon, M., Rao, I. M., Lascano, C. E., Berry, W. L. and Ito, O. (2009) Evidence for biological nitrification inhibition in *Brachiaria* pastures. *Proc. Natl. Acad. Sci. U.S.A.* **106**, 17302-17307.

Tanaka, S., Tachibe, S., Bin Wasli, M. E., Lat, J., Seman, L., Kendawang, J. J., Iwasaki, K. and Sakurai, K. (2009) Soil characteristics under cash crop farming in upland areas of Sarawak, Malaysia. *Agric. Ecosyst. Environ.* **129**, 293-301.

Wei, Y., Ouyang, Z., Miao, H. and Zheng, H. (2009) Exotic *Pinus carbaea* causes soil quality to deteriorate on former abandoned land compared to an indigenous *Podocarpus* plantation in the tropical forest area of southern China. *J. For. Res.*, **14**, 221-228.

Yamashita, N., Ohta, S. and Hardjono, A. (2008) Soil changes induced by *Acacia mangium* plantation establishment: Comparison with secondary forest and *Imperata cylindrica* grassland soils in South Sumatra, Indonesia. *For. Ecol. Manage.*, **254**, 362-370.

Yang, L., Liu, N., Ren, H. and Wang, J. (2009) Facilitation by two exotic Acacia: *Acacia auriculiformis* and *Acacia mangium* as nurse plants in South China. *For. Ecol. Manage.*, **257**, 1786-1793.

Yashiro, Y., Kadir, W., Okuda, T. and Koizumi, H. (2008) The effects of logging on soil greenhouse gas (CO_2, CH_4, N_2O) flux in a tropical rain forest, Peninsular Malaysia. *Agric. For. Meteorol.*, **148**, 799-806.

(稲垣昌宏)

第3章 材　　質

3.1. はじめに

　地球環境の保全と森林資源の利用との整合性を構築するには、「森林のゾーニング」という概念が必要である。すなわち、基本的に「環境保全を重視する森林：環境保全林」と「持続的な資源生産を重視する森林：資源生産林」とに区分する必要がある。また、地球環境問題が叫ばれる中、木質資源は天然林からではなく、人工林から供給されなければならず、この人工林を主役にした資源生産林にとって不可欠なことは、木質資源の持続的生産と安定供給を可能にすることである。さらに、供給される木質資源はエンドユースにマッチした、つまり買い手の要求に応じられるだけの多様性と品質を有しなければならない。

　人工林から得られる木材の「材質」は、天然林からのものと違う概念を取り入れる必要がある。本章では、「Wood Quality」の意味で「材質」という言葉を使う。一方、「Wood Properties」の意味では「木材性質」「材質特性」と表現する。「弾性率(modulus of elasticity)が高いとか低い」「仮道管長(tracheid length)が長いとか短い」「収縮率(shrinkage)が大きいとか小さい」は「Wood Properties」の話で、単に木材の性質のことであり、目的とする最終用途への認識は含まれていない。「Wood Quality」とは、最終用途や製品に対する品質のことであり、例えば、用途によっては高い弾性率を有する木材が高品質である場合や、逆に弾性率が低く、柔軟性を有する木材の方が高品質の場合もある。

　さて、早生樹は1ha当たり年成長量15 m^3 以上と定義されるが、本章では"広義の早生樹資源"、すなわち、早生樹に加えて年成長量15 m^3/haに達しないが比較的成長が早い有用樹種も対象にする。この樹種が早生樹と言えるかどうかは問題ではなく、より短期間でより質の高い木材をより低いコストで生産

することが重要であり、これが資源生産林の目標である。

　広義の早生樹に限らず、人工林の材質は、遺伝子の選択、植林方法や成育環境、森林施業および伐期齢によって異なる。したがって、利用目的に沿った丸太を生産するためには、これらのことと材質とを結びつけるたくさんの情報が蓄積されなければならない。その上で、蓄積された情報をフィードバックし、次世代の木質資源創出のために有効に活用する必要がある。広義の早生樹林業には不可欠なコンセプトである。様々なエンドユースに応じて最適な材質がある。用途に応じた材質の最適化を行うためには木材の性質を変える必要がある。木材の性質は、遺伝性の利用、遺伝子の改良、枝打ちや間伐、施肥、立木密度のコントロールなどの先進的な森林管理、さらには立地・環境条件や伐期齢などで変えることができる。一般に、林木育種は材積成長、樹形、病虫害への抵抗性を中心に行われる。世界のプランテーションの中には、次のステップとして材質育種(tree breeding for wood quality)へ進んでいるところ、今まさに林木育種を進めようとしているところ、林木育種すら始まっていないところなど様々である。本章の筆者3名は様々な段階にあるプランテーションを対象に材質研究を行ってきた方々である。

　エンドユースにマッチした材質になるよう育種するためには、木材の組織構造や物理的・力学的性質を十分理解し、これらを資源生産林のための林業と有機的に連携させることによって、付加価値を高めた次世代の木質資源を創出することが重要である。このような概念が世界中に広まれば、木質資源の利用促進に繋がり、結果として都市に第二の森林を構築することにもなる。木材利用と林業とが有機的に結びついた成功例として、ニュージーランドのラジアータマツ(*Pinus radiata*)林業がある。これは人工林を主役とした木質資源利用の1つの模範を示している。例えば、より優れた木質資源を得るために、遺伝性を利用し、先進的森林管理を行い、次世代の木質資源がエンドユースにマッチするようそのクオリティーを高めていること、材の密度(wood density)によってコアウッド(corewood)とアウターウッド(outerwood)に分け、アウターウッドが構造用材として利用可能であることを示し、用途拡大に繋げていることなどが上げられる。

3.2. 世界の早生樹の材質

3.2.1. アカシア
3.2.1.1. アカシアハイブリッド

アカシア属は1,500種からなり、主に熱帯地域に分布する。アカシアマンギウム(*Acacia mangium*)、アカシアアウリカリフォルミス(*A. auriculiformis*)およびそのハイブリッド(雑種)は、成長が早くて材質が良く、様々な土壌条件への抵抗性が高いことから、重要な早生樹として世界各地にプランテーションがある。マンギウムとアウリカリフォルミスは、オーストラリア、パプアニューギニア、インドネシアが原産であるが、16～17世紀にマレーシア、ベトナム、バングラデシュなどの周辺国へ導入された。記録によると、この2種の自然雑種は1972年にマレーシアで見つかった(Turnbull *et al.* 1986)とされ、その後パプアニューギニア、タイ、ベトナムで発見された。

本項で紹介するアカシアハイブリッド(*A.* Hybrid)はベトナムで成育した自然雑種の精英樹クローン(Nguyen *et al.* 2008, 2011)と人工交雑によるハイブリッド(Nguyen *et al.* 2009)である。ベトナムでは1991年に北ベトナムのマンギウム林から自然雑種が発見され、その後各地で見つかった。これらのハイブリッドから、成長、樹形、病虫害への抵抗性が優れたものを選抜して精英樹とし、さらにクローンが作られた。

北ベトナムの同一林分で成育した8年生の北ベトナム産ハイブリッドクローンの樹高は12.7～14.5m、胸高直径は12.7～15.3cmである。一方、これらのクローンを南ベトナムで成育させると、ほぼ同齢で樹高が21.2～23.7m、胸高直径は14.5～17.7cmとなり、熱帯地域である南ベトナムの方が成長が早い。なお、北、南の両者とも成長輪(growth ring)は不明瞭である。

【材質】

各クローンの木部繊維長(wood fiber length)の平均は0.81～0.93mmの範囲にあり、クローン間、サイト間で相違はない。各クローンのミクロフィブリル傾角(microfibril angle)の平均は15.5～20.1°の範囲にあり、クローン間で有意差はないが、サイト間で認められる。各クローンの気乾密度(density in airdry)の平均は0.56〜0.68 g/cm^{3}の範囲にあり、クローン間およびサイト間で有意差が認められる。しかし、胸高直径と密度との間には有意な相関関係が認められないことから、成長の良否は密度に影響しない。また、木材性質に遺伝要因と環境要因の交互作用が認められることから、優良クローンの選抜はそれぞれの地域で行う必要がある。結論として、亜熱帯の北ベトナムでは成長速度と木材性質、熱帯の南ベトナムでは材密度を考慮した成長速度によりクローンを選抜することが推奨される。

　材密度の放射方向変動は、地上高に関わらず、髄(pith)から樹皮(bark)側へ向かって緩やかな増加傾向を示す。北ベトナム産クローンが亜熱帯地域で成育したときの材密度の樹幹内分布を図3-1に示す。図中、BV5は幹全体の平均密度が高いクローン、BV32は低いクローンである。両者ともに樹幹中心部の低密度領域と外側の高密度領域が存在する。現在、ハイブリッドは紙パルプ用が主な用途であるが、さらに樹齢を重ねるとこの分布がどうなるかで付加価値の高い利用が可能かどうか判断できるであろう。

　材密度にはクローン間差が認められるが、樹幹全体の密度の予測や早期検定の可能性についてはNguyen et al.(2008)が検討している。それによると、樹幹全体の密度と各地上高の密度との間には有意な相関関係が存在するが、特に地上高0.3および3.0 mとの相関係数が高いとしている。これは樹幹全体の密度を予測するには0.3および3.0 mが適当であることを示している。また、加齢に伴う樹幹全体の密度の変化をクローン別に検討し、樹齢が若い段階で高密度樹幹を持つクローンが予測可能であることを明らかにしている(図3-2)。さらに、早期選抜の適当な時期を決定するため、樹幹全体の密度を評価するのに適当な地上高0.3 m部位において、その直径が何cmの時に伐採時の密度が予測できるかを検討し、伐採時が8年生の場合、6 cmが適当であると結論づけている。これらのことは育種側にとって有用な情報であり、材質においても最終用途に適した木材性質を持つよう育種することにより、次世代にはより付加価値の高い優良木が創出されることになるであろう。

　これまで自然雑種の精英樹クローンについて述べてきたが、次に人工交雑によるハイブリッドについて述べる。アカシアハイブリッドがヘテローシスを示すことは知られているが、ハイブリッド材を改善するためにはマンギウムとア

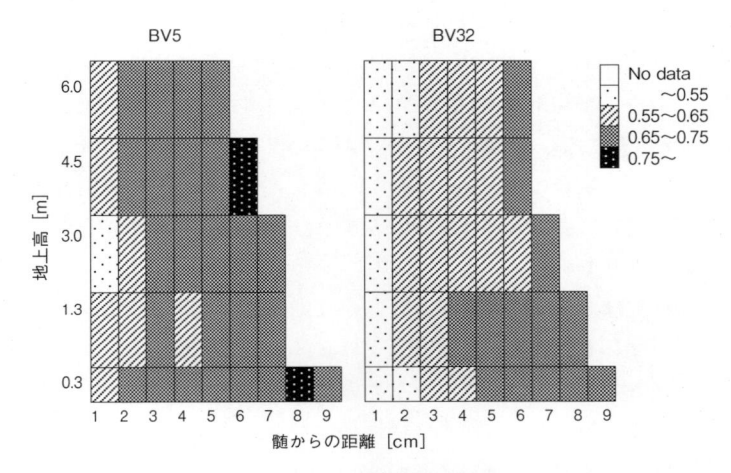

図 3-1 アカシアハイブリッドにおける材密度の樹幹内分布(Nguyen *et al.* 2008)
BV5：樹幹の密度が高いクローン、BV32：樹幹の密度が低いクローン。

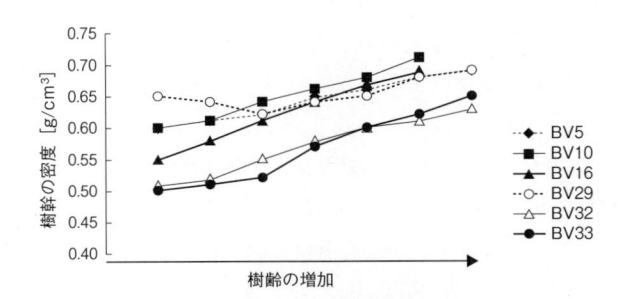

図 3-2 ハイブリッドクローンの加齢に伴うの樹幹全体の密度変化(Nguyen *et al.* 2008)
BV5, 10, 16, 29, 32, 33 はクローン名。

ウリカリフォルミスの精英樹間で受粉をコントロールする必要がある。人工交雑したハイブリッドの木材性質について報告はほとんどないが、マンギウムとアウリカリフォルミスの精英樹を相反交雑した4年生のハイブリッドについて、成長や材密度、木部繊維長などの基本性質は以下の通りである(Nguyen *et al.* 2009)。

外観的特徴として、ハイブリッドの葉は両樹種の中間的な形を取るが、母親がアウリカリフォルミスの場合の方が葉は小さくなる。

平均樹高はアウリカリフォルミスが7.24 m、マンギウムが8.39 mに対して母親がマンギウムのハイブリッドは9.40 m、アウリカリフォルミスの場合は9.38 mである。平均胸高直径はアウリカリフォルミスが5.41 cm、マンギウムが6.68 cmに対して、母親がマンギウムのハイブリッドは8.37 cm、アウリカリフォルミスの場合は8.56 cmであり、ハイブリッドの方が両樹種より大きくなる。相反交雑による大差はないが、アウリカリフォルミスが母親の方が成長はやや良いようである。

　木部繊維長はアウリカリフォルミスが0.92 mm、マンギウムが0.87 mmに対して母親がマンギウムのハイブリッドは0.95 mm、アウリカリフォルミスの場合は1.01 mmであり、ハイブリットの方が両樹種より長くなる。また、アウリカリフォルミスが母親の方が木部繊維長はやや長い。

　材密度はアウリカリフォルミスが$0.60 g/cm^3$、マンギウムが$0.56 g/cm^3$に対して母親がマンギウムのハイブリッドは$0.62 g/cm^3$、アウリカリフォルミスの場合は$0.70 g/cm^3$であり、ハイブリットの方が両樹種より大きくなる。また、アウリカリフォルミスが母親の方が密度は大きくなる。

　このように、人工交雑によるハイブリッドの材質改善は大きな可能性を秘めており、今後の研究に期待したい。

3.2.1.2. アカシアマンギウム、アカシアアウリカリフォルミス

　アカシアマンギウム(*Acacia mangium*、以下マンギウム)、アカシアアウリカリフォルミス(*A. auriculiformis*、別名カマバアカシア、以下アウリカリフォルミス)は、ともにマメ科(Fabaceae)のアカシア属に属する常緑の熱帯性高木であり、成育条件に恵まれれば樹高25～35 m、胸高直径35～50 cmに達する。ただし、個体の寿命は30～50年と短い。自生域は、両樹種ともオーストラリア・クイーンズランド州北部沿岸部、ニューギニア島低地(中央部南岸低地および北西部沿岸地域)、さらにインドネシア・マルク州の一部である。植林地の造成は、自生域外では、マレーシア、インドネシア(スマトラ島、ジャワ島)、タイ、バングラデシュ、ベトナム(ただし多くはマンギウムとアウリカリフォルミスとのハイブリッド)などのほか、中国南部、西・南アフリカ諸国、南アフリカ共和国、ハワイ、ブラジル(マンギウムのみ)、コスタリカ(マンギウムのみ)などで進められている。

図3-3　アカシアマンギウム試験植林地(11年生)（マレーシア・サバ州、SAFODAによる）
1976年に設立されたSAFODA(Sabah Forestry Development Authority)は、森林乱開発によってボルネオ島サバ州に生じた広大な荒廃地の再緑化を目的に、マンギウム等の植林を行っている（1998年、撮影：奥山　剛）。

　マンギウム、アウリカリフォルミスの双方とも、本来の植生域は、アルティソル(ultisol)あるいはオキシソル(oxisol)を主体とするローム質沖積土壌である。これらの土壌は、高い酸性度を示し(pH 4.0～6.5)、また多くは貧栄養であり、植物の繁茂には適さないとされる。そのような問題土壌であっても、十分な降水量(年平均1,500～3,000 mm)と気温(最低・最高気温、20・33℃)に恵まれれば両樹種とも問題なく成育する(Cole et al. 1996)。なお、アウリカリフォルミスはアルカリ性土壌(pH 9くらいまで)でも成育可能であるという。両樹種ともマメ科の植物であることから、土壌栄養分の不足(とくに窒素とリンの欠乏)を、根粒菌(*Rhizobium* spp.)や菌根菌(*Thelephora* spp.)と共生することによって補っている。また、マンギウムは水はけのよい土地を選ぶのに対し、アウリカリフォルミスは一定期間冠水するような土壌条件にも適応する。前者は強風に弱いのに対し、後者はある程度の風に耐える。熱帯の多くの地方では、過度の焼畑耕作の後に放棄される土地が増加しているが、そのような荒地では、チガヤ(*Imperata cylindrica*)などの草本植物が繁茂し、他の木本植物の侵入を阻んでいる。マンギウムやアウリカリフォルミスはそのような土地でも発芽し、また成長することができる。このことから、マンギウムやアウリカリフォルミスの植林は、荒地を再緑化するきっかけを与えると言う役割をも持

つ(たとえば Doi and Ranamukhaarachchi(2007), Krisnawati et al.(2011)を参照)。

　早生アカシア類の近代的な造林は、19世紀の南アフリカに遡る。同地では、タンニンを採るためにオーストラリアよりアカシアマンギウムが導入され、同時期に導入されたユーカリとともに産業植林が進められた。その後、1966年に、豪州(クイーンズランド)からマレーシア・サバ州に、マンギウムが持ち込まれた。植栽試験の結果、マンギウムは荒廃地でも成育することが確認され、条件次第でMAI(年間平均成長量)30〜40(m^3/ha)、伐期6〜10年と良好な生産性を示すことがわかった。これを受けて、1970年代以後、東マレーシア(サバ州およびサラワク州)において、また1980年代以降は、半島マレーシアおよびインドネシア(スマトラ島、ジャワ島など)で、マンギウムの大規模な産業植林が行われるようになった。ただし半島マレーシアでは、心腐れ(Heart rot)や根腐れ(Root rot)の被害が多発したため、1992年以後、パルプ生産への用途を除いてマンギウムの新規植林は中断されている(Krishnapillay 2002)。

　熱帯アカシア類のうちで最も多く植林されている樹種は、マレーシアおよびインドネシアではマンギウムであり、次いでアウリカリフォルミスとされる。アウリカリフォルミスは、マンギウムに比べて心腐れや根腐れなどの病害が少ないとされるが、相対的に成長が遅く、樹幹形状も通直性に劣る。用途は、荒地の再緑化、建築・家具用材のほか、パルプ、薪炭材に供される。

【病害】

　マレーシアでは、1970年代から、マンギウムの産業植林が大規模に進められたが、1980年代から心腐れ、根腐れ、さび葉枯らしなどの病害が表面化してきた(Old et al. 2000; Lee 2004)。心腐れは、多くの場合、その名の通り心材域に限られ、しかも樹体の外見や成長速度に目立った変化を生じさせないので、伐採して初めて感染が確認されることが多い。枝打ちや単幹化処理を施すことによって生じる傷跡などから、木部を通してカビ(担子菌に属する*Phellinus noxius*や*Tinctoporellus epimiltinus*など)が侵入し、発症すると、white fibrous rot(白色繊維状腐朽)、spongy rot(スポンジ状腐朽)、honeycomb rot(蜂巣状腐朽)、brittle rot(脆化腐朽)などの白色腐朽性の病態を呈する(Lee and Zakaria 1992)。したがって、幼若齢時には少なく、6年生

以上に目立つ。半島マレーシアでの調査では、心腐れ感染率は、多い場合で半分程度に上るという報告があるが(Mahmud *et al.* 1993; Zakaria *et al.* 1994)、インドネシア(スマトラ島、カリマンタン島、ジャワ島)での調査では、植栽場所によって大きく異なり、概して湿地性の土壌で発症率が高くなるとする報告がある(Marsoem 1997; Barry *et al.* 2004; 木方洋二 2005)。なお、アウリカリフォルミスは、心腐れに対する抵抗性がマンギウムよりも相対的に高いとされる。その理由として、木部の抽出成分(extractives)の違いを指摘する報告があるが(山本宏 1998; Mihara *et al.* 2005; Barry *et al.* 2005)、事例報告や研究成果の蓄積が乏しいため、病気に対する抵抗性の違いを含め、確定的なことは言えない。

　心腐れが含まれている材では、力学的性質が著しく低下しているので、用材生産を目的とする植林では大きな問題となる。Mahmud *et al.*(1993)の調査では、心腐れによる体積損失率(製材ベース)は最大で18％、平均で数％以下に過ぎないことから、パルプ生産に用いる場合には問題にならないとされる。

　根腐れは、*Ganoderma philippii*、*Rigidoporus lignosus*、*Tinctoporellus epimiltinus*などの担子菌類が引き起こすが、心腐れの病原体である*P. noxius*や*T. epimiltinus*が原因となることもあるという。これらは根の生組織を侵し、樹体を枯死させることが多い。それゆえに、心腐れ以上に深刻であると言える。感染の兆候は、樹冠の衰退(葉の変色や小型化、葉数の減少)や成長不良として現れる。成熟林においても大きな被害を与えるが、とくに若齢林に発生した場合には枯死率が高い。病原体は、枯死した樹木遺体中や土壌中においても生き残るので、これを撲滅するのは難しい。植林地を造成する前あるいは伐採後に火入れ(野焼き)を行うことが、根腐れの防止に有効とされる。

　さび病(さび葉枯らし病)は、菌類(*Atelocauda digitata*、*Uromyces digitatus*、*Uromyces phyllodiorum*)が引き起こす葉の病気である。オーストラリアやパプアニューギニアのアカシア類の天然林や、インドネシア(ジャワ、スマトラ、東カリマンタン)、ハワイ、ニュージーランドのアカシア植林地に発生している。発症すると、葉に鉄さび状の腫粒が多数形成され、樹幹や枝のシュート先端付近は捻れを伴いながら萎縮する。その結果、個体の成長が阻害され、若い苗木では枯死に至る。薬剤散布が防止に有効である。

【材質】

　マンギウム、アウリカリフォルミスの双方とも、造林木の成長特性や病虫害、さらには材質に関する研究報告は極めて多い。しかしながら体系的な専門書は必ずしも多くはなく、マンギウムについてまとめられたものとしては、K. Awan と D. Taylorの編による "K. Awan and D. Taylor, Acacia mangium-*Growing and utilization*, Winrock International and FAO, Bangkok, 1993" が挙げられる程度である。最近のものでは、Krisnawatiら(2011)の総説がある。これらの書物(あるいは総説)では、自生域での生態、育林方法、病虫害、さらには木材の材質までが詳細かつ体系的にまとめられている。日本語によるものとしては、財団法人国際緑化推進センターによる "熱帯造林木利用技術開発等調査事業調査報告書(平成6年〜10年)" がある。この中では、マレーシア・サバ州にて植栽されたマンギウムおよびアウリカリフォルミスを中心に、アカシア類の造林特性、木材組織、材質、さらには加工特性が、詳細に分析されている。

　病害に関しては、マンギウムに特異的に多い "心腐れ"、"根腐れ"、さらに "さび葉枯らし" について、これを中心に取り扱う報告・解説がいくつか出版されている。例としてOldら(2000)やLee(2004)による総説を挙げておく。なお、成長応力については、マンギウム、アウリカリフォルミスともに、筆者らのグループによる報告を除けば、個別の研究事例を含めてほとんど無いようである。ここでは、マンギウム、アウリカリフォルミスの材質指標として、成長応力の重要性と筆者らによる事例を紹介し、続いて気乾密度について解説を加えることにする。なお、成長応力とその測定方法に関しては、ユーカリの項を参照のこと。

　現在、熱帯アカシア類の植林面積は、インドネシアでは100万ha、マレーシアでは15万ha、ベトナムにおいては50万ha(多くがハイブリッド)を占め、世界合計では200万haほどに上るという(各種資料をもとに推定)。これらの植林資源の用途は、ほとんどが紙パルプ原料であり、ユーカリ類と共に広葉樹パルプの最も重要な原料となっている。パルプ以外の用途では、薪炭材原料(アウリカリフォルミスは相対的に高密度な材を産出するので、良質の木炭原料となる)やMDF(後掲 図3-9)、あるいは集成材(**図3-4**)などの用材原料としても用いられ、とくに高密度・高強度のアウリカリフォルミスは高級な用材

図 3-4 マンギウム植林木の集成材による会議机と(マレーシア・サバ州)、6年生マンギウムの丸太(インドネシア・西部ジャワ州、スプレーペイント缶の大きさと比較せよ)(撮影：奥山　剛)

を産出する。また樹皮からはタンニンを採取する。

　他の植林早生広葉樹と同じく、アカシア類の木材の密度は、放射方向に変動する。マレーシア・サバ州に造成された11年生の植林アカシア3種(マンギウム、アウリカリフォルミス、ハイブリッド)について、胸高位置における気乾密度の放射方向変動を調べた(未発表)結果、これらのアカシア属造林木は、3種とも髄付近で最も低い値を取り、髄からある程度の距離までは単調に増加する傾向を示した。髄付近における気乾密度は、アウリカリフォルミスが最も高く($0.55 \sim 0.65\,\mathrm{g/cm^3}$)、次いでハイブリッド($0.30 \sim 0.55\,\mathrm{g/cm^3}$)、そしてマンギウム($0.25 \sim 0.35\,\mathrm{g/cm^3}$)の順となった。マンギウムでは、髄から放射方向へ7〜8cmくらいまでは単調に増加し、その後は最外木部まで一定の値($0.60 \sim 0.65\,\mathrm{g/cm^3}$)となるのに対し、アウリカリフォルミスは際立って高い値($0.70 \sim 0.80\,\mathrm{g/cm^3}$)を示した後、最外木部に近いところで急激に減少した。ハイブリッドも一旦最大値($0.60 \sim 0.70\,\mathrm{g/cm^3}$)を取ったのち、最外木部で急減するものがあった。Kojima $et\ al.$ (2009)は、上述の植林アカシア3種(マンギウム、アウリカリフォルミス、ハイブリッド、それぞれ15個体)について、胸高部位における最外木部の気乾密度を測定したが、それぞれ0.68、0.70、$0.58\,\mathrm{g/cm^3}$という数値を得ている。さらに、最外木部における気乾密度は、3樹種とも、個体

の肥大成長速度に依らずほぼ一定値を取るという結果を報告している。

　密度と同じく、繊維長も放射方向変動を示す。上述の11年生の植林アカシア3種(マンギウム、アウリカリフォルミス、ハイブリッド、それぞれ15個体)の調査では、樹種間で違いはなく、髄付近で最小値(0.6～0.8 mm)であり、単調に増加したのち7～8 cmで一定値(1.0～1.2 mm)となるという(Kojima et al. 2009)。これらの値を、商業伐期に達した他の早生広葉樹種の繊維長と比較すると、ユーカリ属(グランディスおよびグロブラス)とほぼ同じであるが、メリナ(1.20～1.35 mm)よりは短めである(3.2.4.参照)。また、Kojima et al. (2009)は、上記3樹種の最外木部の繊維長は、肥大成長速度には依らずほぼ一定値を取るという結果を報告している。

　アカシア類の成長応力(growth stress)は大きく、伐採や玉切り時の心割れ(heart check)や、挽材時の板の反り(warp)や曲がり(crook)が生じる。Wahyudi et al. (1999)は、西部ジャワに植林されたマンギウム(4年生6個体、6年生5個体、8年生6個体、10年生7個体)について、表面成長応力解放ひずみの調査を行ったが、絶対値が最も大きかったのは10年生(平均-0.0900 %)であり、一方、最も小さかったのは8年生(平均-0.0541 %)であった。4年生と6年生は、両者の中間の値となった。Kojima et al. (2009)は、マレーシア・サバ州に植林されたマンギウム、アウリカリフォルミス、および両者のハイブリッド(各40個体、すべて11年生)について、表面成長応力解放ひずみを調査した。解放ひずみの絶対値の大きさは、アウリカリフォルミス(平均-0.1163 %)、マンギウム(平均-0.0807 %)、そしてハイブリッド(平均-0.0747 %)の順であった。Kojima et al. (2009)において調査の対象とされたアウリカリフォルミスは、樹幹形状が通直でないものや、地上高の低いところで樹幹が二股に分かれている個体が多く、それゆえ、樹幹がわずかに傾斜することで引張あて材(tension wood)が形成され、そこに大きな引張応力(tension stress)が発生していたと考えられる。アカシアハイブリッドは、マンギウムの良好な樹幹形状(通直単幹性)と、アウリカリフォルミスの高い木材密度の双方を兼ね備えており、これらの樹種よりも小さな成長応力解放ひずみ(絶対値)を示した。なお、Wahyudi et al. (1999)、Kojima et al. (2009)の双方の調査とも、木部表面の成長応力解放ひずみは、肥大成長速度には影響されないという結果を得ている。

3.2.2. ユーカリ

　ユーカリ属（*Eucalyptus* spp.）はフトモモ科（Myrtaceae）に属する常緑の高木（中には低木）で、700種ほどが同定されている。商業上ユーカリ（英名ではEucalypt(s)）とされるものは、ユーカリ属以外に2属がある。同じフトモモ科で近縁の*Angophora*属（10数種）と、同じく*Corymbia*属（100数種）であり、外見も木材もよく似ている。このうち*Angophora*属は、18世紀のユーカリの発見当初から一つの独立属とされてきたが、ユーカリ属に比べればはるかに小さい。なお、葉から良質の香油を産出する"ユーカリ"として知られ、市場ではレモンユーカリ（Lemon-Scented Gum）として通用している*Corymbia citiriodola*は、最近まではユーカリ属に分類されてきたが、近年の遺伝子分析技術の発展によって、むしろ*Angophora*属に近縁であることがわかった。これによっておよそ100種からなる*Corymbia*属が新たに立てられることになった。

　天然には、ほとんどがオーストラリア大陸およびその周辺島嶼に分布し、種によってはニューブリテン島、ニューギニア島、スラウェシ島のほか、さらにはミンダナオ島南部にまでに亘っている。多くは比較的温暖あるいは熱帯地域に成育する。代表例は、ユーカリグランディス（*E. grandis*、豪州名 Flooded Gum または Rose Gum）、ユーロフィラ（*E. urophylla*、豪州名 Timor Mountain Gum、原産地は豪州ではなく、インドネシア・チモール諸島近辺）、テレティコニス（*E. tereticornis*、豪州名Forest Red Gum）、ペリータ（*E. pellita*、豪州名 Large-Fruited Red Mahogany）、カマルドレンシス（*E. camaldulensis*、豪州名 River Red Gum）、ロブスタ（*E. robusta*、豪州名Swamp Mahogany）、デグルプタ（*E. deglupta*、ミンダナオ島、セレベス島、ニューギニア島にかけて原産。Kamerereともいう。英名 Rainbow Gum、Mindanao Gumという）などである。またナイテンス（*E. nitens*、豪州名 Shinning Gum）、レグナンス（*E. regnans*、豪州名 Mountain Ash、Giant Gum）、グロブラス（*E. globulus*、豪州名 Tasmanian Blue Gum、Southern Blue Gum）などは、豪州の比較的高緯度地域（いわゆる温帯地域）に天然分布する。とくに、ナイテンスは耐霜性が高いことで知られており、冬夏の寒暖差が大きい日本でも植林例がある。パウシフローラ（*E. pauciflora*、豪州名Snow Gum）のようにタスマニア島高地の冬季積雪地に自生するものもある。ユーカリは、オースト

ラリアではガム(Gum)と呼ばれ、そのうちでも良質の木材を産出する種はアッシュ(Ash)と呼ばれる。多幹性で比較的樹高の低いものはマリー(Mallee)と呼称される。ガムという通称の由来は、樹皮に障害を与えるとゴム状の樹液を分泌することに由来する。樹皮の特徴から分類することもあり、ブラッドウッド、アイアンバーク、アッシュ、ガム、ストリンギーバーク、ボックス、ペパーミントなどの分類名が用いられている(平井信二 1954)。

　樹高は、大きいものでは100 m近くにも達する。レグナンスは広葉樹の中では最高であり、記録ではビクトリア州に自生していたレグナンスで、樹高140 m(記録に残る世界最樹高)という数値が残されている。このほかグロブラス、デレガテンシス(*E. delegatensis*、豪州名Alpine Ash)、オブリーカ(*E. obliqua*、豪州名 Messmate)、ナイテンスなどが80 mを超える。ユーカリ属の多くは成長が早く、丸太の生産速度(最盛期体積成長速度)は、天然林であっても15 m^3/haを超える例(例えばタスマニアのナイテンス純林)がある。ブラジルは、近年の育種改良によって、40〜60 m^3/haを実現するようなハイブリッドの作出にも成功しており、在来種でも30〜40 m^3/haという数値が可能になっている。

　ユーカリの用途は様々に亘っている。木材(用材、パルプ、燃料)として用いられる他、葉や樹皮、そして樹液からも有用な化学成分が抽出され、市場供給されている。また養蜂樹として優れているものもある。ユーカリは、低湿地あるいは乾燥地などの問題土壌においても成育するものが多いので、低湿地の排水や乾燥地の緑化、あるいは防風・砂防林などの環境造成を目的としても植林される。その一方で、ユーカリの強い吸水能(蒸散能)が地下水位を急速に低下させるとして、その植林による環境破壊を危惧する声や、特有とされる化学成分が周囲の植物相に害悪を与え、その結果その土地本来の植生を破壊するかもしれないとして、ユーカリの導入や植林に反対する意見もある。このうち、いくつかは真実であり、また幾つかは誤解に基づいていると思われるが、今後総合的に検討すべき問題である(Cossalter and Pye-Smith 2003; 生方史数 2009)。

　ユーカリ植林が他の植生にいかなる影響を及ぼすかを考察するために、以下の写真を紹介しよう(図3-5)。左写真は、ブラジル・リオグランデスル州南部(製材用)に造成されている17年生ユーカリグランディスの産業植林地である。

3.2. 世界の早生樹の材質

図 3-5　ユーカリ植林地の林床の様子（ブラジル）
左写真：除草剤散布および下刈、中央写真：前回の下刈から数年経過後、
右写真：数十年前に管理を放棄した植林地（撮影：山本浩之・児嶋美穂）。

林内作業のため除草剤の散布と下刈が施された直後であり、乾燥した落葉のみが林床を覆っている。1年もすれば、林床は再び多くの小植物（下草）で覆われることになるだろう。中央写真は、同じくブラジル・マラニョン州における17年生のユーカリグランディス産業植林地（ほとんど製炭用に用いられる）である。前回の下刈から数年以上が経過しており、土着の先駆樹種がかなりの高さにまで成長し、さらに多種多様な草本植物が林床を覆っている。右写真は、100年ほど前に導入され、その後放置されたユーカリ植林地である（ブラジル・サンパウロ州）。ここでは、植林されたかあるいは二次的に生じたユーカリは、その土地本来の植生によって駆逐されかけており、どこに残っているかを見付けること自体が困難になっている。これらの写真が示すように、ブラジルでは、外来種としてのユーカリは必ずしも他の植物の成育を妨害するわけでは無い。他の樹種による植林と同じく、林業的管理を放棄すれば、その土地本来の植生によってとって替わられることが多いと言える。

ユーカリの植林の歴史は、約200年に亘る。18世紀英国のジェームズクック（キャプテンクック）調査団による発見によって、ヨーロッパ社会にもたらされ、列強によって世界各地の植民地に導入されることになった。植林の当初の目的は、荒廃地の再緑化、葉や樹皮からの成分の利用、木材（枕木、坑木、薪炭材など）の生産、湿地の排水などである。世界各地で植林され、2008年現在

では、南北アメリカ(500万ha)、アフリカ(150万ha)、フランス以南の大西洋岸(80万ha)、中国南部(300万ha)、そしてインド亜大陸(400万ha)と推定される。用途の多くはパルプ原料であり、続いて薪炭材原料、そして用材へと続く。我が国においては、明治以後から植林の歴史があり、細々とではあるが本州の関東以南で、民間の篤志家や大学研究機関による造成が試みられている(小野 1954; 中村 2008)。

　早生樹の近代的な産業造林の開始は、19世紀の南アフリカに遡り、そこでは、鉱山の坑木を生産するためにユーカリ類が、タンニンを採るためにアカシア類がオーストラリアより導入され、それぞれ大規模に植林された。現在ではいずれの樹種もパルプ原料として重要な位置を占めている。その後ユーカリの産業造林は世界各地に広がり、とくにブラジルが世界最大のユーカリ植林国となった。第2位はインドであり、同国では800万haものユーカリ人工林が存在するという。しかしながら多くは生産性の低い植林地であり、早生ユーカリの人工林は多く見積もって半分ほどでしかない(Cossalter and Pye-Smith 2003)。つづいて南アフリカと続く。さらに、中国の追い上げがすさまじい。

　ブラジルでは、グランディス、およびユーロフィラという2種のユーカリの他、両者のハイブリッドであるユーログランディス(*E. urograndis*)(hybrid *E. grandis* × *E. urophylla*)が北から南まで広範囲に造林されている。そして、ユーカリグランディスに似ており高比重・高強度で知られるサリグナ(*E. saligna*、豪州名Sydney Blue Gum)とダニアイ(*E. dunnii*、豪州名Killarney Ash、Dunn's White Gum)が南部を中心に導入され、ともに産業植林されている。ユーログランディスはブラジルにおいて開発されたハイブリッドであり、成長性と用材特性が優れている(私信であるが、大手植林会社のFibria社によれば、適切に造林すれば、MAIは80 m^3/haに達すると言う)。現在ではブラジルを超えて、中国南部、オーストラリアなど広範囲にわたって植林されており、用材用では伐期8～15年、パルプ用では5～7年で伐採される。ユーカリ類の用途は主としてパルプ原料の供給であるが、高比重木炭の製造にも供されており、ブラジルにおける製鉄(製銑)産業の低炭素化に貢献している。なお少数であるが、家具・造作・外構材などの用材としても使われており、今後増加するものと思われる。ほとんどのユーカリの原産地はオーストラリアである

が、同国においてもユーカリの産業造林は盛んである。ただし本格的な植林活動の開始は意外にも最近であり、1990年辺りからである。やはりパルプ原料が主体であるが、用材化の動きも出始めている。

ユーカリの難点は、伐倒時に丸太横断面に発生する心割れと、製材の反り（これらは樹幹内に残留応力(residual stress)が発生していることによる）による一次加工時の障害であり、続いて、水分放出によって落ち込んだり、割れたり、ときにはひどく捩れたりするという、乾燥障害である。そのため丸太の利用歩留りは著しく低くなり、それが用材利用におけるネックとなっている。とくにグロブラスという樹種は、成長は早いけれども丸太端部の心割れ（後述）がひどく、用材としての用途はなく、ほとんどはパルプ原料に回される（パルプ資源としては極めて良好）。なお、ブラジル・バイーア州の製紙会社であるAracurz Celulose S.A.社は、グランディスとユーロフィラとのハイブリッドを開発し、両樹種の長所（成長が速く、比重も高い）を備え、しかも心割れを生じにくいクローン（商品名Lyptus）の作出に成功した。同社は、これを用材化する会社（Aracurz Celulose Madeira社）を展開したが、最近Fibria社によって買収され、現在は、超短伐期でパルプ原料を調達する方向へと、経営戦略の転換を図っている。

【材質】

材質として問題となるのは、まず密度（気乾密度、容積密度数）であり、それに強く相関するものとして各種強度、そして乾燥収縮率である。また、耐久性も重要な材質指標となる。成長応力も、上述したように、資源を用材利用する場合には重要な材質因子となる。造林ユーカリ材の材質に関する研究報告・文献は多い。ここでは、広範囲にわたる調査事例をまとめたものとして、Bolza and Keating (1972)によるアフリカ材に関する事例集（造林ユーカリ材42種）や、高橋徹(1975、1978)による輸入外国産木材（中南米ユーカリ材38種、アフリカ産ユーカリ材44種）のデータ集を挙げておこう。これらの資料集は、密度のほか、強度、収縮率、耐久性も扱っている。なお成長応力については、ユーカリでは個別の研究事例が多い一方で、これを体系的にまとめたものは、無いようである。ここでは、ユーカリ材の材質指標として、ユーカリ利用における成長応力の重要性について事例を紹介し、続いて気乾密度について解説を加え

74　第3章 材　質

図 3-6　ユーカリ丸太横断面の心割れとユーカリ心持ち柾目板の心裂けと反り
上写真：樹幹内残留応力が引き起こしたユーカリ丸太横断面の心割れ。
下写真：成長応力によって生じたユーカリ心持ち柾目板の心裂けと反り。
ともにブラジル・リオグランデスル州（撮影：児嶋美穂）。

ることにする。

　樹木丸太を用材として利用する場合、まず問題となるのは成長応力が引き起こす加工障害である（**図3-6**）。形成層から分裂したばかりの木部繊維は、通常、成熟する過程で軸方向に収縮しようとする。個々の繊維の変形は、実際の木部内では拘束されるから、木部表面付近の薄層には応力分布（成長応力）が発生することになる。その大きさは、小さい場合でも横断面1 cm^2 あたりに子供一人がぶら下がっているくらいの力となる。しかしながら樹種によっては、大

図 3-7 ひずみゲージ法による木部表面成長応力解放ひずみの測定
左写真：剥皮したのち木部最外層（完成木部表面）を露出し、ひずみゲージ（ゲージ長 10 mm）を貼付したところ（撮影：児嶋美穂）。右写真：手鋸を用いてひずみゲージ周囲を切り込んで、表面応力を解放しているところ（撮影：鳥羽景介）。

人が2～3人ぶら下がるくらいの大きさになることもある。これが表面成長応力である。表面成長応力が原因となって、樹幹内部には残留応力分布が形成される。そのために、樹幹を伐採したり玉切ったりすると、応力分布のバランスが崩れて、丸太横断面に心割れや心裂けが生じる。さらに製材工程では、挽板の反りや曲がりなどが発生する（**図 3-6**）。成長応力（および残留応力分布）に原因する加工障害は、ユーカリではとくに、また多くの早生広葉樹では、深刻な問題となっている。成長応力の大きさを定量的に評価するために、我々はひずみゲージという電気抵抗式センサーを用いる。大きさは 10 mm 程度であり、これを木部表面などに接着し、手鋸でまわりに切り溝を入れることによって、ひずみゲージの周囲の応力を解放する（**図 3-7**）。応力解放によって生じたひずみを電気信号に変換するのである。したがって評価指標は"表面成長応力解放ひずみ"である。樹種差はあるものの、鉛直に成育する樹幹における繊維方向解放ひずみは、-0.02～-0.1％程度である。負の符号は収縮であることを意味する。引張あて材では、解放ひずみの絶対値は特異的に大きくなり、測定される解放ひずみは大きな縮み（-0.1～-0.3％以上）となる。

多くの早生広葉樹は、温帯産樹種に比べて大きな縮みの解放ひずみを示す（Wahyudi *et al.* 1999, 2000; Kojima *et al.* 2009a）。ユーカリについても例外ではなく、大きさという点ではトップレベルにあると言える。その分、成長応力

に起因する加工障害は深刻である。豪州2カ所および南米4カ所において、商業伐期に達したユーカリ植林樹木(3種)の調査によれば、ダニアイ(ブラジル・サンタカリナ州に植栽)についての平均値−0.104％が最大であり(未発表)、つづいてグロブラス(南西オーストラリアにて植栽)の平均値−0.096％が大きかった。グランディスはこれら2樹種よりもいくらか小さく、−0.053％〜−0.087％であった(Kojima et al. 2009a, 2009bを含む未発表データを総合)。ちなみに我が国における広葉樹は、−0.040％程度の数値を示すことがSasaki et al.(1978)によって報告されている。同じユーカリ属でも、グランディスよりグロブラスやダニアイの方が明らかに大きかったが、この違いは丸太横断面における心割れの程度の違いにも対応している。なお、グロブラスは専らパルプ原料として供給されている。南米では、赤道付近から南緯30数度までの広範囲に亘って、各種ユーカリが産業植林されている。Kojima et al. (2009b)は、赤道直下の熱帯(南緯5°)、高緯度熱帯(同18°)、亜熱帯・温帯境界域(同31°と33°の2カ所)で、商業伐期に達したグランディスの表面成長応力解放ひずみを比較した。その結果、この順番で解放ひずみの絶対値が大きくなっており(順に、−0.053％、−0.060％、−0.084％、−0.087％)、また丸太の心割れも甚だしくなっていた。この結果は、成長応力の緯度依存性を窺わせるものであり、赤道に近いほど成長応力による障害が少なくなる可能性を示唆している。しかし、本当にそう言えるのかどうかについては、様々な樹種を対象に、また調査個所(成育環境条件)を増やして事例を集積する必要があるだろう。

　ユーカリ属の多くの樹種は、一般的に重い(高密度の)木材を生産する。とくに天然林から生産されたユーカリ材は、多くの場合十分に成熟していることもあって、かなり高密度となる。オーストラリア産の天然ユーカリについては、平井信二(1952)の総説に多くの調査例が記載されており、そこでは1.0g/cm^3を超えるものも少なからず見受けられる。最も高密度のグループは、トゼチアナ(E. thozetiana、豪州名 Thozets Ironbox)の1.23g/cm^3、サーモンフロイア(E. salmonphloia、豪州名 Salmon Gum)の1.20g/cm^3、ゴンフォセファラ(E. gomphocephala、豪州名 Tuart)の1.20g/cm^3であり、これに続くグループとしてグロブラスの1.01g/cm^3、グランディスの0.80g/cm^3、サリグナの0.74g/cm^3という数値が紹介されている。一方、低いものとしては、デレガテンシスおよ

びレグナンスの 0.66 g/cm³ が記されている。人工林資源の木材密度は、しばしば天然林由来よりも低くなることが多い。友松ら（1985）は熱帯低地原産のデグルプタ（カメレレ）について、人工林由来と天然林由来との比較を行った。人工林木材は、11 個体の調査対象木のすべてで 0.5 g/cm³ を下回り、一方、天然木 3 個体では 0.6 g/cm³ 程度の値を示したという。人工林木で密度が低くなるのは、直径や樹齢が小さいために、いわゆる未成熟材の状態にあることが原因であるとしている。村田（2010）の総説では、中国に植林された数種のユーカリの材質について、いくつか調査例が紹介されているが、13 年生カマルドレンシスで 0.64 g/cm³ であり、6.5 年生サリグナで 0.52 g/cm³、5.5 年生グランディスでは 0.45 g/cm³ という値が記されている。執筆者らのグループによる調査では、人工林木材でも十分な年生に達していれば、辺材部分の気乾密度はグランディスで 0.58～0.77 g/cm³（ブラジル各地、16～18 年生）、あるいは 0.55 g/cm³（アルゼンチン、9 年生）、あるいは 0.66 g/cm³（オーストラリア・クイーンズランド州、14 年生）という数値が、またグロブラスで 0.80 g/cm³（オーストラリア・西オーストラリア州、11 年生）という値が得られている（Kojima *et al.* 2009a, 2009b）。また、南米の広い緯度範囲に植栽されたグランディスについては、成長応力と同様に、気乾密度も緯度に依存するという結果が報告されている（Kojima *et al.* 2009b）。それによれば、亜熱帯・温帯境界域（31°）、高緯度帯（18°）、赤道直下の熱帯（南緯 5°）の順番で気乾密度は大きくなるという。成長応力の場合と同様に報告事例が少ないので、様々な樹種を対象に、また成育環境条件を増やすことによって、今後調査を進める必要があるだろう。

3.2.3. ファルカタ

ファルカタは東南アジア地域に広く分布するマメ科の樹木である。学名は *Paraserianthes falcataria*(L.)Nielsen や *Albizia falcataria*(L.)Fosberg が使用されているが、近年は *Falcataria moluccana*(Miq.)Barneby et J. W. Grimes が標準として推奨されている。現地での名称は国により異なり、例えば、インドネシアではセンゴン（Sengon）、マレーシアではバタイ（Batai）、フィリピンではモルッカンサウ（Moluccan sau）と呼ばれている。ファルカタは、成長が極めて早い樹種であることが古くから知られており、木材利用とともに、茶畑や道

路脇の被陰樹として利用されていた(三浦 1944)。しかしながら、近年、産業植林樹種として注目を浴び、インドネシアなどの東南アジア諸国で大規模な産業植林が行われている。その木材は、"ファルカタ"の名称とともに、"モルッカネム"や、"ナンヨウギリ"の名称で我が国にも輸入されてきている。

【材質】

材色は、心材(heartwood)が白色ないしわずかに桃色を呈しており、辺材(sapwood)は白色であることから、心辺材の区別が難しい(農林省熱帯農業研究センター 1978)。材色が白色を呈することから、我が国のキリ材との材色の類似性に着目し、"ナンヨウギリ"として輸入されてきた経緯がある。また、交錯木理(interlocked grain)のため、まさ目面において裂けにくい(農林省熱帯農業研究センター 1978)。

組織構造の特徴として、木口面における道管(vessel)の配列様式は、散在状であり、孤立管孔(solitary pore)および2〜6個の管孔からなる複合管孔(pore multiple)が存在している。孤立管孔の直径は250〜330 μmである(Ogata et al. 2008)。道管直径は、髄側で小さい値を示し、髄から10 cm付近まで樹皮側に向かって増加し、その後樹皮側に向かってほぼ一定の値を示す傾向がある(Ishiguri et al. 2009)。また、道管分布数は、平均2.0個/mm^2(最小0.8個/mm^2〜最大4個/mm^2)である(Ogata et al. 2008)。木部繊維は、接線方向直径で25 μm、壁厚は1.5〜2.0 μm程度であり(Ogata et al. 2008)、放射方向と接線方向を平均した直径は、髄から樹皮側に向かってほぼ一定であるが、壁厚は、髄から10 cm程度まで一定で小さい値を示し、その後樹皮側に向かって増加する傾向がある(Ishiguri et al. 2009)。また、構成要素率は、道管、木部繊維、放射組織(ray)および軸方向柔細胞(axial parenchyma cell)でそれぞれ、8、85、4および2%であり、道管率は髄から10 cm程度まで一定で小さい値を示し、その後樹皮側に向かって増加し、反対に、木部繊維率は、髄から10 cm程度まで高い値を示し、その後樹皮に向かって減少する(Ishiguri et al. 2009)。

材密度は、比較的軽軟であることが知られており、平均気乾密度は0.35 g/cm^3(最小0.23 g/cm^3〜最大0.49 g/cm^3)であると報告されている(Ogata et al. 2008)。また、材密度は、髄から約10 cm部位までは、ほぼ一定で低い値を示し、その後樹皮側に向かって増加する傾向にある(Ishiguri et al. 2007)。こ

の放射方向変動パターンは前述した木部繊維壁厚の放射方向変動パターンと類似しており、両者の相関係数を求めた例では、r = 0.87 と高い値が得られている(Ishiguri et al. 2009)。一方、生材状態(green condition)から全乾状態(oven-dry condition)までの全収縮率は、放射方向および接線方向でそれぞれ、2.5～4.0％および5.0～6.5％であることが報告されている(Soerianegara and Lemmens 1994)。

力学的性質においては、材密度がそれほど高くないため、曲げヤング率(modulus of elasticity in bending; MOE)約4～7 GPa、曲げ強さ(bending strength) 約50～60 MPa、縦圧縮強さ(compression strength)約20～60 MPa(いずれも含水率12～15％時の値)が報告されている(Soerianegara and Lemmens 1994)。また、縦圧縮強さや縦圧縮ヤング率(modulus of elasticity in compression parallel to grain)の放射方向変動においては、密度の放射方向変動パターンに類似し、髄から約10 cm部位までは、ほとんど一定で低い値を示し、その後、樹皮側に向かって増加する傾向がある(Ishiguri et al. 2012)。

温帯産の樹木においては、形成層齢(cambial age)によって未成熟材(juvenile wood)と成熟材(mature wood)が区別できることがよく知られている。一方、熱帯産の樹種においては、形成層齢でなく、ある一定の直径に到達することにより、木部の成熟化が生じる場合がある。ファルカタも、一定の直径に到達することにより、材の成熟化が生じると考えられている(Kojima et al. 2009a)。Kojima et al.(2009a)は、インドネシア・ジャワ島産のファルカタにおいては、未成熟材の範囲は平均で直径21.57 cmにあり、ソロモン産のそれは、22.20 cmであることを報告している。同様に、Ishiguri et al.(2007)は、容積密度(basic density)および木部繊維長の放射方向変動パターンから、髄から10 cmを境界として、区分できることを報告している。このように、ファルカタ材の場合、髄から約10 cm部位までは、密度や強度の低い部分が存在している。

インドネシアに植栽された同一林分にある96本の13年生のファルカタにおいて、平均的な胸高直径を持つ個体を5個体選抜し、丸太の動的ヤング率を測定したところ、動的ヤング率(modulus of dynamic elasticity)は5.62～8.72 GPaの範囲であり、分散分析の結果、5個体の間に有意な差が認められた。このことは、同程度の成長速度であっても、個体間でヤング率が異なり、材質育種

によるヤング率の改良が可能であることを示唆している(Ishiguri et al. 2007)。一方、同じ5個体の容積密度について、分散分析により個体間の差を調査したところ、髄から10 cmまでと10 cm以降を区別しない場合および髄から10 cm以降の部位については、有意な差は認められないが、髄から10 cmまでの部位では有意な差が認められ、成長の初期段階において、密度を指標とした早期選抜の可能性が示唆されている(Ishiguri et al. 2007)。

　ファルカタ材は、これまでに、家具、梱包材、パルプ、単板、集成材および軽構造の建築材料などに利用されてきた(Soerianegara and Lemmens 1994)。かつては、比較的軽軟な材であることから、経済的価値はないと考えられてきたが(農林省熱帯農業研究センター 1978)、近年の地球温暖化防止のための早生樹の植林の必要性や、熱帯地域における天然林資源の枯渇と保護のため、人工林から産出される早生樹の役割は大きく、ファルカタ材の有効利用が求められている。特に、東南アジア諸国の経済発展に伴い、紙の消費量や建材などの需要量は増加すると考えられ、早生樹であるファルカタ材のパルプや合板用の単板、集成材の原料などの用途は今後、増加すると考えられる。そのため、材密度を主体とした材質育種が重要であると考えられる。前述したように、材密度と強度特性の間には相関関係が認められており、単板や集成材としての利用においても、密度を指標として、強度性能の高い材を得ることができると考えられる。

3.2.4. メリナ

　メリナ(*Gmelina arborea*)はヤマネ(Yemane、ミャンマーでの呼称)とも呼ばれ、シソ科(Lamiaceae)に属する乾季落葉性の高木である。天然の個体では樹高35 m、直径30〜40 cmに達する(Dovorak 2004)。ただし、短命であり20年くらいで枯死する。チーク(*Tectona grandis*)やスンカイ(*Peronema canescens*)も同科の植物である。これら3属は、かつてはクマツヅラ科(Verbenaceae)に分類されていたが、近年発展したゲノムレベルでの系統分類解析(APG植物分類法)により、いずれもシソ科に属することが明らかとなっている。自生域は、北西インドおよびバングラデシュを含むインド半島全域(標高1,500 m以下)を中心に、スリランカ、ミャンマー、タイ、カンボジア西

図 3-8 インドネシア・東カリマンタン州の人工林メリナと採取した円盤
左写真：12年生人工林メリナ成木個体、右写真：7年生人工林メリナの胸高部から採取した円盤
いずれもインドネシア・東カリマンタン州、バツプチ地区（撮影：児嶋美穂）。

部、北部ラオス、北部ベトナム、そして中国南部に及ぶ。マレーシアやスマトラにも天然の個体は存在するが、これらは人為的な移入による。初期成長が速いため、早生樹植林に用いられ、現在ではマレーシア、フィリピン、インドネシア、ソロモン諸島、西アフリカ、西インド諸島、さらには中南米で産業植林されている。植林メリナはとくに成長が早く（MAIは 20〜40 m^3/ha/年）、10年から15年で製材用丸太が得られる。メリナは、比較的乾燥耐性はあるものの温暖湿潤な条件（年降水量 750〜2,500 mm、平均気温 21〜27℃）を好み、石灰性のローム質土壌で良好な成長を示す（**図 3-8**）。成育可能な土壌pHは〜8程度（とくに弱アルカリ性で良好）であるが、塩類溶脱を起こしている土壌や、乾燥した砂地、また水はけの悪い土壌では育ちにくいとされる。成長速度は、土壌栄養が豊富な場合には約6年で最大となるが、土壌の栄養状態が中程度以下であれば8〜10年でピークとなる（Agus *et al.* 2004）。窒素とリンの欠乏を補う上で、マメ科の植物（大豆、カウピーなど）との混合植栽や施肥が有効であるとする報告がある（Swamy 2005）。

メリナの産業植林は20世紀初頭にまで遡る。まずは自生域であるインドお

よび南アジアにおいて、さらに、西アフリカでも試みられた。しかしながら、自生地では病害虫の被害が甚大であったため一旦中止されることとなった。その後、病虫害の原因や対策に関する研究が進み、自生地でも産業植林は再開されつつある。一方、中南米やアフリカ(西部)では、相対的に病虫害は少ないため、産業植林は中断されることなく進められてきた(Burgess and Wingfield 2002a, 2002b)。1960年代には、コスタリカ政府がメリナ植林を国策として取り上げ、1970年代以降では、インドネシア、マレーシア、フィリピン、ソロモン群島などの東南アジア諸国の他、とくに西アフリカ(ナイジェリア、コートジボワールなど)や中南米で大規模な植林が進められた。現在の植林面積は、70万haとも100万haともいわれるが、規模や形態(単独植栽かアグロフォレストリ方式か)はまちまちなので、正確な数値を計上することは難しい。Dovorak(2004)は、FAOの調査をもとに、2002年の時点でメリナの植林面積は70万ha、2020年の予想で80万haに達すると見積もっている。このうち、中南米が11％、アフリカ諸国が36％、東南・南アジアが53％であるという。

　病虫害への対策は、干ばつ対策と並んで、早生樹の産業植林を拡大する上では不可欠の課題である。メリナの自生域では、古くから病虫害が深刻な問題となっており、それゆえ多くの研究例が蓄積されている(Nair 2001)。一方、自生域外では、多少の病害はあるものの深刻な虫害はいまのところはないとされる。しかしながら、虫害の出現と蔓延も時間の問題だろう。

　病原生物のほとんどは菌類(カビ)であり、感染・発症の多くは日和見的である。樹幹に発生する病気では、*Ceratocystis fimbriata* による潰瘍形成と立ち枯れが、ときに深刻な被害を及ぼす(とくに南米北部〜ブラジル)。*C. fimbriata* は、耕作地や森林伐採地などに常在しており、樹幹に生じた外傷から侵入したり、外傷部位から漏出する樹液に群がる昆虫によって運び込まれる。様々なカビが引き起こす"Top dying"も深刻な被害を引き起こしている。葉の病気については、*Pseudocercospora ranjita* が引き起こす"Leaf Spot"(葉斑病による葉枯らし)(自生域、中南米、アフリカ)がよく知られている。

　昆虫による被害は、とくに自生域および東南アジアで深刻である。食葉性の昆虫では、アジアに広範囲に分布する甲虫の *Calopepla leayana* がよく知られている。木部穿孔するものとしては、甲虫の *Xyleborus fornicatus*(インド)や

図 3-9 メリナ材の利用例
左写真：造作用集成材、右写真：MDF（左側のロットがメリナ。右側はアカシアマンギウム）。ともにインドネシア・東カリマンタン州（撮影：山本浩之）。

鱗翅目の*Sahyadrassus malabaricus*（インド）があり、幼木を枯死させたり木材の商品価値を損ねたりする。ブラジルでは、ハキリアリの被害が報告されている。

病虫害に対する耐性には個体差がある。メリナはクローン作製が比較的容易なので、耐性クローンの選別と開発は、病虫害に対抗する有効な対策となる（Wingfield and Robinson 2004）。

【材質】

メリナの材質に関する研究報告は、マツ類やユーカリ類ほどには多くないが、Bolza and Keating(1972)のアフリカ材の事例集や、高橋徹(1978)によるアフリカ産輸入木材についてのデータ集には記載がある。本節において度々引用しているDovorak(2004)の総説では、造林特性や病害虫特性に加えて、材質が簡潔にまとめられている。以下、筆者らのグループによる調査事例(Kojima *et al.* 2009c)をも交え、メリナ材の材質について解説する。

淡い黄色～灰色の辺材とやや濃い灰色の心材を持ち、材密度は他の植林早生樹材に比べやや低い値を示すが、ある程度の釘保持力を有する。また耐久性にも富む。木理は比較的通直であり、生材含水率が高い割には乾燥による障害は少ないとされる。用途は、素材として建築部材や家具部材に供されるほか、パルプ原料として、またMDFや合板の原料としても用いられている（**図 3-9**）。

気乾密度や容積密度数は、放射方向および樹高方向で変動する。Moya *et al.*(2004)の報告では、コスタリカに植林された12年生メリナの気乾密度は、

髄付近で低く（0.36～0.40 g/cm^3）、7～8年くらいまでは樹皮側に向かって単調に増加して行き、その後一定となり木部表面では0.44～0.50（g/cm^3）となっている。Kojima et al.(2009c)は、3.5年生（インドネシア、南スラウェシ州）、7年生および12年生（ともにインドネシア、東カリマンタン州）の植林メリナ（それぞれ50、30、3個体）の材質調査を行い、胸高部位における木部表面の気乾密度として、それぞれ0.56、0.58、0.52（g/cm^3）という数値を得ている。これらの数値は、ユーカリ材（18年生グランディス）の 0.55～0.77（g/cm^3）や11年生アカシアマンギウムの0.68（g/cm^3）よりは小さく、6～7年生ファルカタ材の0.36～0.39（g/cm^3）よりは大きい（Kojima et al. 2009a）。なお、Kojima et al.(2009c)は、植林メリナの木部表面における気乾密度は、どの林齢においても、肥大成長速度に依らずほぼ一定値を取るということを報告している。

　密度と同じく、繊維長も放射方向変動を示す。Moya et al.(2007)によるコスタリカに植林された8～12年生メリナの調査では、髄付近で最小値（0.8～1.0 mm）であり、単調に増加したのち6～8年で一定値（1.3～1.5 mm）となるという。Kojima et al.(2009c)の調査（インドネシア）では、3.5年生（50個体）、7年生（30個体）、および12年生（3個体）のそれぞれに対し、木部表面における平均繊維長として、1.20、1.35、1.29（mm）という数値が報告されている。これらの値を、商業伐期に達した他の早生広葉樹種の繊維長（1.1～1.2 mm）と比較すると、ほぼ同じか、あるいは心持ち長い（Kojima et al. 2009a）。また、Kojima et al.(2009c)によれば、どの林齢においても、木部表面の繊維長は肥大成長速度には影響されないという結果が得られている。

　メリナの表面成長応力については、前述したKojima et al.(2009c)による、インドネシアの植林木についての調査例がある。3.5年生（50個体）、7年生（30個体）、および12年生（3個体）のそれぞれに対し、胸高部位での木部表面における成長応力解放ひずみとして、－0.0753％、－0.0735％、－0.0726％という値が報告されている。この数値は、前述したユーカリグランディス（亜熱帯ブラジルに植林）と同程度であり、Sasaki et al.(1978)が報告している温帯産広葉樹よりも明らかに大きい。しかしながら、伐採や玉切りによる心割れや心裂けなど、成長応力に起因する加工障害は、ユーカリほどには深刻でない。なお、Kojima et al.(2009c)は、どの林齢においても、木部表面の成長応力解放ひず

みは、肥大成長速度には影響されないという結果を得ている。

3.2.5. メラルーカ

メラルーカ類の一種メラルーカカユプテ(*Melaleuca cajuputi*)は、ベトナム、タイ、インドネシアなど東南アジアの泥炭湿地に成育し、成長は早く、酸性土壌に対する抵抗性が高いことから、環境修復に貢献できる早生樹とされる。樹皮は厚く、クッションやマットの材料として使われてきたほか、葉からカユプテ油(メラルーカ油)が採取される。一方、材は燃料用木炭や杭材として利用されるに留まる。成長が早いためバイオマス資源量としては豊富であり、環境修復に適した樹種であることから、付加価値の高い利用法の開発が望まれる。

【材質】

本項では、泥炭湿地が分布するタイ南部ナラチワ地区の酸性土壌地に、二次林として自生するメラルーカカユプテの木材性質を示す。

材の外観的な特徴として成長輪が明瞭でないことが上げられる。伐倒後の丸太は乾燥に伴って曲がりや割れを生じ、利用上の問題になる。顕微鏡レベルでは、散孔材(diffuse-porous wood)であること、木部繊維の壁が厚く、材の密度が高いことがわかる。また、他の熱帯産材と同様、放射柔細胞(ray parenchyma cell)にシリカが含まれることから、加工する際の切削抵抗が大きく、加工機械の摩耗が激しいと考えられる。11年生の平均木部繊維長は0.75 mmと短く、同一林分内ではバラツキが小さい。

成長が早いにもかかわらず、材の密度は平均 $0.75 \mathrm{g/cm^3}$ と高い。特に、材中心部の密度が高いことがメラルーカの特徴である。胸高直径と材の平均密度との間に有意な相関関係がないので、メラルーカ材は均質な材を有すると言える。このことは、メラルーカ材の工業的な利用を考える上で有利な点である。全収縮率は放射方向で5.6％、接線方向で10.8％と大きく、基礎的性質の級区分基準(林業試験場編 1975)によるとIV級に入るため、乾燥や加工が課題である。

力学的性質を上述の級区分基準(林業試験場編 1975)で評価すると、せん断強度(shearing strength)は小さく、II級に入るが、曲げ強度、曲げ弾性率および縦圧縮強度は、それぞれ120.5 MPa、14.6 GPa、62.5 MPaで、IV級に入り、高い強度性能が期待できる。このことはメラルーカ材の構造用材としての利用

可能性が高いことを示唆する。

　メラルーカは成長が早く、酸性土壌や水ストレスに対する抵抗性が強い。材の密度は高く、優れた強度性能を持つ。材が均質で硬いことも利用上有利な点である。しかし、収縮率が大きいことから乾燥技術、丸太のねじれ、曲がりや割れが多いことから加工技術において高度化が必要である。小径材の利用が主であるが、大径材の材質がどうなるか興味深いところである。付加価値の高い利用をするには、最終用途を考えた適切な育林と管理を行い、大径材の育成にも努める必要がある。

3.2.6. マツ類
3.2.6.1. メルクシマツ

　メルクシマツ(*Pinus merkusii*)は、ミャンマー、タイ、ラオス、カンボジア、ベトナム、インドネシア、フィリピンなどの東南アジア諸国に分布しているマツ科マツ属の樹木である。二葉松であり、日本のアカマツやクロマツによく似ている。古くから植林樹種として用いられており、東南アジア各国に植林地が存在している。ベトナムではトンムウ(Thong mu)、フィリピンではタプラウ(Tapulau)、インドネシアではトゥサン(Tusan)などと呼ばれている。比較的成長が早く、30年で樹高30m、胸高直径50cm程度に達するものもある(農林省熱帯農業研究センター 1978)。古くは、カンボジアの天然林から産出されたものを"カンボジアマツ"と呼び、我が国に輸入された(須藤 1994)。また、インドネシアのスマトラ島に植林地があり、ここから産出されたものを"スマトラマツ"と呼び、輸入している。植林地では、樹幹の一部に傷を付け、滲出する樹脂(松ヤニ)を採取している場合があり、主伐による木材産物の収穫までの、貴重な非木材林産物として取り扱われている(渡辺 1994)。なお、採取された樹脂は、溶剤、医薬品、塗料、印刷インキなどに利用・加工される(渡辺 1994)。

【材質】

　木材の外観は、日本産のアカマツやクロマツに類似しており、心材と辺材の区別はつきにくく、心材色は、黄褐色～赤褐色である(須藤 1994)。また、タイやカンボジアなどの大陸産の場合、比較的明瞭な成長輪が認められるが、イ

ンドネシアのスマトラ島産においては、成長輪は不明瞭である(加茂 1996)。木理は通直であり、日本産のアカマツやクロマツと同様に、青変菌に侵されやすい(農林省熱帯農業研究センター 1978)。

組織構造の特徴としては、アカマツやクロマツと同様に、約95％は仮道管(tracheid)で占められ(林ほか 1963)、成長輪として確認される部分では、温暖帯産の針葉樹における晩材に似た、晩材状の仮道管が認められる。また、垂直および水平樹脂道(resin canal)が存在しており、ルーペなどを用いれば容易に観察することができる。また、分野壁孔(cross-field pitting)は、窓状(window-like pit)からマツ型(pinoid pit)であり、さらに放射仮道管(ray tracheid)の内壁には、あまり明瞭ではないが鋸歯状肥厚が認められる(Ogata et al. 2008)。

気乾密度は、0.39〜0.63 g/cm^3 であり(須藤 1994)、他の温帯産のマツ属と同様に髄側で最も低い値を示し、樹皮側に向かって次第に増加する傾向がある(Ishiguri et al. 2011)。また、同属の P. insularis では、樹脂を有機溶媒等で取り除くと、正確な材密度が測定することができるが(Ishiguri et al. 2010)、メルクシマツにおいても同様で、特に心材部において樹脂の影響が大きく現れる(Ishiguri et al. 2011)。一方、全収縮率は、放射方向および接線方向でそれぞれ、4.9および8.3％であることが報告されている(Soerianegara and Lemmens 1994)。

力学的性質については、気乾状態において、曲げヤング率 約5〜12 GPa、曲げ強さ 約40〜80 MPa、縦圧縮強さ 約24〜40 MPaが報告されている(Soerianegara and Lemmens 1994)。また、縦圧縮強さは、髄側から樹皮側に向かって徐々に増加する傾向があり、有機溶媒抽出した後の材密度と正の相関関係が認められる(Ishiguri et al. 2011)。

インドネシア ジャワ島西部に植栽された34年生のメルクシマツの林分において、髄側4 cmと樹皮側4 cmの容積密度の相関関係を調査したところ、両者の間に有意な正の相関関係が認められた(Ishiguri et al. 2011)。このことから、容積密度においては、早期選抜が可能であることが示唆される。また、前述したように、材密度と圧縮強さとの間に相関関係が認められることから、材質育種において容積密度を指標とした場合、同時に強度の高い個体が得られると考えられる。一方、同じ林分内で、成長の良い個体、平均的な個体、悪い個体に

区分して、縦圧縮強さおよび容積密度は、成長を要因とした分散分析を行った場合、有意な差が認められ、成長の悪い個体において平均値が低い傾向が認められている(Ishiguri et al. 2011)。

メルクシマツは、これまでに、天然産の物では装飾的価値があり、単板にして内装材に用いられ、その他のものでは、建築材、造作材、杭、パレット、箱、パルプなどに利用されてきた(須藤 1994)。熱帯地域において植林に利用される針葉樹種はそれほど多くなく、今後も、建築用材を主体として、造作材などに利用する多目的な樹種として取り扱われると考えられる。一方、メルクシマツは、アカシアマンギウムやファルカタの人工林における伐期が10年前後であることと比較すると、主たる産物となる木材の収穫までに長期間を要する。しかしながら、メルクシマツにおいては、木材の収穫が可能になるまでの間に、非木材林産物である樹脂の採取が可能である。従って、木材の収穫による収入を得るまでに、樹脂の採取により収入を得ることは、土地利用において、森林から農地へ転換する圧力を減少させ、長期間に渡って森林を維持することが可能であることを意味している。そのため、今後の熱帯地域における、持続可能な木材生産において、メルクシマツは重要な役割を果たすと考えられる。以上のことから、メルクシマツにおいては、伐採までの観点からと伐採後の木材利用の観点から、樹脂の収量と材密度や強度を指標とした材質育種が必要であろう。

3.2.6.2. パツラマツ

パツラマツ(*Pinus patula*)はメキシコ原産の樹種である。成長が早く、適地では8年で樹高15 m、30年で35 mに、胸高直径は50〜90 cmに達するとされる。およそ100万haのプランテーションがあるが、うち95%が中央アフリカ、東アフリカ、アフリカ南部に存在する。1907年に南アフリカに導入されたとされ(Nigro 2008)、マラウイへは1923年に導入された。本項ではアフリカのプランテーションとして、マラウイのパツラマツを紹介する。

【材質】

マラウイでは1950年代に大規模植林が行われ、その種子は南アフリカやジンバブエ産である(FRIM 1978)。現存の植林木の中には家系で管理されているものもある。主に製材品として使われる。成長や樹形に関するデータはあるも

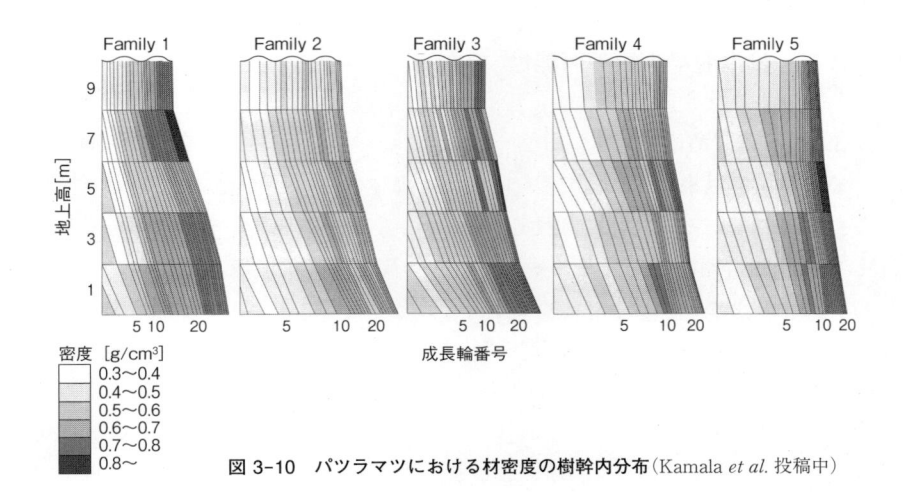

図 3-10 パツラマツにおける材密度の樹幹内分布 (Kamala *et al.* 投稿中)

のの、木材性質に関するデータはほとんどない。今まさに材質研究が始まったところである。

同一林分に植栽された 30 年生のパツラマツ(植栽間隔は 2.7 × 2.7 m で、間伐は行っていない)では、樹高は 21～27 m で、胸高直径は 27～36 cm である。初期成長は早く、1、2 成長輪目の幅が最大値であり、15～25 mm の範囲であるが、中には 40 mm に達するものもある。最初の 5 成長輪目までは急激に減少し、6～10 成長輪目まで減少が緩やかになる。10 成長輪目以降は 2、3 mm でほとんど変化しない。

材密度は髄から樹皮側に向かって大きくなり、0.4～0.7 g/cm^3 の範囲である。家系ごとの密度の樹幹内分布図を 図 3-10 に示す。樹幹中心部の成長輪幅が極端に広く、密度が低いことがわかる。

仮道管長は、最初の 10 成長輪目までに 2～5 mm へ増加し、その後安定することから、未成熟材を 10 成長輪目までとしても差し支えない。

含水率 12 ％ 時の力学的性質に関して、曲げ弾性率(MOE)の平均値は 10.9 GPa、曲げ強度(MOR)の平均値は 105.1 MPa であった。気乾密度、MOE、MOR の相互間に有意な相関関係が認められる。

3.3. 日本産早生樹の可能性

3.3.1. はじめに

　京都議定書以来、二酸化炭素を吸収する森林の地球温暖化防止に果たす役割が注目されている。高い炭素固定能を持つ早生樹を育成し、その材を有効利用して炭素貯留期間を延長させることは、今後ますます環境との相性が良い資源・材料が求められる中で極めて重要なことである。また、資源生産を重視する森林を考えるとき、成長が早いことは短伐期で大径材が得られ、また最終用途を見据えた育林・育種が可能である点で有利である。ここで、タイトルに使った「日本産早生樹」は聞き慣れない言葉である。早生樹と言うと、広葉樹ではユーカリ類、アカシア類やポプラ類、針葉樹ではラジアータマツを連想する人が多いのでないだろうか。また、国産材と言えば、スギ、ヒノキ、カラマツなどの針葉樹人工林を指すのが一般的である。本項で対象にする「日本産早生樹」とは、日本に分布域を持つ、成長の早い樹木のことである。なぜ、日本に分布域を持つことにこだわるのか？　筆者個人としては、外来種の導入は是是非非と考えるが、昨今の環境問題への国民の意識を踏まえると、生態系への影響が小さい日本産の樹種を考える方が説得力を持つと考えるからである。

　さて、日本では国産材の利用が進まず、利用されないことが森林の荒廃を招き、炭素固定能を低下させる傾向にある。このような現状から、既存の国産材の用途拡大は急務の課題であり、多くの方々がこの問題を克服するために、努力されている。しかし一方で、将来の日本において、持続可能な木質資源の循環利用を実現させるためには、既存の樹種だけにこだわるのではなく、日本の各地域の気候・風土に適した樹種から新規の造林樹種を開発することで、多様化した次世代の木質資源を創出することが重要である。本項では、筆者がこれまでに取り組んできた日本産早生樹について紹介する。

3.3.2. センダン

　センダン(*Melia azedarach*)は、本州の伊豆半島以西、四国、九州沖縄から朝鮮半島南部、中国に渡って暖地に分布する早生樹である。センダンは成長

3.3. 日本産早生樹の可能性

が早く,葉乾重当たりの最大光合成速度が大きい樹種であると報告(高木ほか1994)されており,緑化木として注目されてきた。センダンの材はケヤキ・キリ材の代替材として市場で売買され,建築材,内部造作などの装飾材や家具材などに使われており,果実や樹皮,葉,種子は薬などの特別な用途がある。しかしながら,一般に知られるセンダンの樹形は,枝を四方に大きく広げた傘形で,二又以上に別れているものが多く,市場に出てくる用材は地上高4mまでの部分だけである。樹形が傘型になる理由は,下向きの枝が優勢伸長するためだとされる。

話は遡るが,熊本県では1980年代に早生樹林業における有望な造林樹種を探るため,広葉樹52樹種の試験林を設定し,成長,健全率を調査した。その結果,センダンは成長が非常に良好であり,健全率は76%と高かった(古閑清隆ほか 1990)。加えて市場での材価も悪くなく,昔から植栽されている郷土の樹種であることから,熊本県ではセンダンが造林推奨樹種となり,その育成法に関する研究(横尾 2002、2003)が進められている。このように,センダンは日本の早生樹林業における有望な造林樹種の1つになる可能性があるが,資源生産のために人工造林された例はなく,これまでに幼齢木の成長特性(家入1998),枝打ち後の萌芽特性(家入ほか 1994),5、6年生時の成長量とガス交換速度との関係(高木ほか 1994),組織培養(家入ほか 1995),遺伝的変異(金谷ほか 1997)に関する報告はあるものの,センダンの材を対象にした研究例はほとんどない。このような経緯から,次世代の資源生産林としてのセンダンの可能性を明らかにすることが重要であるとの認識の元,日本産早生樹としてのセンダンの可能性が検討された(松村ほか 2006)。

本項で紹介するデータは,同じ母樹(熊本市内の優良木)から得た実生で,熊本県上益城郡に植栽された17年生のものである。これらは,地上高8mまで枝打ち(pruning)を施して樹冠下部の枝の優勢伸長を抑えたことにより,すべて通直な樹幹形になった。なお,樹幹の横断面には偏心成長は認められなかった。樹高は13〜17m,胸高直径21〜33cm,平均成長輪幅は5.4〜9.8mmである。平均的な成長を示す個体で,胸高直径26cm,平均成長輪幅7.6mmと,肥大成長が良好であることから,短期間に材積を増やすのに有利な樹種である。

【材質】

　髄付近の成長輪幅は地上高が低い部位(1～3m)では大きく、4成長輪目あたりからは、地上高に関係なく、良好な成長を保ちながら安定する傾向にある。地上高の低い部位で髄付近の成長輪幅が大きいことは、幼齢時の肥大成長が旺盛であることを示しており、下刈りなどの施業が2年程度で十分であることを示唆する。また、どの地上高においても成長が良好な年には形成層齢に関係なく広い成長輪幅になる。

　木部繊維の長さは、形成層齢とともに飽和曲線的に増加することから、長さが安定する時期を知る手がかりになる。繊維長が安定する部位では他の木材性質も安定することからこの部分を成熟材、安定する前に形成された材を未成熟材とする考え方がある。センダンでも、地上高の違いに関わらず、木部繊維長は髄から樹皮側に向かって飽和曲線的な増加傾向を示す。10成長輪目以降の増加率は小さく、平均繊維長は1mm前後である。道管要素長はどの地上高においても0.3mm前後でほぼ一定の値になる傾向が認められる。

　ミクロフィブリル傾角は、髄から樹皮側に向かって緩やかな減少傾向を示すが、地上高の違いによる大きな差異はない。また、軸方向変動も明確な傾向が認められない。平均すると14.5°で供試木間に有意差は認められないが、すべての供試木が同じ母樹から得た実生であったため変動が小さかったと考えられる。

　材の密度について、樹幹全体の平均値は、成長が良い個体で$0.47\,g/cm^3$、中庸な個体で$0.52\,g/cm^3$、悪い個体で$0.43\,g/cm^3$であり、供試木間には1%レベルで有意差が認められる。すべての供試木は同じ母樹から得た実生であり、成育場所や施肥、枝打ちの履歴も同じである。それにも関わらず、気乾密度に有意差が認められたことは、センダンの半兄弟間では気乾密度が異なる可能性を示唆しており、材質育種を行う上で興味深い知見である。気乾密度の樹幹内変動を見ると地上高に関わらず、髄から樹皮側に向かって緩やかな増加傾向を示す。肥大成長量が中庸で気乾密度が最も大きかった個体について、気乾密度の樹幹内分布イメージ(図3-11)を作成すると、地上高1～2mの低い部位では、髄付近の気乾密度が小さく、地上高2m以上の樹幹外側では大きい値をとる傾向が認められる。したがって、枝打ちによって樹幹形を通直に矯正したセンダン材では、気乾密度を基準に考えると、高密度で安定した優良材部と低密度で

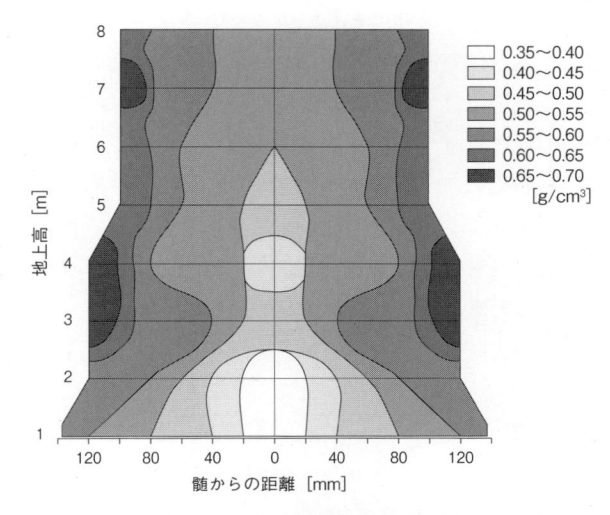

図 3-11　センダンにおける密度の樹幹内分布（松村ほか 2006）

変動が大きい低質材部が存在する可能性がある。

　気乾密度と肥大成長との関係について、センダンは環孔材（ring-porous wood）であるため、一般に成長輪幅が小さくなると、孔圏道管以外の部分が減少するため密度は小さくなる。しかしながら、成長輪幅と気乾密度との間には有意な相関関係は認められず、気乾密度は肥大成長の良否の影響を受けない結果が得られている。

　樹幹全体の縦圧縮強さの平均値は、32〜40 MPaであり、気乾密度と縦圧縮強度との間には1％レベルで有意な正の相関関係が認められる。樹幹内の縦圧縮強度の変動は、気乾密度の変動に類似していることから、センダン材の強度性能を考えるとき、**図3-11**で示した気乾密度の樹幹内分布図を十分考慮に入れる必要がある。密度による材質育種の可能性を明らかにするには、樹幹形を矯正した個体を対象に、密度の変異の幅を明らかにするとともに、密度の樹幹内分布に関する情報の蓄積が必要である。

　おわりに、センダンは樹形の問題から通常地上高4mまでの材が市場に出る。本項で紹介したように、枝打ちにより樹幹形を通直にし、地上高8mまでの木材性質を調べたところ、地上高5〜8mの部位はむしろ地上高1〜4mの部

位よりも気乾密度、縦圧縮強度ともに大きく、変動も小さい。枝打ちをするにはコストがかかるが、通直な樹幹形になるよう育成することは、これまで利用されてこなかった地上高4m以上の部位の利用を可能にし、資源の有効利用や育林コストの回収に貢献するであろう。現在、センダンの樹幹形を通直にする施業として、枝打ちに加えて芽かき処理(横尾 2003)が検討されている。芽かき処理によってセンダンこぶ病が発生する事例もあるが、健全に育った個体も多数あり、また成長も良好であることから、樹形、成長、病虫害への抵抗性を指標に選抜するとともに、それらの木材性質を明らかにし、材質育種へと繋げる必要がある。

3.3.3. チャンチンモドキ

チャンチンモドキ($Choerospondias\ axillaris$)は、中国南部(広東、四川、雲南)、タイ、ベトナム、ヒマラヤ(ネパール)から九州の中南部に及ぶ亜熱帯から暖温帯南部に分布する早生樹である。これまで熊本県天草が北限地とされていたが、最近、福岡県鞍手郡宮田町で群生しているのが発見されたことから、現在ではここが北限地とされる(井上 2003)。熊本県に植栽された広葉樹20種について、5年生までの成長量を比較した結果(古閑ほか 1990)によると、チャンチンモドキは、ユーカリ、センダン、キリに次いで4番目に成長が良く、高炭素固定能を有する日本産早生樹としての可能性を秘めている。また、特別な施業をすることなく通直な樹幹を形成するため、用材として適した形態を有している。このように、チャンチンモドキは日本産早生樹林業における有望な造林樹種の1つになる可能性があるが、人工造林された例はなく、その材の利用例もほとんどない。このようなことから、日本産早生樹としてのチャンチンモドキの可能性が検討された(松村ほか 2007)。

本項で紹介するデータは、熊本県内の優良木から得た実生で、熊本県上益城郡に植栽された19年生のものである。樹幹の横断面には偏心成長は認められなかった。樹高は19〜20m、胸高直径32〜40cm、平均成長輪幅は7.7〜9.3mmである。平均的な成長を示す個体で、胸高直径35cm、平均成長輪幅8.9mmと、肥大成長が良好であることから、センダン同様、短期間に材積を増やすのに有利な樹種である。

髄付近の成長輪幅は地上高が低い部位では大きく、幼齢時の肥大成長が旺盛であったことを示す。4成長輪目あたりからは、地上高に関係なく良好な成長を保つが、14成長輪目以降では成長輪幅が4mm前後で小さくなり、伐採前の2年間は成長が非常に悪かった。これが樹種特性によるものか、成育環境によるものか、結論するには至ってないが、林冠の状態から成育環境によるものだと考えられる。また、成長が良好な年には形成層齢に関係なく広い成長輪幅になる。

【材質】

木部繊維長は髄から樹皮側に向かって飽和曲線的な増加傾向を示し、1.2から1.3mmで安定した。道管要素長は、形成層齢に関わらず0.3mm前後で一定の値になる傾向が認められる。

樹幹全体の平均ミクロフィブリル傾角（MFA）は13.8〜16.8°であった。地上高に関わらず、髄付近では値が大きく、樹皮側へ向かって減少する傾向が認められる。また、MFAの最大値は地上高が低い部位の1成長輪目であり、その値は30°前後である。地上高が高くなると初期傾角は小さくなる傾向を示し、例えば地上高9.35mで1成長輪目のMFAは13.6°となり、最外層の13成長輪目は10.4°と、その差は小さくなる。MFAの樹幹内変動を見ると、樹幹中心部にMFAが大きい円錐形の領域が存在する。供試木間で円錐形の大きさは異なるが、樹幹中心部にある傾向は同様である。

樹幹全体の気乾密度の平均値は、0.55〜0.57 g/cm^{3}であり、成長が良い個体ほど気乾密度が大きい傾向を示した。チャンチンモドキ、センダンともに環孔材であるが、異なる傾向を示した。

成長が最も良好で、かつ気乾密度が最も大きかった個体について、気乾密度の樹幹内分布図を**図3-12**に示す。図より、樹幹中心の円錐形部に密度が低い領域が存在することがわかる。一方、樹幹の外側では密度が高く、変動が小さい傾向が認められる。したがって、センダン同様、気乾密度を基準に考えると、高密度で安定した優良材部と低密度で変動が大きい低質材部が存在する可能性が示唆された。しかしながら、伐倒前の数年間、成長輪幅が減少した部位では密度の低下が認められた。チャンチンモドキは環孔材であるため、成長輪幅が極端に狭くなっても孔圏道管の径に変化はないため、晩材率が低下する。

このことが密度低下の原因である。チャンチンモドキの用材として適切な伐期齢を提案することはできないが、少なくとも15年生以降の成長の鈍化は材の低密度化を引き起こす可能性があるため、適切な育林法により成長の鈍化を防ぐ必要がある。

曲げ弾性率（MOE）の樹幹全体の平均値は10.21〜10.99 GPa、曲げ強度（MOR）は79.81〜90.43 MPaの範囲であった。樹幹内では気乾密度やMFAと同様に、樹幹中央の円錐形部でMOEとMORが小さい領域が存在し、その外側では大きい値を持つ。したがって、利用に際しては木材性質の樹幹内分布を考慮することが望ましい。また、気乾密度と同様に、伐採前数年間の成長輪幅が小さい部位ではMOE、MORともに値の低下が見られることから、成長速度

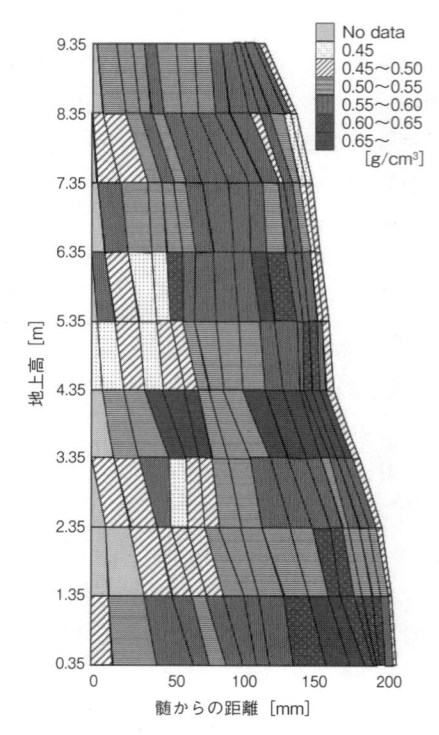

図 3-12 チャンチンモドキにおける密度の樹幹内分布（松村ほか 2007）

の低下は材の密度や力学的性質を低下させる可能性がある。材の密度やMFAによる材質育種が可能であると考えられるが、木材性質の変異の幅を明らかにするとともに、樹幹内分布に関する情報の蓄積が必要である。

全収縮率は、放射方向で3.07〜3.67％、接線方向では7.03〜9.78％であった。ある個体では、放射方向、接線方向ともに大きい収縮率を示し、特に接線方向では、試験片の40％に落ち込みが発生した。落ち込みが発生した試験片では収縮率が14％前後にまで達したものもあり、正常な試験片と比べ2倍の値であり、そのような個体を材質育種で排除可能かを検討する必要がある。チャンチンモドキの収縮率は、例えば基礎的性質の級区分基準（林業試験場編1975）によると、Ⅱ級からⅢ級に相当し、収縮の程度は中庸から低いに分類さ

表 3-1 日本で成育した早生樹の木材性質(松村 2005)

樹種名	気乾密度 (g/cm³)	曲げ弾性率 (Gpa)	曲げ強さ (Mpa)	胸高直径 (cm)	樹齢 (年)	植栽場所
センダン Melia azedarach	0.52	8.3	76.2	27	17	熊本
チャンチンモドキ Choerospondias axillaris	0.56	10.1	85.0	40	19	熊本
ユリノキ Liriodendron tulipifera	0.43	7.9	65.0	38	23	大分
ユーカリボトリオイデス Eucalyptus botryoides	0.81	14.4	121.8	23	11	山口
ユーカリナイテンス Eucalyptus nitens	0.57	7.5	72.1	10	7	山口
ユーカリパウシフローラ Eucalyptus pauciflora	0.49	4.2	42.8	17	13	福岡
ユーカリサリグナ Eucalyptus saligna	0.59	4.2	56.3	19	14	福岡
ユーカリヴィミナリス Eucalyptus viminalis	0.64	5.5	49.8	22	17	福岡

れる。一般に、収縮率は密度との間に正の相関関係があるが、チャンチンモドキでは密度が高いにもかかわらず、収縮率が小さい傾向が認められた。これは造作用材としての用途への可能性を示唆している。

　おわりに、チャンチンモドキは特別な施業をすることなく通直な樹幹を形成するため、用材として適した形態を有しているが、これまでに利用例はほとんどない。木材性質を見ても用材として不向きな性質を見い出せず、唯一欠点と言えば、伐採時に発生する臭いである。しかし、乾燥後はその臭いも消えるため実用上は問題がない。したがって、成長が早く、密度低下が生じないチャンチンモドキは、高炭素固定が期待されることは言うまでもなく、伐採後の利用にも問題はない。但し、樹冠の閉鎖等で肥大成長が鈍化した場合、密度の低下が起こり、高炭素固定が期待できないばかりか力学的性質も低下する。育林する上で成長の鈍化が起こらないよう留意する必要がある。

3.3.4. 日本産早生樹利用の課題と展望

　日本産早生樹としてセンダンとチャンチンモドキの成長特性や材質特性につ

いて述べてきたが、日本で成育した他の早生樹と比べてどうなのかを考えてみる。表3-1に気乾密度、曲げ弾性率、曲げ強さ、成育場所、胸高直径と樹齢について示す。日本産早生樹はセンダンとチャンチンモドキ、外来種はユリノキとユーカリ数樹種である。個体数などが違うため、厳密には比較できないが、成長、密度、力学的性質ともに優秀だと言えるのはユーカリボトリオイデスである。ただ、台風で倒れてしまうことが気懸かりでもある。他のユーカリ類は密度が本来の値に比べて低く、サイトの問題なのか育成法の問題なのか不明であるが、成長が良く、高品質な材を生産するにはかなりの検討が必要である。もう一つの外来種ユリノキは、成長はかなり良好であるが密度が低く、装飾用材としての用途を開発することが望ましい。日本産早生樹のチャンチンモドキは成長が非常に良好でかつ密度および力学的性質ともに良く、また樹幹は特別な施業をすることなく通直に育つ。日本産早生樹として有望な樹種と言える。センダンはこれらの中でも成長が良好な方であり、密度や力学的性質は日本に入ってくる熱帯産材と比べると中庸の部類に入るが、日本で育った早生樹の中では良い方である。ケヤキの代替材として市場での地位が確立されていることが有利な点であり、休耕田や果樹園跡の水分条件が良い場所に植栽し、資源生産林として増やしていくことが望まれる。

〈文 献〉

家入龍二、玉泉幸一郎 (1994)「広葉樹の萌芽特性」、日林九支研論集、No. 47、77-78頁。

家入龍二、玉泉幸一郎 (1995)「組織培養によるセンダン成木からの幼植物体再生」、日林九支研論集、No. 48、59-60頁。

家入龍二 (1998)「センダンの育苗時における遺伝変異について」、日林九支研論集、No. 51、37-38頁。

井上 晋 (2003) ふるさとの自然と歴史、No. 295、2-4頁。

小野陽太郎 (1954)「日本のユーカリ」、木材工業、9、210-212頁。

金谷整一、渡辺敦史、白石 進、玉泉幸一郎、齊藤 明 (1997)「RAPDマーカーを用いた九州に分布するセンダン (*Melia azedarach* Linn.) の遺伝変異の解析」、九大演報 No. 76、1-9頁。

加茂皓一 (1996)「メルクシマツ (Merkusi pine)」、『熱帯樹種の造林特性 第1巻』所収、森 徳典、池田俊彌、桜井尚武、石塚和裕、太田誠一、浅川澄彦編、国際緑化推進

文献

センター、8-14頁。

生方史数（2009）「ユーカリ論議から見えてくるもの」、「技術と社会のネットワーク―研究課題と展望」所収、加瀬沢・田辺編、43-57頁。[Kyoto Working Papers on Area Studies No. 45, JSPS Global COE Program Series 43, Sustainable Humanosphere in Asia and Africa, Kyoto, 2009].

木方洋二（2005）「熱帯の木材」、名古屋大学博物館報告、No. 21、183-237頁。

古閑清隆、大野和人、山下裕史（1990）熊本県林業研究指導所業務報告書、No. 29、20-33頁。

須藤彰司（1994）『木材活用事典』、木材活用事典編集委員会編、産業調査会、610-652頁。

高木正博、玉泉幸一郎、家入龍二、齊藤 明（1994）「広葉樹種の成長量とガス交換速度との関係」、日林九支研論集、No. 47、119-120頁。

高橋 徹（1975）「外国産木材の強度データー集 II 中南米」、輸入木材研究報告 No. 4、島根大学農学部輸入木材研究室。

高橋 徹（1978）「外国産木材の強度データー集 III アフリカ」、輸入木材研究報告 No. 7、島根大学農学部輸入木材研究室。

友松昭雄、岡野 健、三輪雄四郎（1985）「カメレレ造林木の材質について」、木材工業、**40**、21-25頁。

中村 元（2008）「植林ビジネスとバイオ燃料」、日本林業調査会、東京。

熱帯造林木利用技術開発等調査事業調査報告書（平成6年～10年）、全5分冊、財団法人国際緑化推進センター。

農林省熱帯農業研究センター（1978）「熱帯の有用樹種」、熱帯林業協会、東京。

農林省林業試験場木材部編（1975）「世界の有用木材300種」、社団法人日本木材加工技術協会、東京、12頁。

林 昭三、後藤輝男、貴島恒夫（1963）「メルクシマツの構造と材質」、木材研究、No. 29、32-38頁。

平井信二（1954）「ユーカリの種類とその材」、木材工業、**8**、9-15頁。

松村順司（2005）「日本産早生樹の育成と材質」、山林、No. 1458、大日本山林会。

松村順司、井上真由美、横尾謙一郎、小田一幸（2006）「高炭素固定能を有する国産早生樹の育成と利用(第1報)センダン(*Melia azedarach*)の可能性」、木材学会誌、**52**、77-82頁。

松村順司、田上美里、緒方利恵、玉泉幸一郎、牟田信次、上脇憲治、長谷川益己、小田一幸（2007）「高炭素固定能を有する国産早生樹の育成と利用(第1報)チャンチンモドキ(*Choerospondias axillaris*)の可能性」、木材学会誌、**53**、127-133頁。

三浦伊八郎（1944）『熱帯林業』、河出書房。
村田功二（2010）「中国産ユーカリ材の材質」、材料、**59**、268-272頁。
山本　宏（1999）「熱帯造林木の材質評価並びに加工適性評価試験」、熱帯造林木利用技術開発等調査事業－平成10年度調査事業報告書、32-117頁、財団法人国際緑化推進センター。
横尾謙一郎（2002）「センダンの枝性が樹形に与える影響」、九州森林研究、No. 55、62-63頁。
横尾謙一郎（2003）「再造林放棄地における木本植物の播種による緑化の可能性」、九州森林研究、No. 56、192-195頁。
横尾謙一郎（2003）「センダンの育成方法」、熊本県林業研究指導所。
渡辺弘之（1994）『熱帯の非木材産物』、国際緑化推進センター。
Agus, C., Karyanto O., Kita S., Haibara K., Toda H., Hardiwinoto S., Supriyo H., Na'iem M., Wardana W., Sipayung M. S., Khomsatun and Wijoyo S. (2004) Sustainable site productivity and nutrient management in a short rotation plantation of *Gmelina arborea* in East Kalimantan, Indonesia. *New Forest*, **28**, 277-285.
Awan, K. and Taylor, D. (1993) *Acacia mangium*-Growing and utilization, Winrock International and FAO, Bangkok.
Barry, K. M., Mihara, R., Davies, N. W., Mitsunaga, T. and Mohammed, C. L. (2005): Polyphenols in *Acacia mangium* and *A. auriculiformis* heartwood with reference to heartrot. *J. Wood Sci.*, **51**, 615-621.
Barry, K. M., Irianto, R. S. B., Santoso, E., Turjaman, M., Widyati, E., Sitepu, I. and Mohammed, C. L. (2004) Incidence of heartrot in harvest-age *Acacia mangium* in Indonesia, using a rapid survey method. *For. Ecol. Manage.*, **190**, 273-280.
Bueren, M. (2004) Acacia hybrid in Vietnam. *Impact Assessment Series Report* No. 27, pp. 42, Centre for International Economics, Canberra and Sydney.
Bolza, E. and Keating W. G. (1972) African Timbers - The properties, used and characteristics of 700 species. Division of Building Research C.S.I.R.O., Melbourne, Australia.
Burgess, T. and Wingfield, M. J. (2002a) Impact of fungal pathogens in natural forest ecosystems: a focus on Eucalyptus. In *Microorganisms in Plant Conservation and Biodiversity*. Sivasithamparam, K. and Dixon, K. W.(Eds.), pp. 285-306, Kluwer Academic Publishers, Netherlands.
Burgess, T. and Wingfield, M. J. (2002b) Quarantine is important in restricting the spread of exotic seedborne tree pathogens in the southern hemisphere. *Int. For.*

Rev., **4**, 65-65.

Cole, T. G., Yost, R. S., Kablan, R. and Olsen, T. (1996) Growth potential of twelve Acacia species on acid soils in Hawaii. *For. Ecol. Manage.*, **80**, 175-186.

Cossalter, C. and Pye-Smith, C. (2003) *Fast-wood forestry: Myths and Realities.* Center for International Forestry Research (CIFOR), Bogor, Indonesia.

Doi, R.. Ranamukhaarachchi, S. L. (2007) Integrative evaluation of rehabilitative effects of *Acacia auriculiformis* on degraded soil. *J. Trop. For. Sci.*, **19**, 150-163.

Dovorak, W. S. (2004) World view of *Gmelina arborea* - opportunities and challenges. *New Forest*, **28**, 111-126.

Forest Research Institute of Malawi (1978) Annual report.

Ishiguri, F., Eizawa, J., Saito, Y., Iizuka, K., Yokota, S., Priadi, D., Sumiasri, N. and Yoshizawa, N. (2007) Variation in the wood properties of *Paraserianthes falcataria* planted in Indonesia, *IAWA J.*, **28**, 339-348.

Ishiguri, F., Hiraiwa, T., Iizuka, K., Yokota, S., Priadi, D., Sumiasri, N. and Yoshizawa, N. (2009) Radial variation of anatomical characteristics in *Paraserianthes falcataria* planted in Indonesia. *IAWA J.*, **30**, 343-352.

Ishiguri, F., Wahyudi, I., Iizuka, K., Yokota, S. and Yoshizawa, N. (2010) Radial variation of wood properties in *Agathis* sp. and *Pinus insularis* growing on plantation in Indonesia. *Wood Res. J.*, **1**, 1-6.

Ishiguri, F., Makino, K., Wahyudi, I., Takashima, Y., Iizuka, K., Yokota, S. and Yoshizawa, N. (2011) Stress wave velocity, basic density, and compressive strength in 34-year-old *Pinus merkusii* planted in Indonesia, *J. Wood Sci.*, **57**, 526-531.

Ishiguri, F., Hiraiwa, T., Iizuka, K., Yokota, S., Priadi, D., Sumiasri, N. and Yoshizawa, N. (2012) Radial variation in microfibril angle and compression properties of *Paraserianthes falcataria* planted in Indonesia. *IAWA J.*, **33**, 15-23.

Kamala, D. F., Sakagami, H., Oda, K. and Matsumura, J. : Wood density and growth ring structure of *Pinus patula* planted in Malawi, Africa. *IAWA J.* (投稿中).

Kojima, M., Yamamoto, H., Yoshida, M., Ojio, Y. and Okumura, K. (2009a) Maturation property of fast-growing hardwood plantation species: A view of fiber length, *For. Ecol. Manage.*, **257**, 15-22.

Kojima, M., Yamamoto, H., Okumura, K., Ojio, Y., Yoshida, M., Okuyama, T., Ona, T., Matsune, K., Nakamura, K., Ide, Y., Marsoem, S. N., SahriMohd, H. and Hadi, Y. S. (2009b) Effect of the lateral growth rate on wood properties in fast-growing hardwood species. *J. Wood Sci.*, **55**, 417-424.

Kojima, M., Yamaji, F. M., Yamamoto, H., Yoshida, M., and Nakai, T. (2009c) Effects of the lateral growth rate on wood quality parameters of *Eucalyptus grandis* from different latitudes in Brazil and Argentina. *For. Ecol. Manage.*, **257**, 2175-2181.

Kojima, M., Yamamoto, H., Marsoem, S. N., Okuyama, T., Yoshida, M., Nakai, T., Yamashita, S., Saegusa, K., Matsune, K., Nakamura, K., Inoue, Y. and Arizono, T. (2009d) Effects of the lateral growth rate on wood quality parameters of *Gmelina arborea* sampled from plantations of differing cambium age. *Ann. For. Sci.*, **66**, Manuscript Number 507.

Krishnapillay, D. B. A. (2002) Case study of tropical forest plantations in Malaysia. Forest Plantations Working Paper 23, pp.42, Forest Resources Development Service, Forest Resources Division, FAO, Rome.

Krisnawati, H., Kallio, M. and Kanninen, M. (2011) *Acacia mangium* Willd. - Ecology, silviculture and productivity. pp. 15, Center for International Forestry Research (CIFOR), Bogor, Indonesia.

Lee, S. S., and Zakaria, M. (1992) Fungi associated with Heart Rot of *Acacia mangium* in Peninsular Malaysia. *J. Trop. For. Res.*, **5**, 479-484.

Lee, S. S. (2004) Diseases and potential threads to *Acacia mangium* plantations in Malaysia. Unasylva No. 217 (An international journal of forestry and forest industries, FAO, Vol. 55), 31-36.

Mahmud, S., Lee, S. S. and Ahmad, H. (1993) A survey of heart rot in some plantation of *Acacia mangium* in Sabah. *J. Trop. For. Res.*, **6**, 37-47.

Marsoem, S. N. and Soeparno (1997) Detection of the existence of heart rot in mangium wood of the forest plantation in Indonesia. 熱帯造林木利用技術開発等調査事業調査報告書(平成8年、財団法人国際緑化推進センター), 237-251.

Mihara, R., Barry, K. M., Mohammed, C. L. and Mitsunaga, T. (2005) Comparison of antifungal and antioxidant activities of *Acacia mangium* and *A. auriculiformis* heartwood extracts. *J. Chem. Ecol.*, **31**, 789-804.

Moya R. (2004) Effect of management treatment and growing regions on wood properties of *Gmelina arborea* in Costa Rica. *New Forest*, **28**, 325-330.

Moya, R., Tomazelo, M. and Amador, E. C. (2007) Fiber morphology in fast *Gmelina arborea* plantations. *Madera y Bosques*, **13**, 3-13.

Nair, K. S. S. (2001) *Pest Outbreaks in Tropical forest plantations - Is there a greater risk for exotic tree species?* Center for International Forestry Research(CIFOR), Jakarta, Indonesia.

Nguyen, T. K., Ochhishi, M., Matsumura, J. and Oda, K. (2008) Variation in wood properties of six natural acacia hybrid clones in the North of Vietnam. *J. Wood Sci.*, **54**, 436-442.

Nguyen, T. K., Matsumura, J. Oda, K. and Nguyen V.C. (2009) Possibility of improvement in wood fundamental properties of Acacia hybrids by artificial hybridization. *J. Wood Sci.*, **55**, 8-12.

Nguyen, T. K., Matsumura, J. and Oda, K. (2011) Effect of growing site on the fundamental wood properties of natural hybrid clones of Acacia in Vietnam. *J. Wood Sci.*, **57**, 87-93.

Nigro, S. A. (2008) *Pinus patula* Schltdl. and Cham, Louppe, D., Oteng-Amoako, A. A., and Brink, M. (Eds) Timber 1, Plant Resources of Tropical Africa 7(1), pp. 440-444, Backhuys Publishers, Leiden, Netherland.

Ogata, K., Fujii, T., Abe, H. and Bass, P. (2008) *Identification of the Timbers of Southeast Asia and the Western Pacific*. Kaiseisha Press.

Old, K. M., Lee, S. S., Sharma, J. K. and Yuan, Q. Y. (2000) A manual of diseases of tropical acacias in Australia, South-East Asia and India. pp. 104, Center for International Forestry Research(CIFOR), Jakarta, Indonesia.

Sasaki, Y., Okuyama, T. and Kikata, Y. (1978) The evolution process of the growth stress in the tree: The surface stresses on the tree. *Mokuzai Gakkaishi*, **24**, 149-157.

Soerianegara, Lemmens, R. H. M. J. (1994) *Plant Resources of South-East Asia 5 (1) Timber Trees: Major Commercial Timbers*. Prosea, Bogor, Indonesia.

Swamy, S. L. and Puri, S. (2005) Biomass production and C-sequestration of Gmelina arborea in plantation and agroforestry system in India. *Agroforestry Systems*, **64**, 181-195.

Turnbull, J. W., Martensz, P. N. and Hall, N. (1986) Notes on lesser-known Australian trees and shrubs with potential for fuelwood and agroforestry. In *Multipurpose Australian tree and shrubs: Lesser-known species for fuelwood and Agroforestry*. Turnbull J. W.(Ed.), pp. 81-113, ACIAR, Australia.

Wahyudi, I., Okuyama, T., Hadi, Y. S., Yamamoto, H., Yoshida, M. and Watanabe, H. (1999) Growth stress and strain of *Acacia mangium*. *For. Prod. J.*, **49**, 77-81.

Wahyudi, I., Okuyama, T., Hadi, Y. S., Yamamoto, H., Yoshida, M. and Watanabe, H. (2000) Relationships between growth rate and growth stresses in *Paratherianthes falcataria* grown in Indonesia. *J. Trop. For. Prod.*, **6**, 95-105.

Wingfield, M. J. and Robinson, D. J. (2004) Diseases and insect pests of *Gmelina arborea*: Real threats and real opportunities. *New Forest*, **28**, 227-243.

Zakaria, I. Wan, Razali, W. M., Hashim, M. N. and Lee, S. S. (1994) The incidence of heart rot in *Acacia mangium* plantation in Peninsular Malaysia. FLIM Research Pamphlet, 114, 1-15.

(松村順司・山本浩之・石栗　太)

第4章　遺伝子組換え技術

4.1.　モデル早生樹による遺伝子研究

4.1.1.　樹木遺伝子組換えの必要性

　化石資源枯渇と地球温暖化問題から、エネルギーや材料などにバイオマスを利用する試みがなされている。生物材料は、複数の化学物質からなる複合体であり、都合よく利用するには未だハードルが高い。しかしながら、樹木バイオマスは地球上で最も多いことから、樹木を利用した新しい資源開発が活発に行われている。その利用方法として、既存の材料から工学的な技術を取り入れる方法と、素材を人工的に改変したもの、いわゆる遺伝子組換えにより利用価値を高める手法が考えられる。

　遺伝子組換えの目的は、大きく分けて二つに分かれる。一つは、遺伝子の機能を植物内で確認する為の組換え。もう一つは、遺伝子組換えを行うことにより、従来、植物に備わっていない機能を持たせるといった、実用化を目指した遺伝子組換えである。後者は、異なった生物由来の遺伝子を植物に導入し、新たな機能を植物に付加させることを狙う。前者では、目的遺伝子のプロモーターにレポーター遺伝子(GUS、GFPなど、発色あるいは蛍光タンパク質の導入)を連結した遺伝子を導入し、植物で発現させる。植物中のどの組織で、どのタイミングで目的遺伝子が発現しているか可視化できる。目的の遺伝子発現を顕著に強める効果を狙った組換え方法では、カリフラワーモザイクウィルスの35Sプロモーター遺伝子を用いた異所的な強制発現がある。また、アンチセンスやRNAi(遺伝子干渉法)による遺伝子発現抑制法で、目的の遺伝子発現を弱める手法もある。

　樹木遺伝子組換えは、作出から評価も含め草本植物より時間がかかる。一般的に組織培養した細胞を用いて遺伝子組換えを行うが、細胞レベルから植物体

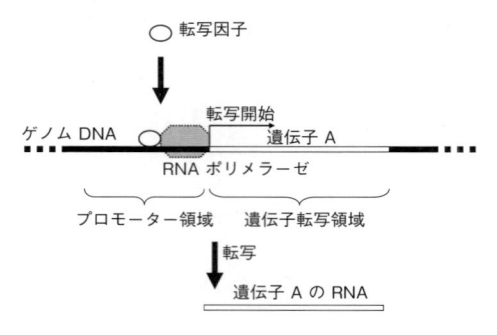

```
                    ○ 転写因子
                    ↓     転写開始
ゲノム DNA ━━━○▬▬▬▸━遺伝子 A━━━
               RNA ポリメラーゼ
           ⏟          ⏟
        プロモーター領域  遺伝子転写領域
                    ↓ 転写
                   ━━遺伝子 A の RNA━━
```

図 4-1 転写因子の仕組み

へと再分化させなくてはいけない。地上部十数センチ程で根の生えた個体へ成長させるまでにおよそ半年必要である。その後、土へ順化し、ある程度のサイズまで育て、遺伝子の効果が目的どおり行われているかチェックする。少なくとも一年は要することになる。それでも、これまでに多くの研究者が樹木を用いた組換え体を通して、樹木が持つ様々な仕組みの解明を試みてきた。

4.1.2. 遺伝子組換え樹木の研究の流れ

　樹木木部二次壁に存在するリグニンは、製紙パルプ化工程で除去される物質で、その際に試薬と加熱蒸解するための大量のエネルギーが必要である。リグニンは、木部二次壁中に乾燥重量にして25〜30％含まれている。また、リグニンを構成するモノリグノールの構造は、ヒドロキシル核、グアイアシル核、シリンギル核の3種存在し、シリンギル核の割合が多くなるとパルプ化工程で蒸解性が良く、エネルギーの負担が抑えられる。逆にグアイアシル核が多い場合、蒸解効率は悪くなる。この様にパルプ化の低エネルギー化を目指した樹木木部二次細胞壁中のリグニンの減少とリグニンの改質を狙ったアプローチが1990年頃から多く試された。当時、リグニン生合成経路の研究も活発に行われ、主だった生合成経路が2000年前半には明らかにされている（Li *et al.* 2001）。リグニン合成経路の鍵になる酵素遺伝子をアンチセンス法により抑制し、効果を見ると言ったアプローチが多くあった。それによって、リグニン量が数パーセント減少した例なども観察された。しかし、現実には、これらの様に狙った効果を実現化するのは困難であった。その理由として、リグニン合成

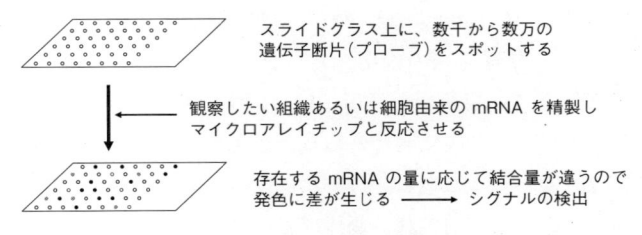

図 4-2 マイクロアレイ解析

経路を司る、各酵素間でアイソザイムが多数存在し、一種類の酵素遺伝子を抑制しても他のアイソザイムの働きにより効果が得られ難く、目的を達成するには、複数の遺伝子の抑制が必要であった。この様にリグニンの改変を狙ったアプローチが盛んに行われたが、実用化レベルまで達した樹木組換え体は今のところ無い。

樹木木部に存在するリグニンの量・質を改善する試みは困難であった為、次に研究者が考えたのは、リグニン合成に関わる遺伝子を制御する因子、いわゆる転写因子の解明であった(図4-1)。2005年にユーカリの木部形成に関連したMYB転写因子が発見された(Goicoechea et al. 2005)。この転写因子は、リグニン生合成に関わるCCoAOMT遺伝子、4CL遺伝子などいくつかの酵素遺伝子の発現を制御していることが明らかにされた。それ以降、シロイヌナズナ、ポプラを中心に、二次細胞壁形成に関わる転写因子の研究は白熱し、現在では、木部道管、繊維細胞のそれぞれの二次壁形成を担う転写因子が発見され、芋づる式にそれら転写因子が制御する下流の更なる転写因子、リグニン、セルロース、ヘミセルロース(キシラン)生合成に関わる遺伝子が発見されている。このような転写因子の発見に繋がった最初の研究は、網羅的なマイクロアレイ解析が発端になっている(図4-2)。VND6遺伝子、VND7遺伝子は、道管分化を直接制御する転写因子として、シロイヌナズナ培養細胞の管状要素(道管)誘導系の経時的な変化における遺伝子発現の変動についてマイクロアレイ解析より見出された転写因子である(Kubo et al. 2005)。これらVND6、VND7転写因子は、二次壁形成と細胞死の両方に関わっており、下流に多くの遺伝子が存在することが明らかとなっている。またNST3遺伝子という転写因子は、道管ではなく繊維細胞の二次壁形成を制御する転写因子であること

が明らかにされた(Mitsuda et al. 2007)。興味深い点は、分化に関わる転写因子は異なるものの(繊維細胞の分化誘導因子は発見されていない)、道管と繊維細胞の二次壁形成に直接関わる遺伝子は共通するものが多いという点である。明らかにされた二次壁形成に関わる転写因子を用いた遺伝子組換えによる樹木木部の改変は、難しそうである。例えば、NST3遺伝子を抑制した場合、地上部の繊維細胞二次壁は抑制され、個体は強度を失い正立できなくなる。

樹木木部研究の重要な課題として二次壁形成の他に、繊維細胞の細胞伸長が挙げられる。繊維長の長さや、幅は、紙パルプ産業だけでなく用材としても物性に関わる重要なファクターである。樹木繊維細胞は、針葉樹の仮道管で、1〜5mm、広葉樹の繊維細胞は、種によって異なるが0.2〜1.5mmの繊維長を持つ。形成層で分裂した細胞は、縦長の針のような紡錘形をしており、分裂後に放射方向に拡大、また縦方向にも若干伸長する。また繊維細胞の両極端部も隣り合った細胞の隙間に潜り込むように伸長する。これまでの研究では、これら細胞の伸長に関わる決定的な原因が明らかにされていない。細胞の拡大には、細胞内の膨圧と一次細胞壁の伸長が必要である。一次壁の伸長には、セルロースミクロフィブリルの配向を背景に一次壁構成成分のセルロース・キシログルカンネットワークの分解・合成を同時に行うことで細胞壁の拡大が行われる。この分解と合成に、キシログルカンの切断と合成反応を同時に司る、エンド型キシログルカン転移酵素(XET)が働くと考えられている。ポプラ木部形成層付近には、十数種のXET酵素が働いている事が明らかにされており、形成層で特異的に働く一種類の酵素遺伝子をポプラで過剰発現させると、若干木部繊維長の幅が小さくなり、代りに道管の幅が大きくなった事が観察された(Nishikubo et al. 2011)。XET酵素が繊維細胞の伸長に関わっていることは、ある程度明らかにされたものの、細胞伸長に直接的なファクターではなく、今後の研究で樹木木部繊維細胞の伸長に関わる鍵の解明が期待される。

4.1.3. 遺伝子組換えから見えてくるもの

上述のように、樹木木部形成に関わる遺伝子の機能について分子生物学的な手法による理解が試されてきた。その研究過程で、多くの遺伝子組換え樹木を作出し、観察されてきたが実用化レベルまで達していないのが現状である。し

かしながら決して実験室レベルでの遺伝子組換え(直接応用を目指さない)が、無用という訳ではない。これらの実験によって樹木の成長に本当に重要な遺伝子が明らかになってくる。そのデータを元にした従来育種法を用いて、遺伝子組換えなしに新しい優良木を生産することも可能である。稲における例がまさにそれで、種子量が多いハバタキという品種について原因遺伝子の特定などの研究がされ、ハバタキの種子量に関する遺伝子が明らかにされた(Ashikari et al. 2005)。そしてハバタキとコシヒカリを交配させ、何世代もコシヒカリに戻し交配させて、種子量に関する遺伝子以外のゲノムDNAが殆どコシヒカリに置き換わることで、米のうまみはコシヒカリで収量はハバタキ並みという品種が出来た。この様に遺伝子組換えではなく交配によって両方の良さが備わった個体が、優良遺伝子の判定により得ることが出来た。この手法は、基礎研究と応用研究がうまく融合した、非常に画期的な結果であり、今後様々な作物で試されるであろう。樹木では、稲と違って育種には相当時間がかかり、同じように優良個体を作出するのは難しいと考えられる。しかし、造林木に使用される早生樹のユーカリ、アカシア、ポプラなどは開花までに1年から3年程度は必要であり、稲と同様に次世代優良品種を作出するのには相当骨が折れる作業と年月が必要である。現実には、ある程度優良遺伝子がゲノムDNA上に含まれた個体を選抜し、クローン増殖で植林していくというのが現実的な手法と考えられる。

4.1.4. これまでの遺伝子組換えポプラと実用化について

1990年頃から様々な生物における遺伝子解析、いわゆる分子生物学が急激に行われ始めた。それには、遺伝子解読装置、マイクロアレイ技術などの解析装置の発達と、PCR(遺伝子合成)を行う為の酵素の効率化と低価格化が大きく貢献したと考えられる。また、ヒトをはじめとするマウス、線虫などのモデル生物の塩基配列を全て解読するゲノムプロジェクトが立ち上がり、多くのものが完了している。植物においては、シロイヌナズナ、イネが先行してゲノム解析が行われ、次いで樹木ではポプラの解析が行われた。同じ樹木で商業的に早生樹パルプ材として価値があるユーカリについても、まもなく全塩基配列が公開されるところまで来ている。モデル植物のゲノム解析は、各生物が比較的サ

イズの小さいゲノムを持っていた点にあった。シロイヌナズナは125 Mbp、イネは560 Mbp、ポプラは480 Mbp、ユーカリは700 Mbpといったゲノムサイズである。現在では、モデル生物以外の生物種や、各生物の品種レベルでのゲノム解読が盛んである。その背景には、次世代シーケンサーと呼ばれる遺伝子解読装置の急速な発展が関係しており、その開発速度には目を見張るものがある。ヒトでは、1個人のゲノム解析を行うのに実験操作が数週間、断片的な解読データをアッセンブルするコンピュータ作業に2カ月ほどで全て完了する時代になってしまった。1個人のゲノム解析が1,000ドルほどの費用で、というのが数年以内に可能になる。

さて、解析されたゲノム配列は、どのように利用されるのだろうか？各生物には、数万個の遺伝子があるとされるが、各遺伝子の区切りが、どこからどこまでなのかが明らかとなる。これにより、形質と遺伝子の関係が明らかにされやすくなる。また、他の生物種との比較により、進化的に何が違うのか検証することが出来る。例えば、ヒトとチンパンジー、樹木と草の違いなどが、ゲノム上の遺伝子によって明らかにされる。また、ヒトで応用開発が試されているのは、個人のゲノムを解読したり、遺伝疾患の有無、治療薬などとの相性を診断する技術である。このためには、ゲノム上に見出されるSNP（一塩基多型）と呼ばれる配列の違いから病気との関連性を見出す研究が盛んに行われている。因みにこのSNPは、栽培品種として育種固定されていない生物であれば、ゲノム上に数十から数百塩基対程度の頻度で観察される。この様に、ゲノム上の情報から、様々な生物、あるいは個体特有の情報が得られることになる。更にゲノム情報のわずかな違いから目的とする優良形質を持つ個体の選抜も可能である。これを可能にする為には、ゲノム解析、育種、遺伝子解析の3つの情報をうまく使わないと困難である。これまで実験室レベルで行ってきた遺伝子組換えの観察、あるいはマイクロアレイなどの網羅的な遺伝子発現解析から、どの遺伝子がどれだけ重要なのか明らかになっているはずである。そうした形質に関連した遺伝子について、ゲノム上の領域配列を解読すると、形質とリンクした多型が見つかることがある。その多型を利用した育種は今後の主流になるだろう。

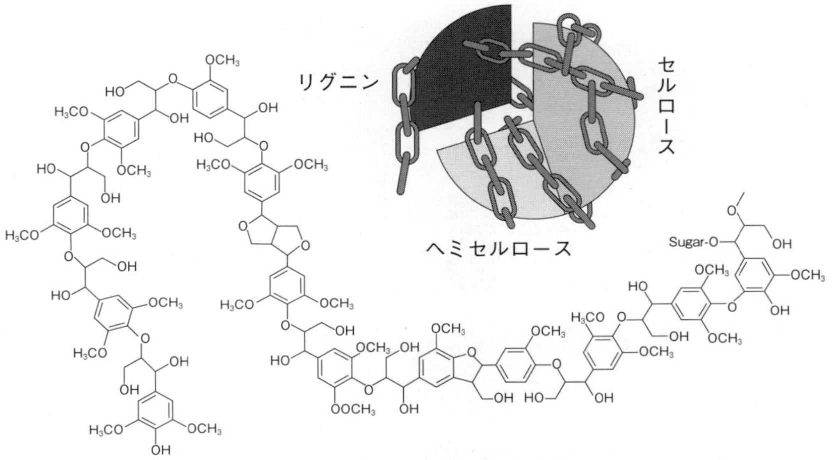

図 4-3 リグニンの存在がリグノセルロースに含まれるセルロースやヘミセルロースの効率的利用を妨げる

4.2. リグニン改変による木材の加工性の向上

　リグノセルロースを主成分とする木材は、建材や製紙用パルプの原材料として我々の生活を広く支えている。リグノセルロースは、多糖であるセルロースやヘミセルロースに加えて、ベンゼン環がたくさん結合したリグニンという高分子から構成されている(**図4-3**)。リグニンは、ヒドロキシフェニルプロパン構造を基本単位とし、それが多数重合した芳香族のポリマーで、木材の中ではセルロースやヘミセルロースと絡み合って存在している。この絡み合いがあるために細胞壁の集合体である木材は、物理的にも、化学的にも、生物的にも頑丈な構造になっている。木材がある程度の硬さを持ち、微生物等の外敵の侵略などを比較的受けにくく、簡単には腐らないことが、生物としての樹木を健全に生存させるためには大変重要である。一方、製紙用パルプの原料として木材に化学的な処理を施す場合は、なるべく温和な(簡単な)方法でリグニンが分解され、セルロースを主体とする"パルプ繊維"が簡単に取り出せることが望まれる。このように、樹木として生きている時は分解されにくく、伐採後にパルプ原料として使われる時には分解されやすい性質を持つ木材があると、利用の

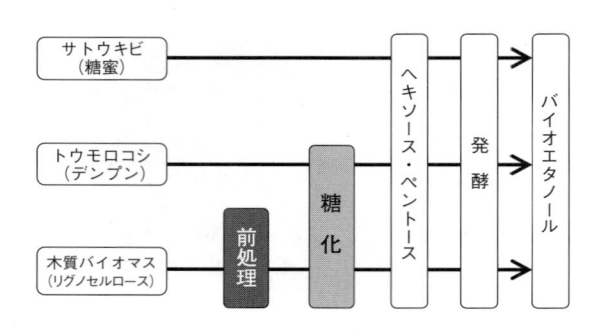

図 4-4　バイオエタノールの原材料と生産工程フロー

際には都合が良い。

　また、木材はバイオエタノールの材料としても注目を浴びている。ブラジルや米国などで実用生産されているバイオエタノールの製造工程では、食料や飼料等としても利用が可能なサトウキビやトウモロコシが原材料として使われている(**図 4-4**)。世界中で使われるエタノールの大半は、このような植物原料から発酵法により生産されている。しかし、途上国の経済発展が今よりも進むと、食糧やエネルギーの世界的な需要が現在よりも更に増加すると予想される。そこで、今後は植物の食べられない部分(稲ワラや麦ワラ)や早生樹などのリグノセルロースからもバイオ燃料を作る必要があると考えられる。

　酵母による発酵が可能な可溶性の糖類を含有するサトウキビや、酵素を使って単糖にすることが簡単なデンプンを主成分とするトウモロコシ等と違い、木材からエタノール発酵の原料になる単糖を取り出すためには、トウモロコシの場合と同様に糖化処理を行うことが必要である。酵素を使ってセルロースやヘミセルロースを糖化する場合には、木材中に15～30％程度含まれているリグニンの存在がその妨げになる。そこで、木材を糖化する前に「前処理」といわれる工程でリグニンを取り除いたり、多糖の高次構造を変えて糖化しやすくする必要がある。当然のことながら、トウモロコシからバイオエタノールを作る時よりも工程が1つ増えるわけであるから、その分の手間やエネルギーが必要になる。この前処理をいかに効率的に行うかが、木材からバイオエタノールを生産する際にはとても重要なことなのである。

4.2. リグニン改変による木材の加工性の向上

　前処理の方法には、木材をミクロ、ナノオーダーまで細かくすりつぶす粉砕法、アルカリ溶液等で木材を煮てリグニンを取り除く蒸煮法、高圧下に置いた木材を一気に大気圧下へ移すことで破砕する爆砕法などがある。また、一部のバイオエタノール生産工程で実用化されているものとしては、硫酸中で木材を煮て、前処理と糖化処理を同時に行う方法もある。粉砕法は、色々な種類の木材に適用できる方法であるが、物理的な方法であるために粉砕時の動力消費が大きくなる欠点がある。アルカリを用いる蒸煮法は、木材から製紙用パルプを生産する際にも使われる方法で、効率的にリグニンを取り除くことはできるが、同時にエタノールの材料になり得るヘミセルロースなどの多糖も失われることが問題である。また、爆砕法は処理効率が原材料の特徴に左右されやすく、硫酸法は処理に使った硫酸の回収や硫酸の中和により排出される石膏の用途開発などに課題が残されている。

　このように木材の糖化やパルプ化に際して様々な処理が施されるが、各々の処理方法の欠点や難点を補うような原材料、いわゆる使用する目的に合った性質を持つデザインド・バイオマス(designed biomass)を使うことができれば、今よりも効率的にバイオエタノールやパルプを生産することができるはずである。もし、遺伝子組換え技術を使って木材中のリグニン分子の構造や量を予め改変し、アルカリ条件下で分解しやすい性質を持つリグニンが含まれる木材が存在したらどうであろうか。余り現実味のない話に聞こえるかもしれないが、実際にはこのような新しい木材(樹木)を作る研究が世界中で行われている。

　リグニンは、アミノ酸であるフェニルアラニンやチロシンから合成されるヒドロキシケイ皮アルコール類(リグニンモノマー)が重合することによって生成する。この一連のリグニン生合成過程は、A. 細胞質におけるリグニンモノマーの合成、B. リグニンモノマーの細胞壁への輸送、C. 細胞壁でのリグニンモノマーの重合の三つの段階から構成されている。Aの段階は、多数の酵素によって触媒される代謝反応から成り立っているため、それらの一つあるいは複数の酵素の働きを遺伝子のレベルで抑制したり促進させたりすることにより、最終的に細胞壁に蓄積するリグニンの構造や量を変える試みが数多く行われてきた。例えば、先のヒドロキシケイ皮アルコール類を作る最終段階の反応を触媒するシンナミルアルコールデヒドロゲナーゼの遺伝子やリグニン分子のベン

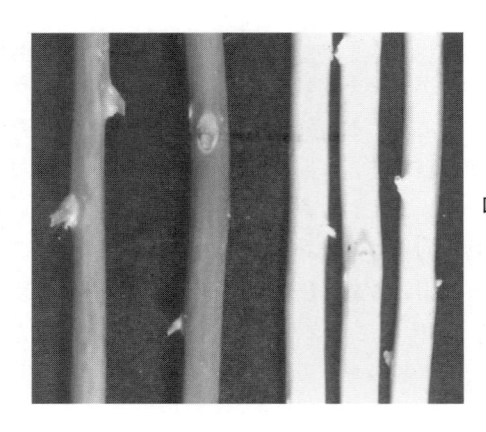

図 4-5 シンナミルアルコールデヒドロゲナーゼの遺伝子を抑制したポプラの茎(左側の2本)と非遺伝子組換えポプラの茎。組換えポプラの茎は、鮮やかな赤色を呈し脱リグニン性に優れた性質を持つ
(写真提供:Gilles Pilate 博士)

ゼン環にメトキシル基を付加するために働くフェルラ酸-5-ヒドロキシラーゼの遺伝子の働きを変化させると、蒸煮処理で取り除きやすいリグニンを持つ木材や酵素糖化性に優れた牧草を作ることができる(Pilate et al. 2002; Chen and Dixon 2007)(図4-5)。しかし、リグニンモノマーを生合成するための代謝経路は、他の重要な生体内化合物のそれと共通している部分があり、無闇なリグニンの改変は樹木の生育に悪い影響を与えることが懸念される。事実、遺伝子組換えを施したポプラやラジアータマツでは、リグニンの構造や量を変えることで成長が極端に遅くなることが報告されている(Wagner et al. 2009; Voelker et al. 2010)。リグニンを改変すると植物の成長が悪くなる理由は、現時点では明らかではないが、代謝経路をリグニンと共有する他の代謝物の合成の異常に起因するものと予想される。

近年では、リグニンモノマーの生合成に関わる遺伝子の働きを調節する研究に加え、リグニンポリマーに取り込ませることができる疑似モノマーの代謝経路やそれらを細胞壁へ輸送するための仕組みを植物へ付与し、アルカリ蒸煮処理などで分解しやすいリグニンを木材中に蓄積させる試みも進められている(Ralph 2010)。例えば、リグニンを構成するヒドロキシフェニルプロパン単位の多くは、β-O-4結合と言われるエーテル結合で結ばれており、このエーテル結合の一部を塩基性条件下でより分解しやすいエステル結合に変えることができれば、リグニンが分解しやすくなり、木材の糖化性の向上が期待できる(Grabber et al. 2010; 図4-6のバイパス経路①)。また、ベンゼン環に隣接す

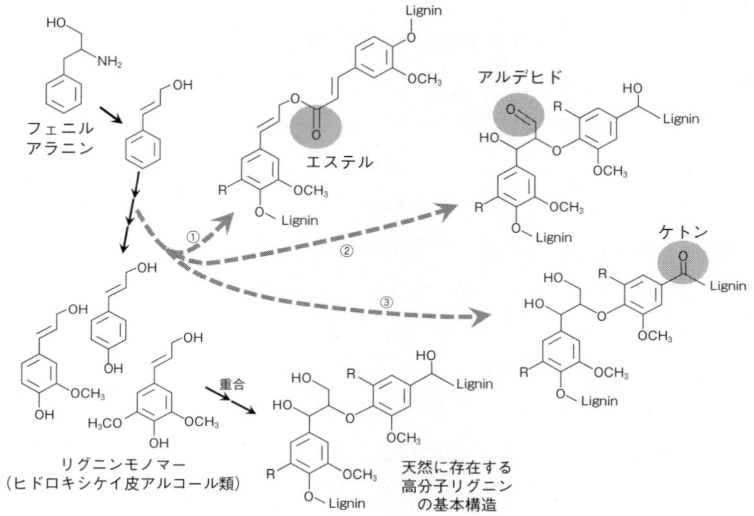

4.2. リグニン改変による木材の加工性の向上

図 4-6 木材の加工性を向上させるため行われたリグニン構造改変の例
野生型植物に本来備わっているリグニンの生合成経路を実線矢印で、遺伝子組換えにより導入されるバイパス経路を破線矢印で示した。バイパスを導入することにより、リグニン構造改変が可能であると考えられている。
①フェルロイルトランスフェラーゼ遺伝子の発現によるエステルの導入
②シナミルアルコールデヒドロゲナーゼ遺伝子の発現阻害によるアルデヒドの導入
③ベンジル位酸化酵素遺伝子の発現によるケトンの導入

るベンジル位にカルボニル基（ケトン）を導入した場合は、隣接するフェニルプロパン単位との間のエーテル結合が塩基性条件下で開裂しやすくなることが知られている（Gierer and Ljunggren 1979; **図 4-6**のバイパス経路③）。既に、このようなリグニンの構造改変をするための遺伝子を植物や微生物から取り出し、樹木へ導入する研究が日本や欧米で精力的に進められている。

今後は実験室や温室の中での評価に加え、リグニンを改変した遺伝子組換え樹木を野外で積極的に栽培し、その生育や木材の特徴を詳しく調べることで、どのようなリグニン代謝の段階で、どのような遺伝子の発現調節が望ましいのかを明らかにする必要があると考えられる。

4.3. ヘミセルロース分解酵素遺伝子組換えによる細胞壁の改変

　セルロースミクロフィブリル(セルロース繊維)は、ヘミセルロースによって架橋されている。一次壁では、ヘミセルロースのつなぎ換えや分解、ヘミセルロースとセルロース間の水素結合の切断によりセルロース繊維とセルロース繊維の間隔をゆるみ、細胞の伸長や肥大が誘導される。二次壁では、引張あて材形成においてG層セルロース繊維をキシログルカン等のヘミセルロースがつなぎ留めることによって応力が生じる。植物細胞壁では、その骨格であるセルロースをつなぎ留めているのはヘミセルロースであるため、ヘミセルロースを増加あるいは減少・消失することによってセルロースが発揮する特性を変化させ、目的に応じた細胞壁の改変が可能となると考えられる。一般的にグリカナーゼは基質特異性が広いので、基質特異性が明らかになっているヘミセラーゼを選択することが重要である。わが国における早生樹は、ポプラとヤナギ、海外では、ファルカタ、アカシアやユーカリが知られている。ここでは、ヘミセルロース分解酵素を構成発現した遺伝子組換えポプラを中心に、組換え体のメリットを述べる。

4.3.1. ポプラの形質転換法

　植物(ポプラ)への遺伝子の導入は、アグロバクテリウム(*Agrobacterium tumefaciens*)法により行う。海外ではハイブリッドアスペン(*Populus tremula* × *tremuloides*)が遺伝子発現の研究に用いられているが、筆者らは発根が容易なギンドロ(*Populus alba*)を形質転換に用いている。アグロバクテリウムは、自身が持っているプラスミドの一部、T-DNA(transferred DNA)領域を宿主植物細胞の染色体DNAに組込んで植物に腫瘍を形成する。この自然の遺伝子導入メカニズムは、今日植物の遺伝子組換えに広く利用されている。遺伝子産物が細胞壁(アポプラスト)へ分泌されるように各構造遺伝子(糖鎖分解酵素遺伝子)の5′末端にシグナルペプチドをコードする領域を付加する。T-DNA領域には、プロモーターと構造遺伝子のセットに加えて抗生物質(カナマイシン)に対して耐性となる遺伝子が挿入されているので、T-DNAが組込まれた植物

4.3. ヘミセルロース分解酵素遺伝子組換えによる細胞壁の改変　　117

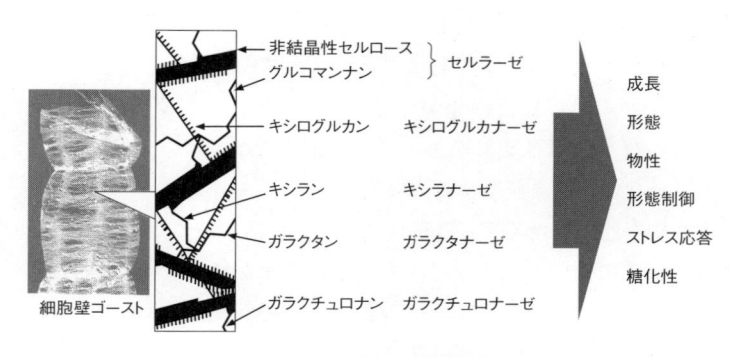

図 4-7　ヘミセルロース改変の流れ

　細胞は、目的の遺伝子と抗生物質耐性遺伝子の両方を発現する。ポプラの葉切片にアグロバクテリウムを感染させ、抗生物質(カナマイシン)を含む培地上で培養するとT-DNAが組込まれた形質転換細胞だけが生き残る。この細胞の再分化を誘導し、組換えポプラを作出する。形質転換細胞の分化は、オーキシンとサイトカイニンを含む培地で培養して芽(shoot)の分化を行う。生じた芽はオーキシンを含む培地(発根培地)に移植して根(root)の形成を誘導する。このような器官形成(organogenesis)は、必ず芽形成から根形成へという順序で行う。

4.3.2.　組換えポプラの解析

　グルコマンナンのグルカン鎖やセルロース繊維の非結晶領域を分解する植物由来セルラーゼ、キシログルカンを分解するキシログルカナーゼ、キシランを分解するキシラナーゼ、ガラクタンを分解するガラクタナーゼ、ペクチンを分解するガラクチュロナーゼの遺伝子をポプラのゲノムに組込み形質転換ポプラを作出した(Baba *et al.* 2009)。

　導入遺伝子の発現を確認し、それぞれの酵素の基質であるヘミセルロースが特異的に分解されたことを確認した後、成長・形態・物性・形態制御・ストレス応答、そして糖化性を解析した(図 4-7)。

　ポプラゲノムへの外来遺伝子の組込みは、ゲノミックサザンブロットで検証する。ゲノムDNAを調製し、制限酵素により分解したDNA断片を電気泳動

で分離し、ニトロセルロース膜上に固定する。次に、外来遺伝子をプローブとしてハイブリダイゼーションを行うことによって、1コピーあるいは2コピーの外来遺伝子が組込まれたのかが分かる。そのハイブリダイゼーションのパターンから、外来遺伝子が異なる部位(locus)に組込まれ、組換え植物が異なるクローンであることを証明することができる。

組換え植物を作出した場合、得られた形質転換体が一つだけ(1ライン)では、発現する遺伝子の機能を明らかにすることは出来ない。ゲノムDNAに外来遺伝子が組込まれるということは、組込まれた部位の遺伝子は破壊されることになる。得られた形質転換体植物の性質が、組込まれた外来遺伝子の機能に由来するものなのか、破壊されたゲノムDNAの機能喪失によるものなのか、不明であるためである。従って、通常は10〜20の形質転換体、できれば50くらいの異なったクローンをそれぞれ器官分化によって作出することが望ましい。

植物ゲノムに導入した遺伝子が本当に発現しているかどうかは、遺伝子産物(タンパク質)をウエスタンブロッティングによって調べる。植物の器官、組織やオルガネラのどこで発現しているのか確認することもできる。発現タンパク質が植物中で活性を有していることも確認する。

細胞壁を改変するために作出した組換えポプラは、様々な糖鎖分解酵素の構成発現に基づき、基質(糖鎖)の分解レベルをメチル化分析によって測定する。メチル化分析では、糖鎖の結合構造を識別できるので、基質となる糖鎖の特徴的な結合様式の減少を調べることにより、その糖鎖が分解されたかどうかを確認することができる。キシログルカン、キシラン、アラビノガラクタン、およびグルコマンナンに特徴的な結合様式は、それぞれ4,6-グルコース結合、4-キシロース結合、3,6-ガラクトース結合、および4-グルコース結合と4-マンノース結合である。キシログルカナーゼ、キシラナーゼ、ガラクタナーゼ、セルラーゼを発現する組換えポプラの木部についてメチル化分析を行った結果、それぞれの酵素の基質に特徴的な糖鎖結合の減少が認められ、各ヘミセルラーゼが発現し、活性を持っていることが証明された。組換えポプラの木質が遺伝的に改変されたと言える。

図4-8 さまざまな遺伝子組換えポプラ

（Wild type 野生種／Xyloglucanase キシログルカナーゼ／Xylanase キシラナーゼ／Cellulase セルラーゼ／Galactanase ガラクタナーゼ）

4.3.3. 組換えポプラの表現型と木部の糖化性

　組換えポプラを比べると、キシログルカナーゼを発現させたものは成長が早く、葉が小さくなって陽葉の表現型を示した（図4-8）。クロロフィル含有量も多くなった。植物由来のセルラーゼを発現させたものも、成長が早くなった。キシラナーゼを発現させたものは、葉が大きくなり、陰葉の表現型を示した。これら組換えポプラを水平に倒すと、野生株をはじめとする組換えポプラは、約1カ月をかけて主軸の下部から起き上がる。しかしながら、キシログルカナーゼを発現するポプラは起き上がることが出来なかった。G層が形成されながらも、起き上がれなかったことは、キシログルカンがG層セルロース繊維による応力発生に重要な役割を担っていることが推察された。

　組換えポプラ木部の酵素的糖化性を市販セルラーゼ酵素標品を用いて調べた（Kaida et al. 2009）。野生株木部100 mgから31 mgの還元糖が遊離されたのに対し、キシログルカナーゼを発現した木部では、57 mgの還元糖が遊離され、糖化レベルが1.8倍と高くなった。次いで、キシラナーゼとセルラーゼを発現した木部では、100 mgの木部からそれぞれ52 mgと46 mgの還元糖が遊離され、1.7倍、および1.5倍に糖化レベルが増大した。これらの結果から、キシログルカン、キシランおよびグルコマンナンはセルロース繊維の表層あるいは非結晶領域に密着して存在しており、それら糖鎖が構成的に分解されることによりセルロースが糖化酵素（セルラーゼ酵素標品）で分解され易くなったと推察

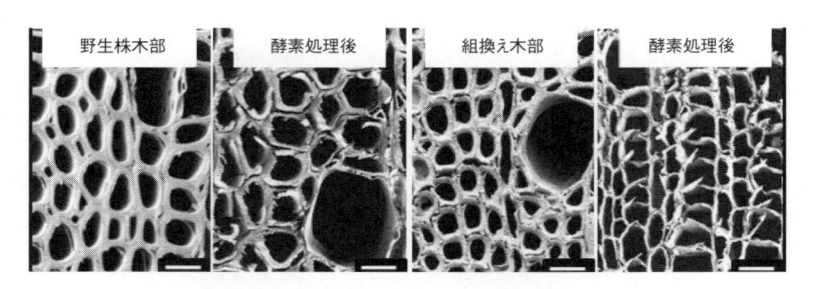

図 4-9 糖化前後の木部の横断面

した。特に、キシログルカナーゼ発現によるキシログルカン除去に著しい効果が認められた。

糖化処理前後の木部の横断面（木口面）を SEM（Scanning Electron Microscope；走査型電子顕微鏡）で観察したものを 図 4-9 に示す。繊維細胞の外側表面一次壁から、および内腔表面の二次壁から、一様にまんべんなく糖化酵素（セルラーゼ酵素標品）によって分解された。糖化後に見られる繊維細胞の細胞壁を組換え木部（キシログルカナーゼを発現、右端の写真）と野生株（左から2つ目の写真）で比較すると、前者の方がよく分解され、細胞壁が薄くなっていた。

組換えポプラの木部を用いて同時糖化発酵を行い、エタノール生成量を測定した。糖化の場合と同様に、キシログルカナーゼを発現する木部のエタノール生産量が最も高く、キシラナーゼとセルラーゼを発現する組換えポプラ木部のエタノール生産量が続いて高かった。

4.3.4. 糖化の向上から示された細胞壁構造の改変

さまざまな組換えポプラ木部の木粉をX線回折に供し、Scherrer式からセルロース繊維の結晶幅を求めた。野生株、キシラナーゼ、セルラーゼ、およびガラクタナーゼを発現する組換えポプラは、糖化処理前後において結晶化度と結晶幅は変わらなかったが、キシログルカナーゼを発現する組換えポプラは、糖化処理後に結晶化度と結晶幅が減少した。これは、組換えポプラのセルロースの分解速度が高いことを示している。すなわち、キシログルカンは、他のヘミセルロースとは異なった結合様式・構造で、セルロース繊維に強く編み込ま

れていることを示すものである。

　ヘミセルロースが構成分解された形質転換体は、セルロース繊維に対するセルラーゼ酵素標品のアクセシビリティーが向上した結果と考えられる。糖化処理の中で、様々な糖鎖分解酵素を添加しても、既にセルロース繊維の中に固く編み込まれたヘミセルロースを分解除去することは不可能であることも明らかになった。成長している樹木の細胞は、ヘミセルロースをゴルジ体で合成してアポプラストに分泌しながら、細胞膜上でセルロース生合成を行っている。セルロース繊維にヘミセルロースが絡みあう、成長している時期に分解酵素が発現してヘミセルロースを分解することが遺伝子組換えのメリットである。樹木において糖鎖分解酵素を構成発現させる最大のメリットはここにある。キシログルカン、キシランおよびグルコマンナン等ヘミセルロースのうち、キシログルカンの減少は、最も糖化レベルを増加させた。植物由来のセルラーゼは、グルコマンナンを分解するとともに、セルロース繊維の非結晶領域をトリミングして、そこに編み込まれているキシログルカンを除くことにより、セルロース繊維の架橋を緩めた(Park *et al.* 2003; Shani *et al.* 2004; Hartati *et al.* 2008)が、キシログルカナーゼはこれよりも効果的にその架橋を取り除いたことが示された。また、キシログルカナーゼを発現する組換えポプラ木部のセルロース密度が若干増加した。セルロース繊維に絡みあうキシログルカンが除かれ、その結果、セルロース繊維に緩みが生じ、セルロースの生合成速度も促進したと考えられる(Park *et al.* 2004)。

4.3.5. 組換えファルカタ

　ファルカタ(*Paraserianthes falcataria*)は地球上で一番成長の早い樹木であると言われている。原産地は、インドネシア、パプアニューギニアそしてハイチである。この樹木は、マメ科(Leguminosae)の樹木で、根粒菌(*Rhizobium*属)と共生して空気中の窒素を固定する。また、菌根菌(phosphorus-promoting mycorrhizal fungi)とも共生してリンも獲得できる。

　ファルカタの無菌苗の下胚軸切片にセルロース繊維の非結晶領域を分解するポプラ由来のセルラーゼ遺伝子をアグロバクテリウム(*Agrobacterium tumefaciens*)法により導入した。ポプラのセルラーゼを発現させることにより、細胞

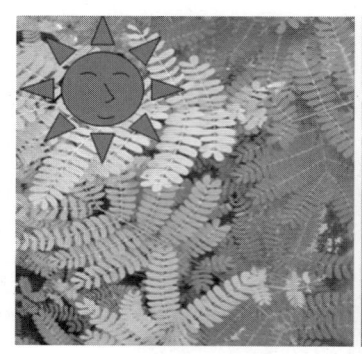

図 4-10 葉の開閉運動(左:開、右:閉)

壁キシログルカン量が減少した(Hartati *et al.* 2008)。この組換えファルカタは、葉の表現型に変異が生じた。熱帯早生樹ではマメ科の樹木が多く、その中でも二回羽状複葉(bipinnate leaf)を持つものは、昼に開き、夜に閉じるといった開閉運動を行っている(**図 4-10**)。各羽状複葉の基部(葉枕)の細胞が吸水すると葉が開き、水を出すと葉が閉じる。オジギソウの原理と同じである。組換えファルカタは、葉の開く時期は野生株と同じであったが、野生株に比べて約1時間遅く葉が閉じることが認められた。

セルラーゼ構成発現によりセルロース量は変わらなかったが、キシログルカン量が減少した。組換えファルカタ木部100 mgの糖化を調べた結果、野生株木部は、30 mgの還元糖が遊離されたのに対し、セルラーゼを発現する木部は、41 mgの還元糖が遊離され、糖化レベルが1.4倍増加した(Kaida *et al.* 2009)。脱リグニン処理を施した木部の糖化性は、野生株と組換えファルカタ両者ともに増加したが、糖化の優位性は脱リグニン処理の有無にかかわらず1.4倍と一定であった(**図 4-11**)。すなわち、リグニンとキシログルカンは、異なった様式でセルロース分解の抵抗成分となっていることが示された。

今後、様々なヘミセルロース分解酵素を単独あるいは複数発現させ、早生樹の細胞壁構造の改変が試みられていくだろう。同時に、木質の利用が拡大することを期待するものである。

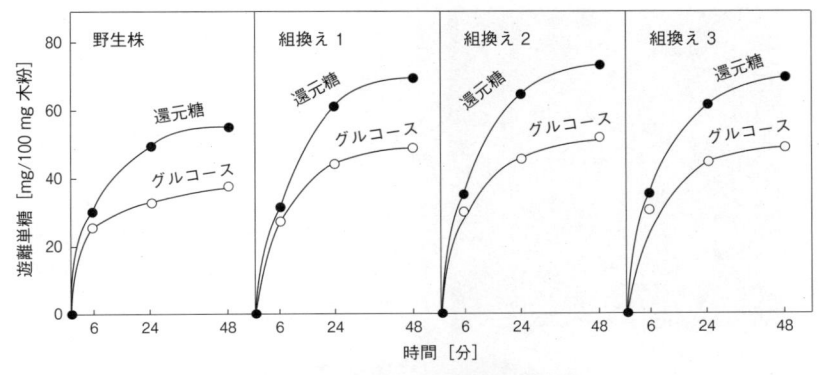

図 4-11 脱リグニン処理木部の糖化性

4.4. 遺伝子組換えユーカリ

　ユーカリは、オーストラリア南東部とタスマニアに分布し、500種以上存在するが、そのうち20種程度が植林されている。ユーカリは成長が早く、繊維分であるセルロースを多く含むため、パルプの原料としても世界中で1,900万haを超える面積で植林されている(http://www.git-forestry.com)。最近では、バイオエネルギー生産やバイオリファイナリーの原料としても注目を浴びている。パルプの原料としてのユーカリ精英樹は、従来の育種方法によって、成長性、パルプ適性と容積重(材密度)、病虫害耐性などを指標に選抜されてきた。遺伝子組換えの材料としても20年以上前から研究されてきたが、再分化系の確立が非常に困難であったことから、有用形質を示す遺伝子を導入して評価した例はポプラと比較するとあまり多くない。以下に、日本の製紙会社、アメリカの企業とフランスの研究グループによる遺伝子組換えユーカリの作出例を紹介する。

　パルプ適性が高いユーカリを分子育種する目的で、リグニン生合成を制御するLIMドメインを持つ転写因子を単離し、ユーカリカマルドレンシス(*Eucalyptus camaldulensis*)の胚軸に導入した。再分化して得られた形質転換ユーカリを閉鎖系温室で生育させて分析した。その結果、野生株と比較し、細胞壁成分としてリグニン量が最大7％減少し、ホロセルロース(セルロースとヘミセ

図 4-12 コリンオキシダーゼ(*codA*)遺伝子を導入した組換えユーカリ(右)と野生株(左)
1 M NaClの塩溶液で培養した。

ルロース)が約8％増加した組換え体が得られた。リグニン含量が低下した組換えユーカリでは、リグニン生合成経路の*PAL*遺伝子、*C4H*遺伝子、*4CL*遺伝子の発現が大きく減少していた。パルプ収率の増加が期待される(Kawaoka *et al.* 2006)。

オーストラリアで最近問題となっている乾燥害や塩害に耐性をもつユーカリの開発も進んでいる。土壌細菌*Arthrobacter globiformis*由来のコリンオキシダーゼ(*codA*)遺伝子をユーカリカマルドレンシスとユーカリグロブラス(*E. globulus*)に導入した。コリンオキシダーゼはコリンをワンステップで適合溶質であるグリシンベタインに変換する。このグリシンベタインは細胞内外の浸透圧バランスを保つ働きがあると考えられている。この遺伝子を導入したカマルドレンシスは温室で18カ月生育させた植物体に対して塩処理を施した結果、組換え体は有意に耐性を示した。その後、*codA*遺伝子を導入したカマルドレンシスは、2005年10月から5年間、筑波大学の隔離ほ場で生物多様性影響評価の試験が実施された(**図4-12**)。2008年からも、同様に*codA*遺伝子を導入したグロブラスの隔離ほ場試験が実施されている(松永 2009)。

ユーカリでは、組織培養技術である苗条原基法と早生分枝法から、幾つかの遺伝子組換えユーカリの作出が行われている。植林環境における環境ストレスとして問題になっている乾燥や酸性土壌を研究対象として、ユーカリ交雑種ユーログランディス(hybrid *E. grandis* × *E. urophylla*)に乾燥ストレス耐性を

与える効果が確認されている転写因子（*DREB1A*）遺伝子を導入した例を紹介する。DREB1Aはモデル植物であるシロイヌナズナから理化学研究所が単離した転写因子であり、乾燥害、塩害、低温等の環境ストレス時に発現することが報告されている。この遺伝子をストレス応答性のプロモーターの制御下で導入したユーカリは、温室での試験で野生株と比較して乾燥に対して耐性を示した（日尾 2009）。

　酸性土壌耐性を付与する効果が確認されているクエン酸合成酵素遺伝子を導入する方法も試みられている。酸性土壌は氷圏以外の陸地面積の約30％を占めているが、ここでは植物の生育が主としてリン欠乏により阻害される。その原因は土壌中でリン酸とアルミニウム等の金属が結合して難溶性塩が形成され、植物がリン酸を利用できなくなるためである。そこで、ニンジンから単離したクエン酸合成酵素の遺伝子をユーカリに導入したところ、その酵素活性が根において最大2.5倍にまで増加した個体が得られた。活性増加が最も大きかった組換え体の根からのクエン酸放出量を調べたところ、野生株と比べて1.6倍に増加していた。その結果、難溶性塩から、リン酸の可溶化ならびにリン吸収能力が向上していることが確認された。実際に酸性土壌で組換え体を栽培したところ、野生型と比べて特に根の生育が改善されるという結果が得られた。ユーカリにおいてクエン酸合成能力を高めることで、根からのクエン酸放出量の増加によりリン酸吸収能力が向上し、酸性土壌における生育が改善されることが明らかになった（鈴木 2003）。

　材質の改良を目的に転写物解析の結果から、セルロースやリグニンの合成や細胞伸長に関与する転写因子*EcHB1*遺伝子を単離した。この遺伝子を木部特異的に発現するプロモーターに連結して導入した遺伝子組換えユーカリは、野生株と比較して樹高成長と樹幹生重量が増加していた。パルプ材として有用な形質となることが期待される（日尾 2009）。

　アメリカのArborGen社は、低温に耐えるユーカリ品種を作出した。低温耐性のユーカリは、より広範囲の面積での栽培の可能性がある。ユーカリは霜の被害を受けやすく、寒冷地帯での栽培は困難である。ArborGen社では、寒さに対するストレス時に発現するCBFという転写因子をストレスに応答するプロモーターの制御下でユーカリに導入した。野外試験では、遺伝子組換えユー

カリは低温化でその組織が崩壊することなく、マイナス6℃の低温にも耐えた。現在、ArborGen社は米国の29カ所において10万本以上の遺伝子組換えユーカリの野外試験を計画している(GM Eucalyptus Environmental Assessment Irregular, SiS 35)。フランスの研究グループもArborGen社と同様に低温に耐性を付与するために、ユーカリグニー(*E. gunnii*)から転写因子CBFを単離し、ユーカリグニーに導入して発現させた。その結果、予測通り、低温に対して耐性を持つことが示されている(Navarro *et al.* 2010)。

〈文 献〉

鈴木雄二（2003）「工業原料植物ユーカリの生産性改良育種に貢献する―酸性土壌耐性の付与―」、Focus NEDO、**3**、7-8頁。

日尾野隆（2009）「遺伝子組換えによるユーカリ新品種の開発―ゲノム科学的アプローチによる木質バイオマス統括的生産制御技術開発―」、Bioindustry、**26**(5)、14-21頁。

松永悦子（2009）「遺伝子組換えによる耐塩性ユーカリの開発」、紙パ技協誌、**63**(4)、2-6頁。

Ashikari, M. *et al.* (2005) Cytokinin oxidase regulates rice grain production. *Science*, **29**, 741-745.

Baba, K. *et al.* (2009) Xyloglucan for generating tensile stress to bend tree stem. *Mol. Plant.*, **2**, 893-903.

Chen, F. and Dixon, R. A. (2007) Lignin modification improves fermentable sugar yields for biofuel production. *Nat. Biotech.*, **25**, 759-761.

Gierer, J. and Ljunggren, S. (1979) The reactions of lignins during sulfate pulping. Part 16. The kinetics of the cleavage of β-aryl ether linkages in structures containing carbonyl groups. *Svensk Paperstidn*, **82**, 71-81.

GM Eucalyptus Environmental Assessment Irregular, SiS 35.

Goicoechea, M. *et al.* (2005) EgMYB2, a new transcriptional activator from *Eucalyptus* xylem, regulates secondary cell wall formation and lignin biosynthesis. *Plant J.*, **43**, 553-567.

Grabber, J. H., *et al.* (2010) Identifying new lignin bioengineering targets: 1. Monolignol-substitute impacts on lignin formation and cell wall fermentability. *BMC Plant Biol.*, **10**, 114.

Hartati, S. *et al.* (2008) Overexpression of poplar cellulase accelerates growth and disturbs the closing movements of leaves in Sengon. *Plant Physiol.*, **147**, 552-561.

Kaida, R. et al. (2009) Enhancement of saccharification by overexpression of poplar cellulase in sengon. *J. Wood Sci.*, **55**, 435-440.

Kaida, R. et al. (2009) Loosening xyloglucan accelerates the enzymatic degradation of cellulose in wood. *Mol. Plant.*, **2**, 904-909.

Kawaoka, A., et al. (2006) Reduction of lignin content by suppression of expression of the LIM domain transcription factor in *Eucalyptus camaldulensis*. *Silvae Genet*, **55**, 269-277.

Kubo, M. et al. (2005) Transcription switches for protoxylem and metaxylem vessel formation. *Genes Dev.*, **19**, 1855-1860.

Li, L. et al. (2001) The last step of syringyl monolignol biosynthesis in angiosperms is regulated by a novel gene encoding sinapyl alcohol dehydrogenase. *Plant Cell*, **13**, 1567-1586.

Mitsuda, N. et al. (2007) NAC transcription factors, NST1 and NST3, are key regulators of the formation of secondary walls in woody tissues of *Arabidopsis*. *Plant Cell*, **19**, 270-280.

Navarro, M., Ayax, C., Martinez, Y., Laur, J., Marque, C. and Teulières, C. (2010) Two EguCBF1 genes overexpressed in *Eucalyptus* display a different impact on stress tolerance and plant development. *Plant Biotech. J.*, **17**, DOI: 10.1111/j.1467-7652.2010.00530.

Nishikubo, N. et al. (2011) Xyloglucan endo-transglycosylase-mediated xyloglucan rearrangements in developing wood of hybrid aspen. *Plant Physiol.*, **155**, 399-413.

Park, Y. W. et al. (2003) Enhancement of growth by expression poplar cellulase in *Arabidopsis thaliana*. *Plant J.*, **33**, 1099-1106.

Park, Y. W. et al. (2004) Enhancement of growth and cellulose accumulation by overexpression of xyloglucanase in poplar. *FEBS Lett.*, **564**, 183-187.

Pilate, G. et al. (2002) Field and pulping performances of transgenic trees with altered lignifications. *Nat. Biotech.*, **20**, 607-612.

Ralph, J. (2010) Hydroxycinnamates in lignifications. *Phytochem. Rev.*, **9**, 65-83.

Shani, Z. et al. (2004) Growth enhancement of transgenic poplar plants by overexpression of *Arabidopsis thaliana* endo-1,4-β-glucanase (cel1). *Mol. Breed*, **14**, 321-330.

Voelker, S. L., et al. (2010) Antisense down-regulation of 4CL expression alters lignification, tree growth, and saccharification potential of field-grown poplar. *Plant*

Physiol., **154**, 874–886.

Wagner, A. *et al.* (2009) Suppression of 4-coumarate-CoA ligase in the coniferous gymnosperm *Pinus radiata*. *Plant Physiol.*, **149**, 370–383.

〔西窪伸之・梶田真也・林　隆久・海田るみ・海老沼宏安・河岡明義・松永悦子・島田照久〕

第5章　パルプ利用

5.1.　はじめに

　わが国に輸入されている人工林低質材は、**図5-1**（日本製紙連合会HP）に示すように、広葉樹輸入材1,443万BDT（Bone Dry Ton：絶乾重量）のうち69.4％（2008年）を占めており、その人工林低質材のほとんどは植林木の早生樹と考えられる。輸入統計には、わが国の各製紙メーカーが豪州などで植林し、それを伐採した材も含まれており、今後は、90年代初頭に植林された木材が伐採期を迎えるため、人工林低質材（＝早生樹）の比率が高まるものと予想される。わが国の製紙メーカーで最も多く使用される早生樹材は、ユーカリとアカシアなので、ここでは、その両者についてのみ記述する。

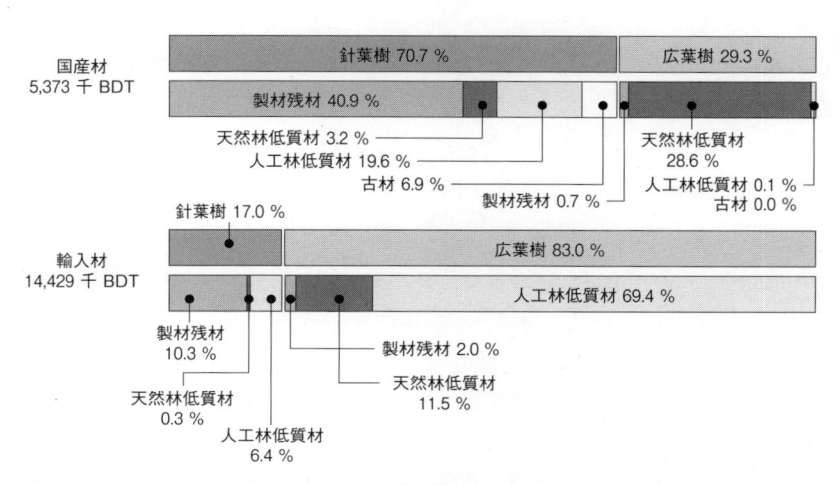

図 5-1　パルプ材の原料ソース別構成比（日本製紙連合会HP 2008より）

5.2. 原料として求められる性質

　早生樹材は、当然のことながら、樹齢が若いもの、特に10年前後のものが多く、管理された状態で生育されているため、樹齢がまちまち、あるいは高いものが多い天然木に比べると繊維形状や化学組成が異なるものと予想される。筆者らは、樹齢11年のアカシアマンギウム（*Acacia mangium*）と樹齢10年のユーカリグロブラス（*Eucalyptus globulus*）および、比較として天然木ユーカリは入手できなかったので、米国産のオーク（樹齢不明、*Quercus engelmannii*）が主体の天然木を用いて、パルプ繊維の形状（長さ、細胞壁厚）を測定した。**図5-2**（樹齢11年のアカシアマンギウム）および **図5-3**（樹齢10年のユーカリグロブラス）のように、植林木の早世樹は両樹種ともに似ており、分布が狭く、均一であることがわかる。一方、天然木は、オークが主体のものであるが、分布が広く、不均一である（**図5-4**参照）。また、化学組成（リグニン、セルロース、ヘミセルロース、抽出成分）については、早生樹の植林木と天然林とを直接比較できるデータを持っていないが、同じ植林地から産出される同一樹種の早生樹であれば、天然林よりもブレが少ないと推定できる。さらに**表5-1**（大江 1969）に示すように、抽出成分の一つで、ユーカリに特有なエラグ酸の量は、天然林に比べ明らかに少ない、などが特徴として挙げられる。

　一方、パルプ材として求められる特性としては、安価であることはもちろんであるが、蒸解しやすく（リグニンが取れやすい）、パルプ収率が高く、漂白性が良く（白くなり易い）、異物（例えばピッチ、ベッセル）トラブルなど操業上の問題が少なく、製造したパルプ品質が安定していること。さらに、抄紙工程や製品である紙の品質（強度、白色度、退色性）に問題が少ないことが、当然のことながら求められる。

　以上のことを考慮すると、早生樹に求められる特性としては、なるべく繊維の形態が揃っており、脱リグニンしやすくするためにリグニン含有量は少なく、また収率を高めるにセルロースなどの炭水化物量が多く、操業のトラブルになるベッセルが少なく、かつ小型で、抽出成分が少ないものが求められることになる。その点からすると、樹齢の高い材が多い天然木に比べると、早生樹

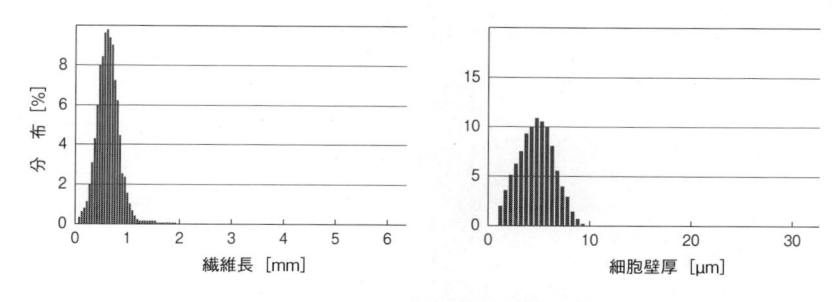

図 5-2 アカシアマンギウムパルプの繊維長と細胞壁厚の分布(樹齢11年)

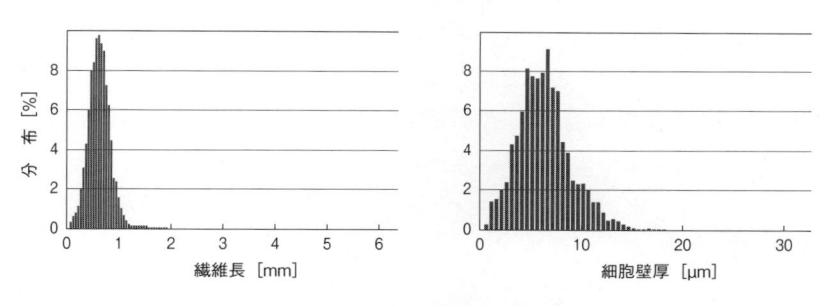

図 5-3 ユーカリグロブラスパルプの繊維長と細胞壁厚の分布(樹齢10年)

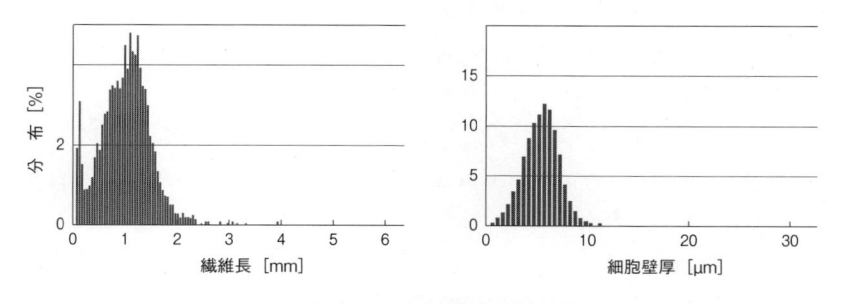

図 5-4 オークパルプの繊維長と細胞壁厚の分布(天然林、樹齢は不明)

の植林木は、一般的にリグニンは少なく、炭水化物は多く、抽出成分は比較的少ないので、早生樹はパルプ化に適した材と言える。

ただ、わが国では、材のほとんどが連続蒸解釜で蒸解され、また樹種もユーカリ単独、あるいはアカシア単独で蒸解されることは稀であり、混合して蒸

表 5-1 ユーカリカマルドレンシスチップ中の遊離エラグ酸量

試料 No	樹齢	チップ・シーズニング期間	エラグ酸量(%)
1	35 年	6 カ月間	0.78
2	8〜10 年	同上	0.41
3	35 年	5 年間	0.90
4	8〜10 年	同上	0.52

大江 1969: 29 より作成。

解・漂白されることが多いので、単材では優れていても、混合してしまうと、片方の材のみが蒸解され、もう一方の材は充分に蒸解されず粕が多いと言った状態にもなりかねない。そのため、混合する際には、蒸解性・漂白性が似通った材が良いことになり、極端に蒸解しやすい材などは、むしろ取り扱いにくい原料となってしまう場合もある。

5.3. ユーカリ

5.3.1. パルプ材としての歴史

ユーカリは 600 種類以上の種類があり、外観、木材組織、化学組成がかなり異なっており、そのため蒸解性が非常に良いものから、極端に悪いものなど、ユーカリと言えども千選万別であり、一概に言うことは難しい。

ユーカリがはじめてパルプ材として使われたのは、1938 年にオーストラリア・タスマニア島のバーニーにある Associated Pulp & Paper 社で、印刷用紙の原料として製造された。一方、わが国の製紙メーカーがユーカリを使い始めたのは、1960 年代の終わり頃で、豪州のニューサウスウェールズ州（樹種としてはシーベリー（E. sieberi）など）とタスマニア州（樹種としてはデレガテンシス（E. delegatensis）など）から輸入された天然木であり、その後、西豪州産のカロフィーラ（E. calophylla）やディバシコーラ（E. diversicolor）などの天然木が加わってきた（大江 1994）。最初のシーベリーやデレガテンシスでは、パルプ化は国内 L 材並で特に問題もなかったようであるが、西豪州産ユーカリでは、表 5-2（亀井ほか 1979）のように、蒸解でアルカリ添加率を国内 L 材より

表5-2 国内L材(混合材)と南豪州産ユーカリの材特性と蒸解性

樹　種	リグニン量 (%)	ポリフェノール量 (%)	活性アルカリ添加率(%)	カッパー価	精選収率 (%)
国内L	24.9	2.3	14	20.7	50.1
			16	15.9	48.6
ユーカリ	26.7	4.5	14	26.5	48.5
			16	24.9	47.2
			18	20.1	46.0

亀井ほか 1979: 51 の表 10 の一部を変更。

も増やさないと、所定のカッパー価まで蒸解できず、また同一カッパー価ではパルプ収率4～5%も低いことが明らかになり、同じユーカリであっても樹種によってパルプ化特性が大きく影響されることが判ってきた。西豪州ユーカリを調べるとキノやエラグ酸に代表されるポリフェノール系の抽出成分が多く、これが蒸解性に大きく影響しており、飯田は(飯田 1972)、天然木ユーカリのパルプ化では、抽出成分の挙動を最も注意すべきであると警告している。

一方、パルプ材不足に対処するため、1973年には、わが国の製紙メーカー各社が共同で日伯紙パルプ資源開発(株)が設立され、本格的にユーカリの植林、すなわち、アルバ(*E. alba*)、グランディス(*E. grandis*)、サリグナ(*E. saligna*)の3種類の植林が始まった(西村 1987)。しかしながら、現在パルプ材に使用されている樹種は早生樹の植林木ではあるが、グロブラス、カマルドレンシス(*E. camaldulensis*)、ユーログランディス(*E. urograndis*)、グランディスなど、ほんの数種類であり、それらは主に、蒸解性・漂白性やパルプ収率、あるいはベッセルピックが少ないなどのパルプ品質の点や植林場所、成長性などから選択されてきている。

5.3.2. 材齢の抽出成分(キノ、フェノール化合物)への影響

前述したように、同じユーカリでも、天然木を使っていた場合には、蒸解性や漂白性などの問題があったが、早生樹の植林木を使うようになってから、それらの問題はそれほど大きなウェイトを占めなくなってきている。その理由の一つとして樹齢があり、ユーカリの場合には、特に顕著であると言われている

(飯田 1972)。すなわち天然木のように高樹齢の材は、植林木のような樹齢が10年前後の早生樹に比べて、難蒸解性となり、パルプ収率も低下する傾向にあり、この主な原因として抽出成分が考えられてきた。Hillisは(Hillis 1975)、抽出成分やキノ化合物はアルカリパルプ化の場合、アルカリを多く消費

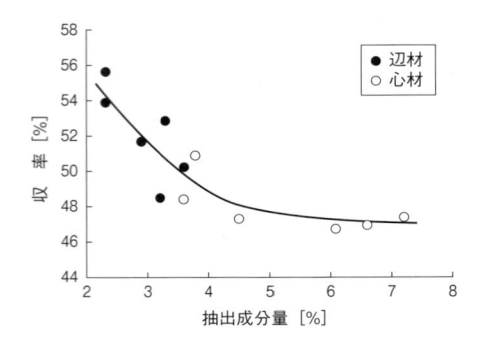

図5-5 抽出成分量と収率(Miranda et al. 2007: 485)

し、また蒸解液の浸透を妨害すると述べている。また、ロイコシアニンなどの抽出成分はアルカリパルプを著しく暗色化し、漂白性の悪化の原因になるとしている。実際、Hillisは(Hillis 1962)、樹齢20年から100年までのオブリーカ($E.\ obliqua$)について調査し、老齢化すると急激に温水抽出物(=エラグ酸)が増える結果を示している。ただ、これは樹齢が20年以上のユーカリの話であり、樹齢の若い早生樹では、どうかと言う点で、Mirandaらは(Miranda et al. 2007)、8年生のグロブラス(クローン)を用いて、2箇所の植林地で調査している。彼らの結果でも、**図5-5**のように、抽出成分が多いほど収率が低い傾向が見られた。このことからも樹齢が若い材ほど心材部分が少なく、それに伴って抽出成分が少なく、そのため、蒸解性や収率に良い結果をもたらすものと考えられる。

5.3.3. 樹齢の材特性およびパルプ化特性および品質への影響

樹齢の材特性(容積重、繊維形態、化学組成)への影響、およびそれをパルプ化する場合の、蒸解性、パルプ収率、漂白性および製造したパルプの品質への影響については、豪州の紙パルプの研究機関でもあるCSIROで精力的に調査されており、数々の報告が主にAppitaなどの雑誌に掲載されている。Clarkらは(Clark et al. 1989)、樹齢10年以下のものから110年以上までのタスマニア産の森林型ユーカリの代表であるレグナンス($E.\ regnans$)とオブリーカ($E.\ obliqua$)を対象に、10年間隔で調査している。彼らの結論では、蒸解性や抄

図 5-6　樹齢と容積重
(Pisuttipiched *et al*. 2003: 385)

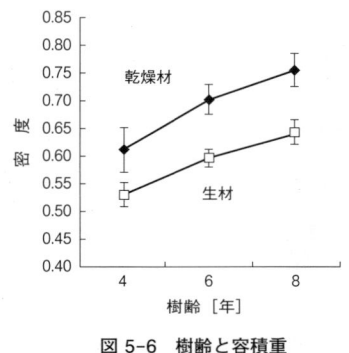

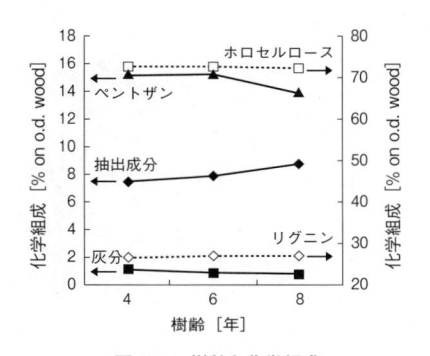

図 5-7　樹齢と化学組成
(Pisuttipiched *et al*. 2003: 385)

紙性などは、20年から59年生の材の方が、10年以下の材よりも良い。また、110年以上の材は20年から59年生の材に比べて、抽出成分が多く、蒸解性も悪く、収率も低い。またバークが混入すると、抽出成分量が多くなり、アルカリ添加率を高くしないと目標カッパー価に到達しない　などの結論を得ている。これに対して、Pisuttipichedらは(Pisuttipiched *et al*. 2003)、カマルドレンシス(クローン)を東タイで成育した樹齢4、6、8年の材について、材特性とパルプ化およびパルプ強度に対する影響について調べ、**図 5-6**に示すような樹齢と容積重の関係を示した。一般に、容積重が高い材は、繊維壁が厚く、蒸解薬液の浸透性が悪く難蒸解性になり易く、また、製造したパルプは繊維壁が厚いので、プレスなどで潰れにくく、繊維間結合性が悪く、そのため引張強度や破裂強度などが低めになる傾向にある。容積重はパルプ特性に影響する因子であるが、その容積重は、図から明らかなように、樹齢と共に上昇することが判る。一方、化学成分は、**図 5-7**に示すように、それほど大きな変化はない。それでも、ペンザンが8年生では減少し、抽出成分は上昇しており、この結果からすると、6年生頃が良いように思われる。それを裏づけるように、6年生の材は、蒸解後、酸素漂白後あるいはECF晒(無塩素漂白 Elemental Chlorine Free)後でも、パルプ収率が他の樹齢の材よりも高い(**図 5-8**参照)。ただ、パルプ強度に関しては、**図 5-9**に示すように、6年生が最も良い結果ではあるが、他の樹齢の材に比べて、それほど大きな差とは言えない。Pisuttipichedらは、

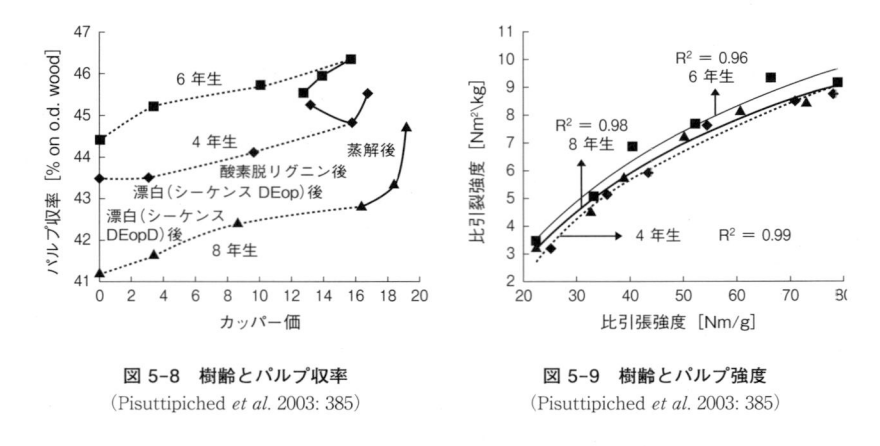

図 5-8　樹齢とパルプ収率
（Pisuttipiched *et al.* 2003: 385）

図 5-9　樹齢とパルプ強度
（Pisuttipiched *et al.* 2003: 385）

4年生と6年生のものは、8年生に比べて収率は高く、蒸解性や漂白性は良く、白くて強いパルプが得られると結論づけている。植林木の早生樹の伐採時期については、パルプ化特性や紙の品質は重要な因子であるが、経済性の問題もあり当事者にとっては悩ましい事項に違いない。

5.3.4. グロブラスとカマルドレンシスの特徴

前述したように、1973年にブラジルで植林が始まった時の樹種は、アルバ、グランディス、サリグナであったが、これらの樹種は耐寒性が極めて弱いので、ブラジルには適するが、豪州などのような温帯地帯には適していない。現在、わが国の製紙メーカーは、豪州やチリなどから、主にグロブラスを、熱帯の東南アジアからはカマルドレンシスおよびユーロフィラ（*E. urophylla*）などを輸入して、使用している。

中でも、グロブラスは、繊維長が比較的長く、繊維径が比較的大きく、また、繊維壁は中程度であり、パルプ化しやすく、またパルプ品質も他のユーカリよりも優れている（例えば伊藤 2010）。Wallisらは（Wallis *et al.* 1966a, b）、グロブラス（豪州産、6年、10年が主体）とナイテンス（*E. nitens*、豪州産、7年）を用いて、木材の化学分析とパルプ収率の関係を調査した。その結果、セルロース、ヘミセルロースの平均と標準偏差は、それぞれ44.7 ± 0.5％、27.3 ± 0.9％であり、一方、ナイテンスは41.2 ± 0.7％、29.4 ± 0.8％であった。両材は、

セルロースとヘミセルロース含有量からなる全炭水化物量にはほとんど差はないものの、蒸解中のセルロースの溶出量が、グロブラスの方が少ないので、グロブラスの方が結果的に、パルプ収率が高くなるものと推定している。一方、リグニンに関しては、Roncoretら(Rencoret et al. 2007)は、ブラジル産のグロブラス、ナイテンスなどのユーカリ早生樹について、リグニンを分解してGC-MS(ガスクロマトグラフ質量分析計)で測定し、S/G比(シリンギルリグニン/グアイアシルリグニンの比)を比較した。その結果、S/G比は2.7から4.1の範囲であり、その中でも、グロブラスが最も高く、また、リグニン含有量も低かった。このことから、グロブラスは脱リグニンされやすい材と言える。そのため、グロブラスの蒸解条件はマイルドになり、パルプ収率は高くなるものと考えられる。

一方、グロブラスは雨量が比較的多い地域でないと生育しにくいので、その点、苛酷な環境にも強いカマルドレンシスが使用されてくる余地がでてきた。小名ほか(小名ほか 1995a, b)は、西豪州で成育した14年生のカマルドレンシスとグロブラスについて、成長の良い材と普通の材を選び、それぞれについて木材成分の樹幹内偏差について一連の調査を行ない、これを利用したパルプ品質と材特性との関係を求め、植林における選抜指標抽出を試みている。両者の繊維形態の比較を **表5-3**(Ohshima et al. 2003)に示す。

この表から、グロブラスは、カマルドレンシスに比べて、繊維径と細胞壁の厚みが厚めで、ルーメンもやや大きいことが判る。パルプ品質に大きな影響を及ぼすルンケル比(細胞壁の厚みの二倍に対するルーメン径の比)を計算すると、この比もグロブラスは高めであり、さらに、この文献には繊維長の記載はないが、アスペクト比が両樹種同等とすれば、繊維径の大きいグロブラスは、平均繊維長も長いものと推定されるので、パルプ品質としてはカマルドレンシスより勝っていると考えても良いであろう。ただ、小名らの主目的は、材の化学組成とパルプ品質を主眼に置いた研究であり、両樹種ともに、ホロセルロース含有量や抽出成分量がパルプ特性(収率、強度)に大きく影響していると結論づけている。

また、内田も(内田 2006)わが国で広く使用されている植林木であるユーカリのグロブラス、カマルドレンシス、ナイテンス、グランディス、エクザータ

表5-3 カマルドレンシスとグロブラスとの比較

	カマルドレンシス		グロブラス	
	成長性(優)	成長性(並)	成長性(優)	成長性(並)
樹高(m)	15.2	18.1	19.9	30.0
胸高直径(m)	18.8	23.5	24.4	23.8
平均繊維径	11.9 ± 0.6 μm	12.1 ± 0.6 μm	12.4 ± 1.4 μm	13.9 ± 1.6 μm
壁厚(μm)	1.79 ± 0.23	1.81 ± 0.20	2.20 ± 0.30	2.40 ± 0.52
ルーメン径(μm)	8.08 ± 0.85	8.25 ± 0.75	9.41 ± 1.29	8.70 ± 1.50
ルンケル比	0.44	0.43	0.46	0.55

(Ohshima *et al.* 2003: 476) より作成。

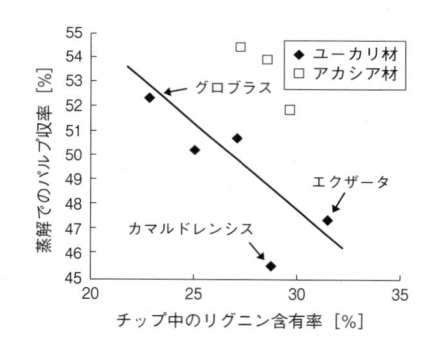

図 5-10 リグニン含有量とパルプ収率
（カマルドレンシス vs グロブラス）
（内田 2006: 80）

(*E. exerta*) など5樹種とアカシアではマンギウム、アウリカリフォルミス(*A. auriculiformis*)、両者のハイブリッド(*A.* hybid)の3樹種について、化学組成、繊維形態およびパルプ化特性を調査している。グロブラスとカマルドレンシスに着目して比較すると、図 5-10 のようにグロブラスはカマルドレンシスよりもリグニンは少なく、また蒸解でのパルプ収率も52％以上もある。一方、カマルドレンシスは、リグニン含有率がカマルドレンシスよりも多いエクザータよりもパルプ収率が低く、この結果からも、パルプ化特性はグロブラスの方が良いことが判る。また、この試験結果から、リグニン含有率だけでパルプ収率を予測することは難しいことも明らかになった。

5.3.5. 品質向上の技術的な課題
5.3.5.1. ベッセルピック

わが国でユーカリを使用し始めた70年代頃は、ベッセルピックの問題が取り沙汰され、特に、細胞壁の厚いユーカリでは、抄紙工程のプレスで圧縮して

も細胞壁がつぶれにくく、それだけ嵩高なシートとなる。すなわち、繊維と繊維の接着性が悪くなり、そのため、ベッセルを繊維間に取り込める力が低下して、印刷時にベッセルが取られて、ベタ印刷の中に白い斑点が見えるベッセルピックの問題(**図5-11**参照)が起こることになる。そのため、各種の対策が提案されていた。しかしながら、早生樹で

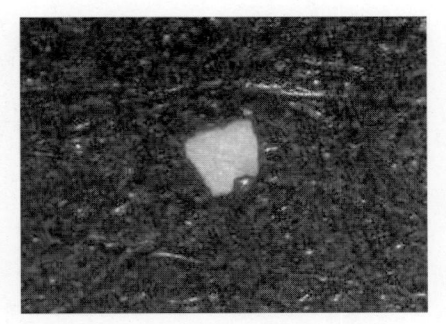

図5-11 ベッセルピック(白い部分)のある印刷物

ある植林木では、樹齢が若いためか、ベッセルの大きさも、樹齢の高い天然木に比べて小さい。さらに、サイズプレスで澱粉を塗ることで、ベッセルと繊維間の結合性を高める方法が一般化してきたことなどにより、一頃より問題にはなっていないように思われる。それでも、樹種によっては、ベッセルの影響が違うようなので、やはり注意は必要である。

5.3.5.2. 退色対策

グロブラスの蒸解性が良いことを述べたが、漂白性も良いので、ECF晒での初段の二酸化塩素が少なくても、目標の白色度に達すると言うメリットがある。一方、わが国でECF晒が始まってから、今までと異なった、紙の退色の問題が表面化してきた。この現象は、広葉樹パルプを二酸化塩素漂白したパルプを酸性抄紙したもので、しかも、今までのようにパルプ退色の評価に用いてきた105℃での退色試験では見られないが、湿度があり比較的中温で見られるものである。原因は広葉樹の主要なヘミセルロースであるキシランの側鎖にある4-O-メチルグルクロン酸が蒸解中に、二重結合を有するヘキセンウロン酸に変化して、それがBKP(漂白クラフトパルプ Bleached Kraft Pulp)に残ることによって起こることが、Vuorinenらの研究(Vuorinen et al. 1996)で明らかにされてきた(**図5-12**参照)。

ECF晒の初段や最終段で使用される二酸化塩素は、元来、ヘキセンウロン酸の除去能力は低く、しかも二酸化塩素の添加率が少なくなると、ますます、BKP中にヘキセンウロン酸が残留することになり、退色が強くなることを、

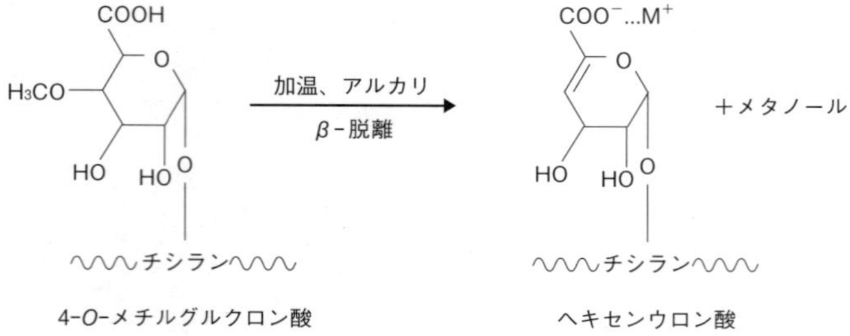

図 5-12 ヘキセンウロン酸の生成挙動

河村ら(Kawamura 2003)は明らかにした。グロブラスのような漂白性の良いユーカリなどは、二酸化塩素の添加率が低くても、所定の白色度85%前後のBKPに達するので、わが国のパルプ工場のように高白色度を狙わないところでは、白色度を維持しながら退色の原因物質のヘキセンウロン酸を除去する技術、例えば、酸処理、オゾン処理、高温二酸化塩素処理などの新たな方法が必要になってくる。

5.3.5.3. パルプ強度

現在、わが国の製紙メーカーが使用している早生樹のユーカリでは、特に強度の問題はないが、前述してきたように、一般の広葉樹(例えば国内L材)に比べて材特性が異なる点があり、それがパルプ強度に影響しているので、一般的な特徴や懸念点を記す。

グロブラス以外のユーカリの中には、繊維長が短く、そのため引裂き強度が低くなる樹種や、ルンケル比が高く繊維壁が潰れにくく、その結果、緊度が出にくく、嵩高な紙になり易い樹種もある。そのような紙では、繊維の絡み具合が少ないため、引張強度や層間強度が低くなり、ベッセルピックの問題が起こり易くなる。ただ、ルンケル比が高い樹種であれば、一般的に容積重が高くなるので、チップを液に入れると沈みやすくなり、蒸解釜でチップが下方に異動し易くなるので、パルプ生産性の点からは有利である。また、容積重が高いことは、一定容積あたりにチップの重量が増えるので、パルプの生産量も増加し、これもパルプ生産性の点からは有利となる。

一方、グロブラスは、ユーカリの中では繊維長が比較的長く、ルンケル比も

国内L材並みであり、紙力もほぼ同等と言える。また、容積重も比較的高いので、操業性にも課題はない。ただ、前述のように、漂白し易い点が仇になる場合(退色性)もある。

5.3.5.4. 黒液回収系統での問題(黒液の粘度上昇、回収ボイラーでの燃焼性低下)

ユーカリに特徴的な抽出成分であるポリフェノールを主成分とするキノ化合物やエラグ酸(図5-13参照)などはアルカリに溶解するので、蒸解時に黒液に溶けて、薬品回収系統に運ばれる。ここで黒液はエバポレーターで濃縮されるが、その際に、溶解度が低下して析出するのと同時に、高温に晒されるために、フェノール化合物が酸化されてキノン構造になり、それが重合して、黒液の粘度が急上昇して、エバポレーターの電熱面にこびりつき、伝熱性を低下させるため、黒液の濃縮が困難となる。また、エラグ酸は水酸基が多く、金属と結びつき易いので、黒液の燃焼性も低下しやすくなる。これらの問題は、ユーカリを使い始めた頃には、オーストラリアでは大きな問題となっており、この一つの対策として小径木を利用することが推薦されていた。これは小径木が、樹齢が低く抽出成分が少ないためである(大江 1969)。たしかに、カマルドレンシスの樹齢による抽出成分量(エラグ酸量)を比較した結果(表5-1参照)からは、エラグ酸の量は、低樹齢の早生樹(樹齢8〜10年)では、高樹齢の材に比べて少ない。現在、早生樹のユーカリを多く使っているパルプ工場では、このような話が聞かれないのは、樹齢が影響しているものと思われ、前記のような問題は、樹齢の高い材(天然木)に特有な問題だったようである。

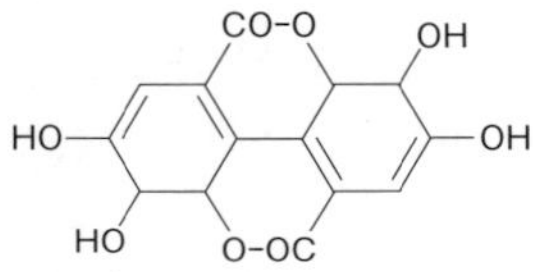

図 5-13　エラグ酸の構造

5.4. アカシア

5.4.1. パルプ材としての利用

ユーカリと並ぶ早世樹はアカシアであり、ユーカリに比べて比較的安価であり、成長性も同等であることから、わが国では、ユーカリに次ぐパルプ材として、マンギウムが主に使用されている。ただ、わが国の製紙メーカーに

よる海外植林は、ユーカリに比べて歴史が浅く、本州製紙（現王子製紙）（株）が、1988年にパプアニューギニアにマンギウムを試験植林したのが最初と思われる。さらに、**表5-4**（(社)海外産業植林センター 2010)に示すように、89年には日本製紙(株)と伊藤忠(株)がオーストラシアでユーカリの植林を始め、同じく89年には、大王製紙(株)などがチリでユーカリ等の植林を、90年には、三菱製紙(株)などが同じくチリにユーカリの植林を開始し、その後、豪州やニュージーランド南島、北島でも植林が拡大していった。2000年になると、ブラジル、ラオス、ベトナム、南アフリカなどにも植林地が拡がってきた。植林されている樹種は限定されており、南アフリカ、ブラジルでは温帯性のアカシアであるメランシ（モリシマアカシア）（$A.\ mearnsii$）が主体であり、インドネシアやベトナムなどの東南アジアではマンギウムやアウリカリフォルミスが主である。アカシアはユーカリと同等の成長性があり、亜熱帯地域から熱帯地域に適合する種類であること、マメ科の植物で空中チッソを固定し自前で肥料にできる能力があること、除草が不十分でも成育に大きな影響はないことから、東南アジア地区を中心にアカシアの植栽面積が増えている（伊藤 2010）。これに相応して2000年前後から本格的にパルプ材として利用され始めてきた。

5.4.2. ユーカリとの比較とアカシア樹種間の比較

ユーカリとアカシアについて比較するため、まず、材特性を調べた。**図5-2**と **図5-3**に示したように、わが国で多く使用されている、アカシアマンギウムとユーカリグロブラスのパルプの繊維長分布や繊維幅は、類似している。筆者らは、さらに、アカシアではマンギウム（**図5-2**で評価したサンプルとは異なる）とクラシカルパ（$A.\ crassicarpa$）、ユーカリではペリータ（$E.\ pellita$）、サリグナ、カマルドレンシス、ダニアイ（$E.\ dunnii$）、グランディス、ナイテンス、カマルドレンシスとユーロフィラとのハイブリッドおよび混合材について、繊維長、繊維壁およびルーメン径を測定し、ルンケル比（繊維壁の2倍に対するルーメン径の比）を計算した。その結果（平均値と標準偏差）を**表5-5**に示す。

両者の平均値を比較すると、ユーカリに比べてアカシアは、繊維は長めで、繊維幅は同等、繊維壁は薄めで、そのためルンケル比は低くなる。これらの値

から、アカシアは繊維が潰れ易いので、シート密度が出やすく、そのため引張強度、破裂強度、層内強度など繊維間結合に由来する強度特性には有利なると予想されたが、実際にパルプシートを作製して、同一緊度で評価したところ、両者の強度特性は、ほぼ同等であった。

一方、化学組成については、アカシアパルプ3種類(マンギウム、アウリカリフォルミス、その両者を掛け合わせたハイブリッド)とユーカリパルプ5種類(グロブラスなど)について、材の化学特性、パルプ化特性とパルプ特性を比較した内田の研究(内田 2006)がある。それによれば、**図5-14**に示すように、リグニン含有量は、ユーカリに比べてアカシアはやや高めであり、そのため、アカシアは、**図5-15**のように蒸解後のカッパー価を20にするために必要な白液量が多くなり、蒸解性が悪い。それにも関わらず、チップ中のセルロースやヘミセルロース含有量は、両者はほとんど差がないのに、蒸解後のセルロース歩留まりはアカシアの方が高く、結果として、パルプ収率は高めとなる。その原因について、リグニンの量や構造が違うのではないかと考え、各種の文献を調べた。小名ほかは(小名ほか 1995a, b)、カマルドレンシスで22〜23％程度、グロブラスで15〜18％であり、また、同じグロブラスでもWallisらは(Walls 1996b)、25〜26％と報告しており、ユーカリのリグニン量は、おおよそ15〜26％の範囲にあるようだ。一方、Pintoらが(Pinto 2005)測定したマンギウムのリグニン量は28％と、ユーカリよりも高めで、また、マンギウムのリグニンは、シリンギルタイプが少なく、縮合の程度が高く、β-O-4結合が少ないと述べている。また、友田らは(友田ほか 2009)、マンギウム主体のアカシアとユーカリについてリグニン量とリグニンの構造(S/G比など)を調べて、アカシアはユーカリとリグニンは同じでも、S/G比が高いことを明らかにしている。これらの結果からマンギウムの蒸解性が悪いのは納得できるが、パルプ収率が高くなる理由は判然としない。また、Netoらも(Neto et al. 2004)、マンギウムと、ユーカリのグロブラス、ユーログランディスおよびグランディスの材特性とパルプ化特性とを調べ、前述の内田の結果と同様に、マンギウムはリグニンが多めで、そのため活性アルカリ添加率を24％に上げないと他の材(16〜20％のアルカリ添加率)並みのカッパー価にならないと述べている。さらに漂白性も悪く、白色度90％に要する二酸化塩素添加率がユーカリでは4.4〜

表5-4 わが国製紙メーカーの海外産業植林プロジェクト一覧(2009年末)

	プロジェクト出資会社	国名
(チップ	プロジェクト)	
1	日本製紙、伊藤忠商事	オーストラリア
2	王子製紙、伊藤忠商事、千趣会、東北電力、日本郵船	オーストラリア
3	日本製紙、三井物産	オーストラリア
4	三菱製紙、三菱商事、東京電力	オーストラリア
5	日本製紙、三井物産	オーストラリア
6	日本製紙、三井物産	オーストラリア
7	王子製紙、双日、凸版印刷、北海道電力	オーストラリア
8	トヨタ自動車、三井物産	オーストラリア
9	王子製紙、双日、日本紙パルプ商事、小学館	オーストラリア
10	丸紅、中国電力、ローム、集英社	オーストラリア
11	小学館	オーストラリア
12	大王製紙、JFE商事、ニッセン、ナカバヤシ、ウィルコーポレーション、日経BP社、光文社、NBSリコー、凸版印刷	オーストラリア
13	四国電力	オーストラリア
14	大阪ガス、三井物産	オーストラリア
15	日本製紙、三井物産、トヨタ自動車	オーストラリア
16	丸紅、日本製紙	オーストラリア
17	JAF MATE	オーストラリア
18	講談社	オーストラリア
19	リクルート、リクルートメディアコミュニケーションズ	オーストラリア
オーストラリア計		
20	王子製紙、伊藤忠商事、富士ゼロックス、富士ゼロックスオフィスサプライ	ニュージーランド
21	中越パルプ工業、北越製紙、丸住製紙、丸紅	ニュージーランド
ニュージーランド計		
22	大王製紙、名古屋パルプ、伊藤忠商事	チリ
23	三菱製紙、三菱商事	チリ
24	日本製紙、住友商事、商船三井	チリ
25	日本製紙、丸紅、日本郵船	ブラジル
中南米計		
26	王子製紙、双日、大日本印刷	ベトナム
27	王子製紙、丸紅	中国
28	日本製紙、住友商事	南アフリカ
29	ラオス政府、王子製紙、国際紙パルプ商事、集英社、商船三井、千趣会、リクルート、第一紙業、サトー、シーズクリエイト、日本通信教育連盟、マルマン	ラオス
30	王子製紙、丸紅、広東南油経済発展公司他	中国
31	中越パルプ工業、伊藤忠商事、飯野海運、川崎汽船、商船三井	ベトナム
32	北越紀州製紙、三菱商事	南アフリカ
その他地域計		
チッププロジェクト計		
(パルププロジェクト)		
1*	日伯紙パルプ資源開発	ブラジル
2	王子製紙	ニュージーランド
3	丸紅、インドネシア林業公社	インドネシア
4	王子製紙、三菱商事	カナダ
パルププロジェクト計		
合計		

チッププロジェクトの名称: 1: South Fibre Exports Pty., Ltd., 2: Albany Plantation Forest Co., of Australia. Pty., Ltd., 3: Bunbury Treefarm Project, 4: Tas Forest Holdings Pty., Ltd., 5: Victoria Treefarm Project, 6: Green-triangle Treefarm Project, 7: Green Triangle Plantation Forest Co., of Australia. Pty., Ltd., 8: Australian Afforestation Pty., Ltd., 9: East Victoria Plantation Forest Co., of Australia. Pty., Ltd., 10: Southern Plantation Forest Pty., Ltd., 11: VIZ Australia Pty., Ltd., 12: Plantation Platform of Tasmania Pty., Ltd., 13: Yonden Afforestation Australia Pty., Ltd., 14: Eco Tree Farm Pty., Ltd., 15: Portland Treefarm Project, 16: WA Plantation Resources Pty., Ltd., 17: JAF MATE Plantation Pty., Ltd., 18: KODANSHA TREEFARM AUSTRALIA PTY., LTD., 19: RECRUIT TREEFARM AUSTRALIA PTY., LTD., 20: Southland Plantation Forest Co., of New Zealand Ltd., 21: New Zealand Plantation Forest Co., Ltd., 22: Forestal Anchile

5.4. アカシア　　　　　　　　　　　　　　　　　　　145

(表5-4　つづき)

(社)海外産業植林センター調べ

地区名	植林前の状況	植林開始年	2009年末植林面積(千ha)	将来の目標面積(千ha)	主な植林樹種
NSW州	牧草地	1989	4.5	5.0	ユーカリ
WA州	牧草地	1993	23.7	26.0	ユーカリ
WA州	牧草地	1996	12.4	20.0	ユーカリ
TAS州	牧草、灌水、伐採跡地	1996	18.1	25.5	ユーカリ
VIC州	牧草地	1996	3.4	8.0	ユーカリ
SA州、VIC州	牧草地	1996	3.0	10.0	ユーカリ
SA州、VIC州	牧草地	1997	6.5	10.0	ユーカリ
WA州	牧草地	1999	1.2	2.0	ユーカリ
VIC州	牧草地	1999	2.2	10.0	ユーカリ
SA州、VIC州	牧草地	1999	6.4	10.0	ユーカリ
VIC州	牧草地	2000	0.6	0.5	ユーカリ
TAS州	牧草、灌水、伐採跡地	2000	4.7	7.5	ユーカリ
VIC州	牧草地	2001	0.4	1.0	ユーカリ
WA州	牧草地	2001	0.8	1.0	ユーカリ
SA州、VIC州	牧草地	2001	1.6	3.0	ユーカリ
WA州	植林木伐採跡地	2002	30.0	32.0	ユーカリ
VIC州	牧草地	2004	0.1	0.1	ユーカリ
VIC州	牧草地	2005	0.5	0.5	ユーカリ
WA州	牧草地	2006	0.3	0.5	ユーカリ
オーストラリア計			120.4	172.6	
南島	牧草地	1992	10.2	10.0	ユーカリ
北島	牧草地	1997	1.9	10.0	アカシア
ニュージーランド計			12.1	20.0	
第Ⅹ州	牧草、灌水、伐採跡地	1989	29.6	40.0	ユーカリ、ラジアータ
第Ⅷ州、第Ⅸ州	牧草、灌水、荒廃地	1990	9.2	12.0	ユーカリ
第Ⅷ州	牧草地	1991	13.0	13.5	ユーカリ
アマパ州	伐採跡地	2006	62.0	130.0	ユーカリ、アカシア、カリビアマツ
中南米計			113.8	195.5	
ビンデン省	草地、荒廃地	1995	11.5	13.0	アカシア、ユーカリ
広西チワン族自治区	植林木伐採跡地	2002	6.4	7.5	ユーカリ
クワズール－ナタール州	植林木伐採跡地	1996	11.1	10.0	ユーカリ、アカシア、ラジアータマツ
カムアン県、ボリカムサイ県	灌水、荒廃地	2005	26.1	50.0	ユーカリ、アカシア
広東省	植林木伐採跡地	2005	22.8	33.0	ユーカリ
ドンナイ省、バリアブンタン県	植林木伐採跡地	2005	1.6	2.0	アカシア
クワズール－ナタール州	植林木伐採跡地	2008	1.8	5	ユーカリ、アカシア
その他地域計			81.3	120.5	
チップロジェクト計			327.6	508.6	
ミナス・ジェライス州	植林木伐採跡地	1973	144.2	110.0	ユーカリ、マツ類
北島	植林木伐採跡地	1991	33.3	30.0	ラジアータ、ダグラスファー、ユーカリ
南スマトラ州	草地、灌水、荒廃地	1991	190.0	190.0	アカシア
アルバータ州	牧草地	2003	7.6	25.0	ポプラ
パルププロジェクト計			375.1	355.0	
合計			702.7	863.6	

Ltda., 23: Forestal Tierra Chilena Ltda., 24: Volterra S. A., 25: Amapa Florestal e Celulose S/A (AMCEL), 26: Quy Nhon Plantation Co., of Vietnam Ltd., 27: 広西王子豊産林有限公司, 28: Forest Resources Pty., Ltd., 29: Oji Lao Plantation Forest Co., Ltd., 30: Huizhou Nanyou Forest Development Co., Ltd., 31: Acacia Afforestation Co., Ltd., 32: Free Wheel Trade & Invest 7

パルププロジェクトの名称: 1: Celulose Nipo-Brasileira S. A, 2: Pan Pac Forest Products Ltd., 3: PT Musi Hutan Persada, 4: Alpac Forest Products Inc.

注: オーストラリアの州名は、NSW: ニューサウスウエールズ、SA: 南オーストリア、TAS: タスマニア、VIC: ビクトリア、WA: 西オーストラリア (最終更新日: 2010/5/10)。＊: パルププロジェクト1の植林面積は暫定値

表 5-5 早生樹由来のアカシアパルプとユーカリパルプの比較（岩崎 未発表）

	アカシア(n=4)	ユーカリ(n=9)
繊維長(mm)	0.82 ± 0.06	0.75 ± 0.07
繊維幅(μm)	16.6 ± 0.4	16.6 ± 0.9
繊維壁厚(μm)	4.28 ± 0.45	4.88 ± 0.40
ルーメン径(μm)	8.10 ± 1.30	6.86 ± 0.52
ルンケル比	1.09 ± 0.25	1.43 ± 0.16

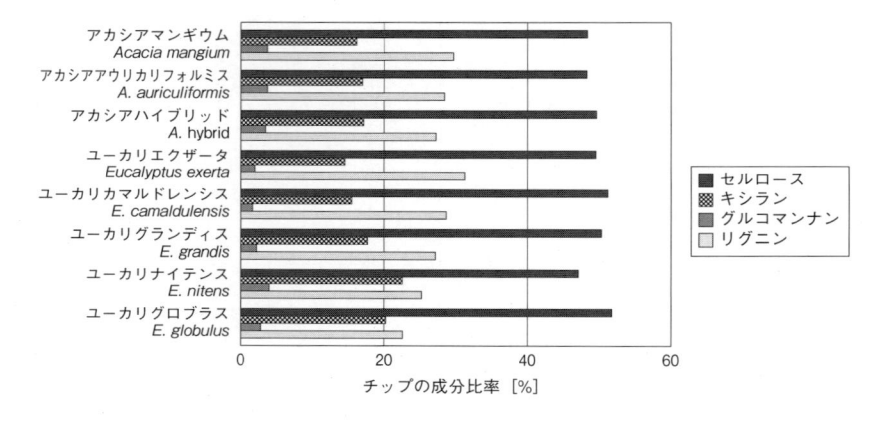

図 5-14 アカシアとユーカリの化学組成（内田 2006: 80）

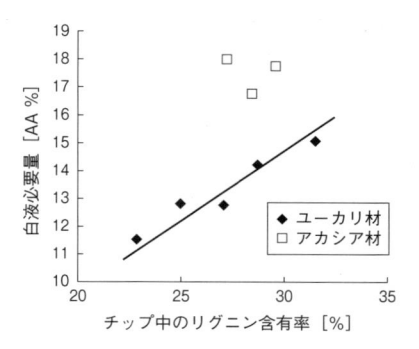

図 5-15 アカシアとユーカリの蒸解性
（内田 2006: 80）

5.4％に対して、7.4％と高い。この原因の一つとして、彼らは、抽出成分を挙げており、TOF-SIMS（飛行時間二次イオン質量分析計）による表面分析では、他のパルプに比べて約5倍も抽出成分で繊維表面が覆われていることを見出している。

パルプ品質あるいはシート品質については、一般的な傾向として、アカシアパルプは繊維壁が薄いので、繊維は潰れ易く、そのためシートは高密度になりやすく、平滑性に優れている。また、密度が出やすいが、繊維が国内L材に比べて細いので、散乱係数が高く、

5.4. アカシア

表 5-6 5種類のアカシアの蒸解性(比較として植林ユーカリを使用)

樹種および原産地	樹齢 (年)	密度 (kg/m^3)	活性アルカリ (%Na$_2$O)	精選収率 (%)	一釜あたりの パルプ生産量 (kg/m^3)
アウラコカルパ A. aulacocarpa 　天然木、クランダ、 　クイーンズランド州	12	598	13.2	55.4	331
アウリカリフォルミス A. auriculiformis 　植林木、パプアニューギニア	13	516	13.0	53.1	274
シンシナータ A. cincinnata 　天然木、クランダ、 　クイーンズランド州	10	580	13.7	53.1	308
クラシカルパ A. crassicarpa 　天然木、クランダ、 　クイーンズランド州	–	638	17.5	47.2	301
マンギウム A. mangium 　植林木、サバ州	9	420	14.0	52.3	220
萌芽更新ユーカリ Regrowth Euc. 　ギプスランド、ビクトリア州	20〜30	585	11.5	53.7	314

(Balodis *et al*. 1998: 179)より作成。

そのため不透明度も高いという特徴がある。これらの特徴を持っていることから、用途としては、ティッシュ、辞書用紙、封筒用紙、あるいは白板紙の最上層への利用(野口ほか 2003)などがある。ティッシュに使った場合には、抽出成分があり親水性がユーカリに比べて劣り、また、ユーカリよりもシートは嵩高にはならず、締まった紙になるので、全量の変換はできないが、部分変換は可能であり、フェイシャルに良いとの話もある。北欧の書籍用紙メーカーでは、ユーカリの25%をアカシアに置換しているところが多いが、50%まで行きそうとJonathanは(Jonathan 2002)、予測している。

　アカシアの樹種間の比較(アウラコカルパ(*A. aulacocarpa*)、アウリカリフォルミス、シンシナータ(*A. cincinnata*)、クラシカルパ、マンギウム)については、Balodisらの報告(Balodis *et al*. 1998)がある。それによると、**表5-6**に示すように、クラシカルパは容積重が高く、そのためか同一カッパー価に達する

表5-7 5種類のアカシアの漂白性

樹　　種	パルプ 白色度 (%ISO)	収率* (%)	シート特性(カナダ標準型ろ水試験器250mℓ)		
			嵩 (cm^3/g)	比引裂強度 ($mN·m^2/g$)	比引張強度 ($N·m/g$)
アウラコカルパ A. aulacocarpa	84.6	97.0	1.40	9.3	103
アウリカリフォルミス A. auriculiformis	84.2	95.1	1.40	11.3	114
シンシナータ A. cincinnata	76.7	96.3	1.40	7.7	85
クラシカルパ A. crassicarpa	72.2	95.4	1.40	8.8	84
マンギウム A. mangium	83.2	95.4	1.19	7.4	125
萌芽更新ユーカリ Regrowth Euc.	84.7	94.7	1.44	10.7	101

*漂白パルプの収率は非漂白パルプの数値を元に示した。
(Balodis et al. 1998: 179)より作成。

ための白液の必要量が最も多く、以下、マンギウム、シンシナータ、アウラコカルパ、アウリカリフォルミスの順である。この表でアウラコカルパは、この5樹種の中では最も樹高のある材であり、一方、シンシナータは最も低い材である。ただ、両者とも、現在わが国では使用された実績はないようなので、比較外とした。蒸解収率では、アウリカリフォルミスとマンギウムはほぼ同等であり、クラシカルパは低めである。しかし、クラシカルパは、容積重が高いので、一釜あたりのパルプ生産量はマンギウムより高くなる。一方、漂白性を比べると(**表5-7**参照)、塩素を用いるCEHDの同一漂白シーケンス後の白色度では、クラシカルパは他の二者よりも劣り、漂白しにくい材である。これも容積重が高い(繊維壁が厚い)ことによる影響と考えられる。

　パルプ品質については、マンギウムが他のアカシアに比べて、しまり易いため、嵩(bulk)がやや劣るが、比引裂、比引張の強度は甲乙つけ難く、総合的にはユーカリと同等と言える。以上のような蒸解性、漂白性およびパルプ品質から、アカシアとしてはマンギウムやアウリカリフォルミスが選択されてきたものと思われる。さらに、この表にはないが、マンギウムとアウリカリフォルミスを掛け合わせたハイブリッドは、両者の欠点を補っており、今後、アカシア

では、この樹種が増加する可能性が高い。

また、アカシアには、南アフリカやブラジルのような温帯地方で成育するメランシ(モリシマアカシア)がある。樹皮からタンニンが得られ、なめし皮剤や接着剤の原料として有用であり、材の特性としては、熱帯産アカシアよりも繊維は細いが、繊維壁は厚いなど、特徴のあるパルプ材として使用されている。

5.4.3. 樹齢の影響

ユーカリと同様に、樹齢はアカシアの場合にも影響があり、一つはマンギウムに特有な心腐れに対する影響、およびアカシアのパルプ化特性(蒸解性、漂白性)とパルプ品質への影響とがある。

心腐れは、樹齢を重ねると内部に心材腐朽を起こしやすくなり、アウリカリフォルミスなどには、そのような心配はなく、マンギウムに固有な問題のようである。心腐れは、風雨で傷ついた部分より腐朽菌が進入し、心材部が空洞化する現象であり、5年程度の早期の伐採であれば、被害は少ないとも報告されている(小島 2001)。著者らは、マンギウム(マレーシア産)の心腐れのある心材と心腐れの影響の無い辺材とを、同一条件でクラフト蒸解(液比6、蒸解温度165℃、有効アルカリ24％、硫化度25％)を行なったことがある。結果としては、心腐れを含む心材は、辺材に比べてカッパー価は高め(20.9 vs 19.2)であり、蒸解性はやや劣り、収率も3％程度低い(48.9％ vs 51.9％)が、粘度は逆に高く(42.7 cp vs 28.9 cp)、繊維長はほぼ同じ(0.75 mm vs 0.78 mm)であった。この結果からすると、心腐れの影響があるように見えるが、国内L材でも心材と辺材でも、蒸解性や収率に前記並みの差が見られるので、マンギウムでの心材と辺材との差が心腐れによる影響だけとは断定しにくい。したがって、マンギウムでは心腐れの影響はあるが、5年程度で伐採すれば、それほど心配することもないようだ。

一方、樹齢のパルプ化と漂白性の影響につては、薛らが(薛ほか 2001)、植林されたマンギウム(3、6、9年生)、クラシカルパ(6、9年生)およびアウリカリフォルミス(6、9年生)を用いて材特性(灰分、抽出成分、ペントース、クラーソンリグニン、ホロセルロース、炭水化物のそれぞれの含有量)、KPおよびKP-AQ(アンスラキノン)による蒸解性と、それらを$\widetilde{C}$-E-Hの三段漂白での

表 5-8　アカシアの蒸解性の比較

樹　　種	樹齢(年)	収率(%)	カッパー価(Kappa)	粘度(mℓ/g)	収率/カッパー価	粘度/カッパー価
マンギウム A. mangium	3 6 9	49.98 50.31 50.12	19.39 19.54 19.78	978 1,105 993	2.57 2.57 2.53	50.44 56.55 50.20
クラシカルパ A. crassicarpa	6 9	49.64 48.93	19.87 20.44	985 923	2.51 2.39	49.57 45.16
アウリカリフォルミス A. auriculiformis	6 9	50.35 49.74	19.68 20.24	1.115 1,035	2.56 2.46	56.14 51.14
イタリアンポプラ Italian poplar**	6	53.92	22.21	−	2.44	−

*有効アルカリ濃度 15％(as Na_2O vs o. d. chips)；溶液−木材の比 1：4
　硫化度：25％；最高温度：170℃；加熱時間：50 min.
**有効アルカリ濃度 18％(as Na_2O vs o. d. chips)；溶液−木材の比 1：4
　硫化度：25％；最高温度：165℃；加熱時間：90 min.
(薛国新ほか 2001: 94)より作成。

表 5-9　アカシアの漂白性の比較

樹　　種	樹齢(年)	白色度(%ISO)			PC 価	粘度(mℓ/g)	
		Before	After	Aging		Before	After
マンギウム A. mangium	6 9	32.6 33.4	76.0 75.4	68.3 68.0	3.57 3.52	1,105 993	772 654
クラシカルパ A. crassicarpa	6 9	32.4 31.8	75.5 74.8	67.9 67.4	3.61 3.64	985 923	670 623
アウリカリフォルミス A. auriculiformis	6 9	33.3 33.0	76.1 75.9	68.8 68.5	3.28 3.41	1,115 1,035	756 684

(薛国新ほか 2001: 94)より作成。

漂白性、および晒パルプの白色度と白色度安定性(PC価で評価)を検討している。表 5-8 に示すように、蒸解性は、3種類ともほぼ同じで、蒸解性の良いイタリアンポプラに比べても見劣りせず、パルプ材としては良い材であり、樹齢では6年生が9年生より良い結果であった。粘度/カッパー価で評価する蒸解段での選択性については、クラシカルパは他の二材種よりも、同一樹齢で劣っている。また、漂白性については 表 5-9 に示すように、最適化されていないと言う三段漂白でも、3材種ともに白色度は75％をほぼ越えるので、漂白性に問題はないが、マンギウムとアウリカリフォルミスは同等であり、クラシカル

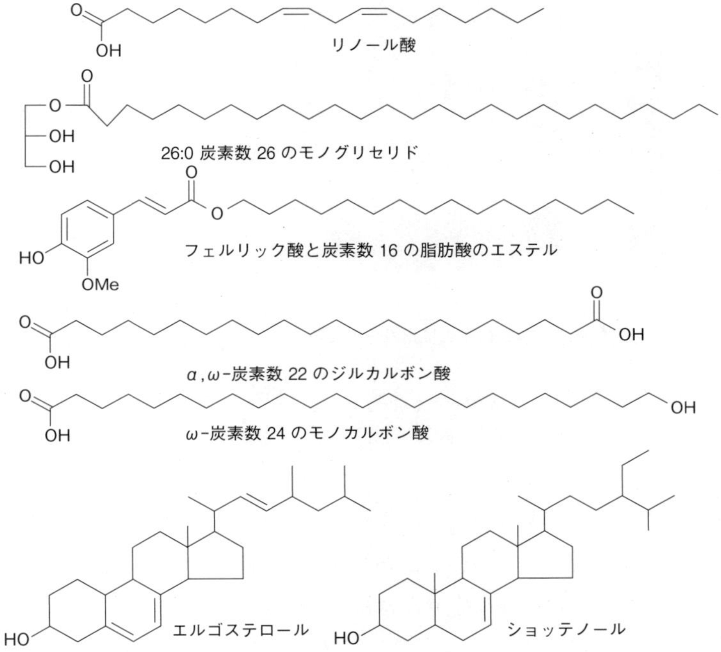

5.4. アカシア

リノール酸

26:0 炭素数 26 のモノグリセリド

フェルリック酸と炭素数 16 の脂肪酸のエステル

α, ω-炭素数 22 のジルカルボン酸

ω-炭素数 24 のモノカルボン酸

エルゴステロール　　ショッテノール

図 5-16　アカシアの抽出成分 (Pietarinen *et al.* 2004: 146)

パよりも優れている。樹齢については、どのアカシアも 6 年生が 9 年生よりも白色度が高めである。BKP の品質については不明であるが、漂白後のパルプ粘度から推定すると、マンギウムとアウリカリフォルミスとは同等で、クラシカルパはやや劣り、どのアカシアも 6 年生が 9 年生よりも高めである。以上のことから、どのアカシアも 6 年で伐採した方が良く、とりわけマンギウムとアウリカリフォルミスが良いことになる。

5.4.4. 抽出成分の影響

アカシアの抽出成分は、**図 5-16** (Pietarinen *et al.* 2004) に示すように、脂肪酸と脂肪族アルコールとステロールが主な成分である。これらはヘキサンで抽出され、マンギウムでは 1% 以上になるが、クラシカルパでは 0.1 ～ 0.2% 程度

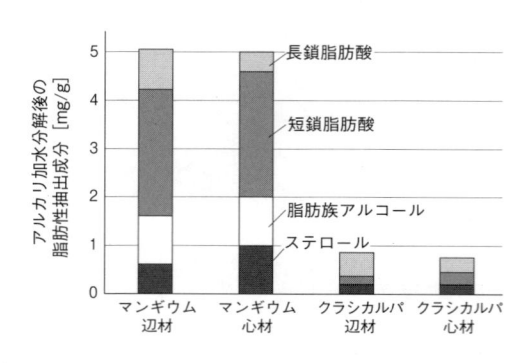

図 5-17 アカシア（2種類）中の抽出成分の比較

(縦軸: アルカリ加水分解後の脂肪性抽出成分 [mg/g])
(凡例: 長鎖脂肪酸、短鎖脂肪酸、脂肪族アルコール、ステロール)
(横軸: マンギウム辺材、マンギウム心材、クラシカルパ辺材、クラシカルパ心材)

と樹種によって違いがあり、ユーカリとは異なって心材でも辺材でもほぼ同じレベルである。飽和脂肪酸と脂肪族アルコールは、マンギウムでは炭素数が 22〜28 の長鎖であり、クラシカルパでは 16〜20 の短鎖である（**図 5-17** 参照）。

脂肪酸のエステルやワックスは蒸解中に加水分解されるが、分解された飽和の長鎖脂肪酸と脂肪族アルコールは、蒸解液の中に溶解あるいは分散し、パルプに吸着しやすくなるので、パルプをただ洗浄するだけでは、分離除去することは困難である。前述したように、Neto らは、アカシアマンギウムのパルプは、グロブラス（ブラジル）などのユーカリに比べて、繊維表面が約 5 倍の抽出成分で覆われており、その抽出成分では脂肪酸が主要な成分と報告している。

実際、ラボで、マンギウムも含めて 2 種類のアカシアとユーカリを用いてカッパー価を 20 前後になるように蒸解し、それをカッパー価が約半分になるまで酸素漂白し、さらに白色度 85％程度になるように漂白して作製した BKP について、LC-CAD（液体クロマトグラフィー荷電化粒子検出器）で定量分析した。その結果、ユーカリと比べてアカシアの BKP に含まれる脂肪族アルコールおよび脂肪酸は圧倒的に多く、ワックス全体として比較すると、マンギウムでは 5,852 μg/g、もう一つのアカシアは 2,507 μg/g とユーカリの 207 μg/g に比べて 12 倍から 28 倍も多くなっていた。また、同じアカシアといえども、マンギウムは脂肪酸や脂肪族アルコールが多いことも判った。

マンギウムの脂肪酸や脂肪族アルコールは、炭素数が多く長鎖であるために疎水性であり、パルプに付着すると、その除去には特殊な方法が必要である。例えば、Pietarinen らは、長時間、高温で洗浄することが、マンギウムからの抽出成分の除去には有効と述べている。さらに、クラシカルパの脂肪酸は短鎖であり疎水性は低めであり、そのため蒸解後のパルプの普通の洗浄で、抽出物

表5-10 植林木ユーカリ、アカシア中の金属含有量(岩崎 未発表)

	灰分 (%)	Al (ppm)	Ca (ppm)	Fe (ppm)	Mg (ppm)	K (ppm)	P (ppm)
植林アカシア	0.51	44	994	50.0	196	510	66
植林ユーカリ	0.50	17.5	719	28.8	193	679	157
ユーカリ天然木	0.26	19	251	25.0	95	306	54

の除去は容易であり、そのためピッチトラブルはあまり深刻にはならないとも報告している。

5.4.5. 品質向上の技術的な課題
5.4.5.1. パルプ化工程での課題(1)

　一般的に、アカシアは、前述したように蒸解段でアルカリ添加率をユーカリ以上に増やさないと所定のカッパー価にならない。しかしながら、セルロースの崩壊は少なく、パルプ収率は、ユーカリの中で収率の最も高いグロブラスとほぼ同等である。漂白に関しては、ユーカリよりも悪いが、材はユーカリよりも安価であり、わが国の製紙メーカーにとっては、必要な材と言える。

　ただ、アカシアのみならず、ユーカリでも植林木は、成長促進のために多くの肥料が与えられて育っているので、木材チップに含まれるリンやカリウムの量が多いはずである。そこで早生樹の植林木に含まれる無機分の量を調べてみた。その結果は、**表5-10**に示すように、ユーカリの天然木(1種類のみ)に比べて、植林木のアカシア(メランシ、アウリカリフォルミス、ハイブリッド、マンギウム12種類の平均値で表現)は、灰分が2倍、カリウムが1.5倍、リンは若干多い程度であるが、カルシウムが非常に多い点に特徴がある。一方、植林木のユーカリ(カマルドレンシス、ユーロフィラ、グロブラス、グランディス、ナイテンスの20種類の平均値で表現)では、灰分が約2倍、カリウムは約2倍、リンも3倍多く含まれている。またカルシウムも約3倍近くも多い。

　今後、早生樹の植林木が増加した場合には、これらのカリウムやリンなどの無機物は蒸解中に溶け出し、蒸解後の黒液に蓄積するはずである。リンは黒液に含まれるカルシウムと結合すると、溶解度の低いリン酸カルシウムとなり、黒液の濃縮に用いられるエバポレーターなどで付着し、スケールのもとにな

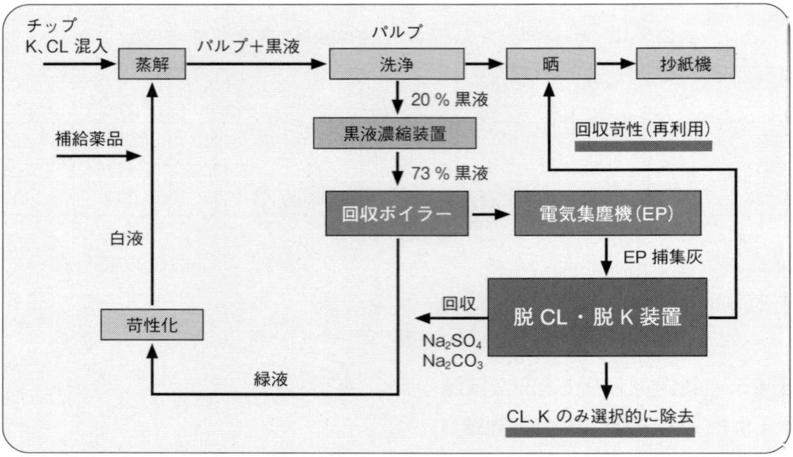
チップ
K、CL 混入
蒸解
パルプ＋黒液
パルプ
洗浄
晒
抄紙機
20 % 黒液
黒液濃縮装置
73 % 黒液
補給薬品
回収苛性(再利用)
回収ボイラー
電気集塵機(EP)
白液
EP 捕集灰
回収
脱 CL・脱 K 装置
苛性化
Na2SO4
Na2CO3
緑液
CL、K のみ選択的に除去

図 5-18 カリウムの除去法(日本錬水 HP より)

る。また、カリウムは黒液が回収ボイラーで燃焼する際に、カリウム塩のダストとなるが、カリウムが増えると融点が下がるので、回収ボイラーに設置されているスパーヒータなどの熱交換器に付着しやすくなり、スーツブロなどのような煤塵除去では除去できない付着物になる。この付着物があると、熱交換での効率が低下するばかりではなく、熱交換器の腐食の原因になり、さらには、燃焼ガス通路がダストによって閉塞する恐れもある。したがって、クラフトパルプ薬液回収工程では、カリウムの除去は重要である。日本練水(株)は北越紀州製紙(株)と共同で、黒液中のカリウムおよび塩素を**図 5-18** に示すような「イオン交換樹脂法」(日本錬水(株)HP)によって除去する装置を共同開発し、パルプ工場に設置し、効果を上げている。

5.4.5.2. パルプ化工程での課題(2)

ユーカリには樹種が多く、低容積重のデグルプタ(カメレレ)(*E. deglupta*)の約 300 kg/m^3 から高容積重のミニアータ(*E. miniata*)の約 970 kg/m^3 まで幅広い分布となっている(大江 1974)。わが国で現在使用しているユーカリでは、500 kg/m^3 前後のものであり、アカシアはそれよりも低く 450 kg/m^3 前後のものが多い。国内材は 550 から 600 kg/m^3 のものが多いので、国内材を基準にして操業してきた連続釜、特に釜の中で液が上昇するアップフローの部分を持つ

釜では、チップの降下が悪化し、操業が不安定になりやすい。鈴見は（鈴見 2006）、実機に使用する早生樹の植林木の比率が 図5-19 のように大きく増加すると、釜に入るチップの容積重は 図5-20 のように、$535\,\mathrm{kg/m^3}$ から $510\,\mathrm{kg/m^3}$ 近くまで低下する。そのため、アップフローを基本とするITC蒸解（蒸解釜中が、ほぼ同じ温度で蒸解することを特徴）では、液の流れがうまく機能せず、時として蒸解が不十分になりノット粕が増加するため、生産量を加減することがあると述べている。特に、$510\,\mathrm{kg/m^3}$ 以下まで低下してくると、操業方法を変えて対処しなければならなくなる。対策としては、低温でゆっくり蒸解を行なったり、樹種配合を工夫して、なるべく変動が少ないような生産計画を立てて、対応している。早生樹の

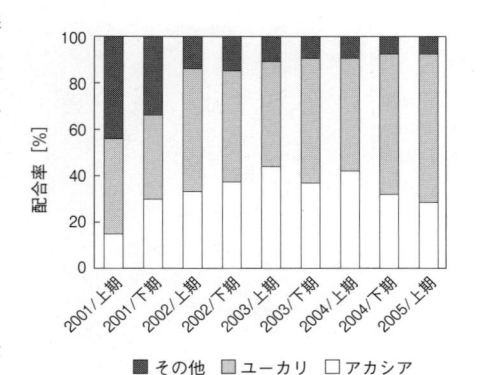

図 5-19　材種の配合推移（鈴見 2006）

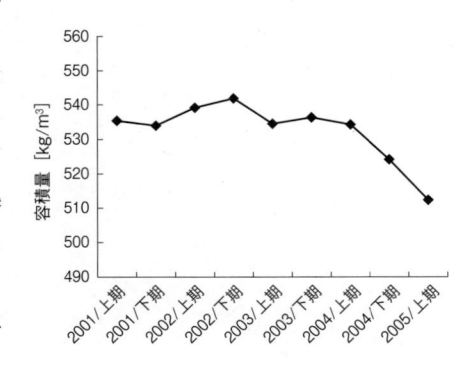

図 5-20　チップ容積重の推移（鈴見 2006）

植林木は、前述したように、カルシウム分が多く、これらが抽出成分と一緒になって凝集し、釜の中で液の循環に重要なストレーナなどにこびりつき易く、そのためストレーナ詰まりが発生するなど、釜の操業が不安定になった場合に特に問題となる。これらの現象は、ITC蒸解を有する工場ばかりでなく、わが国の多くのパルプ工場で直面している問題であり、容積重の低いアカシアが増えてから、ますます顕著になってきている。

5.4.5.3. 品質上の課題（抽出成分のブリーディング）

前述したように、アカシアには長鎖の飽和脂肪酸や脂肪族アルコールが多く、それらは蒸解、洗浄、漂白工程を経たBKPにしっかりと残っており、特

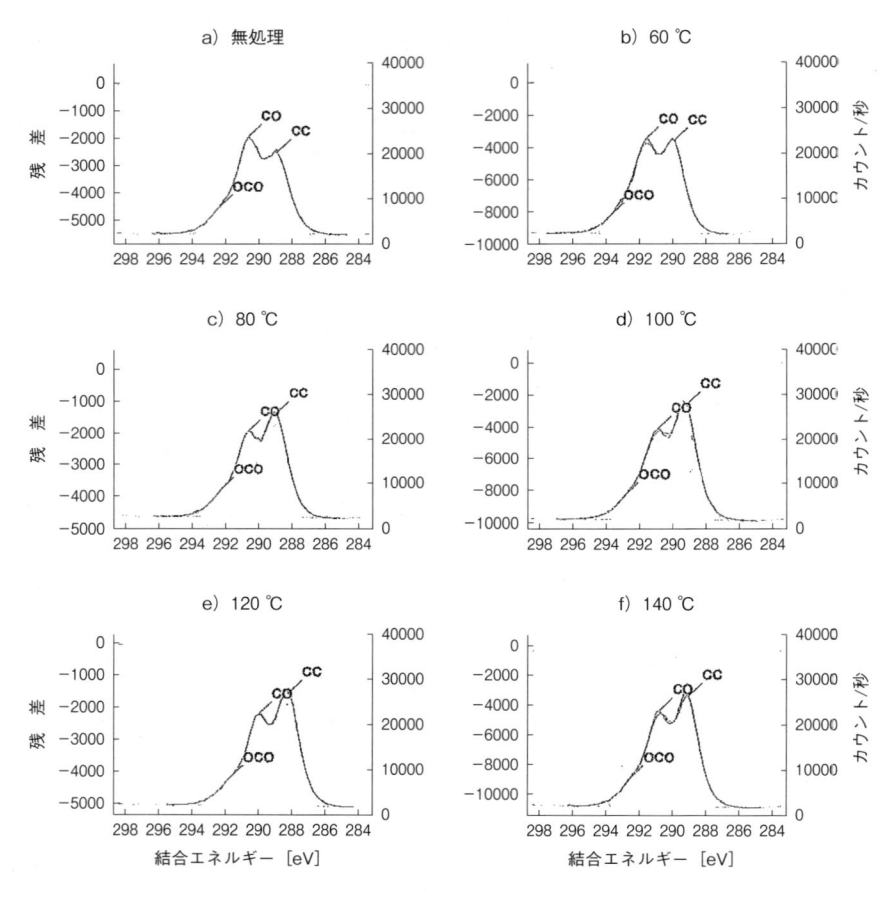

図 5-21　加熱処理シートのXPS C1ピーク強度（東ほか 2008: 82）

にマンギウムは前述したように、他のユーカリBKPや他のアカシアBKPよりも多く残っている。これらの樹脂成分は、比較的低温で溶けるので、アカシアマンギウムBKPから作られた紙が、抄紙の乾燥工程や、製品になった後の印刷で、温度が融点以上になると、紙表面に滲み出す現象（ブリード）が起こる。

東らは（東ほか 2008）は、アカシアのUKP（未晒KP Unbleached Kraft Pulp）を用いて手抄きシートを作成し、シートを60℃から、20℃間隔で140℃まで上げて、各温度で1時間加熱処理したシート表面の成分を、XPS（X線光電子分

5.4. アカシア

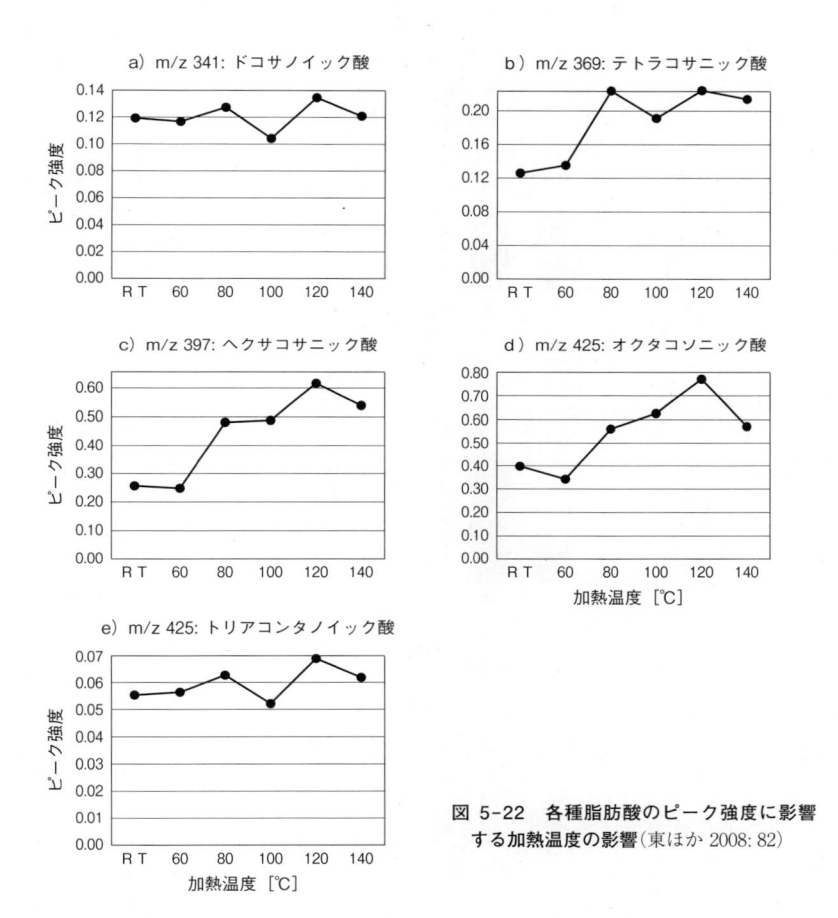

a) m/z 341: ドコサノイック酸

b) m/z 369: テトラコサニック酸

c) m/z 397: ヘクサコサニック酸

d) m/z 425: オクタコソニック酸

e) m/z 425: トリアコンタノイック酸

図 5-22　各種脂肪酸のピーク強度に影響する加熱温度の影響(東ほか 2008: 82)

光 X-ray photoelectron spectroscopy)とTOF-SIMS(飛行時間二次イオン質量分析計 Time-of-Flight Secondary ion Mass Spectrometer)を用いて分析した。

図5-21に示すように、XPSではC–O結合(セルロースなどの炭水化物の結合)とC–C結合(脂肪酸などの炭化水素の結合)のピーク強度が大きいので、これに着目すると、常温で無処理の場合は、C–O結合ピーク面積の方が大きく、60℃でも変わらなかったが、80℃以上に加熱すると、C–O結合ピーク面積よりもC–C結合ピーク面積が大きくなり、それ以上の温度でも、この傾向は同じであった。これらの結果から、東らは、環境温度が80℃以上になるとパル

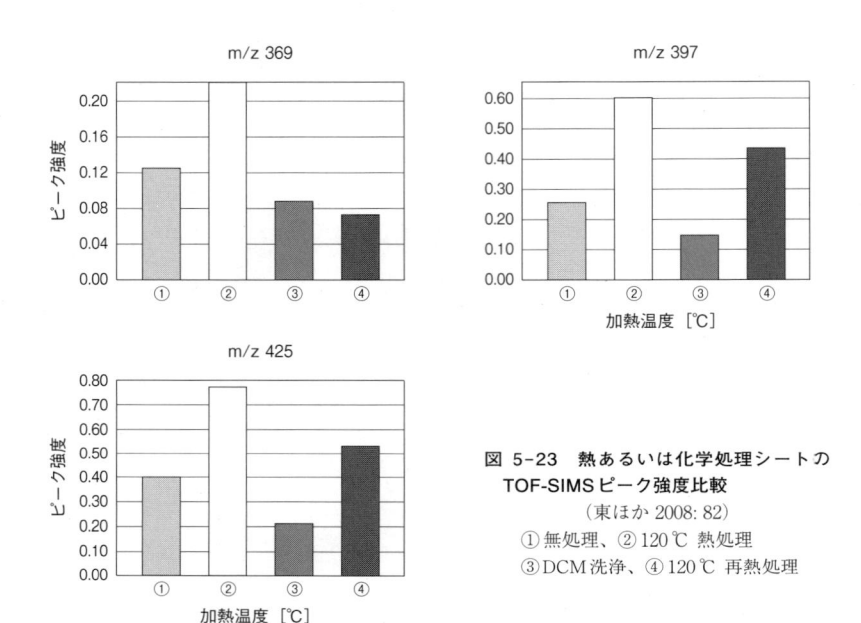

図 5-23 熱あるいは化学処理シートの
TOF-SIMSピーク強度比較
(東ほか 2008: 82)
①無処理、②120℃ 熱処理
③DCM洗浄、④120℃ 再熱処理

プ中のC–C結合を多く含む成分が、C–O結合を有するパルプ繊維表面へ滲み出すブリード現象が起きていると結論づけた。さらに、これがどんな化合物であるかを知るために、表面分析装置で化合物の質量の情報が得られるTOF-SIMSを用いて、さらに分析を進め、そのピーク強度の変化を調べた。その結果、高級脂肪酸由来の3つのピーク強度が、環境温度80℃以上になると、**図5-22**のように大きく増加することが判明した。これらは炭素数が23の長鎖を持つテトラコサニック酸($C_{24}H_{48}O_2$)、炭素数25の長鎖を持つヘキサコソニック酸($C_{26}H_{52}O_2$)および炭素数27の長鎖を持つオクタコソニック酸($C_{28}H_{56}O_2$)の3成分であることもわかった。さらに、彼らは、この対策として120℃で1時間加熱処理したパルプシートをジクロロメタン(以下DCM)で表面を洗浄した。その結果、**図5-23**に示すように、これらの脂肪酸のピークは大きく減少し効果があることが判った。ただ、そのようにして処理したシートを120℃に再加熱処理すると、再び、これらのピーク強度は増加した。すなわち、表面のブリード成分は除去できても、繊維内部にある脂肪酸は除去できず、これらが再加熱によって再び、表面にブリードしてくることを明らかにした。したがっ

て、シートになる前の蒸解段あるいは洗浄段で、黒液に溶け出した脂肪酸を、できるだけパルプに付着しないようにする対策が必要となる。アカシアには脂肪酸以外にも、トリグリセリドやステリルエステルもあるので、これらはアルカリを用いる蒸解によって、脂肪酸に加水分解されるので、蒸解後には、脂肪酸の量が増加している。したがって、蒸解段で除去することが重要であり、蒸解後のブロー温度を上げてブローする、あるいは洗浄時間を長く、かつ高温で行うなどが有効になるものと考えられる。

ただ、インドネシアTEL社Musi工場は、植林木マンギウム100％でパルプを年間45万トン生産しているが、チップ化後に4週間もの十分なシーズニングをすることにより、操業から数年経てもピッチトラブルの発生はないと言う（野口ほか 2003）。このようにチップを十分に前処理しておけば、ピッチも問題も、ブリーディングによる問題も、それほど懸念することがないのかもしれない。

5.5. エネルギー効率の改善や環境配慮など

5.5.1. 林地残材の有効利用

ユーカリやマンギウムを伐採すると、幹以外の部分（葉、枝、樹皮）はチップとして利用できないので、林地残材として植林地に残される。この量は結構な量になる。この一部は、肥料の代わりにもなるかもしれないが、かなりの部分は腐って、折角固定した二酸化炭素を逃がしてしまうことになる。

この林地残材を集めて、バイオエタノールに変換する研究（NEDOプロジェクト「バイオマスエネルギー先導技術研究開発」）が、08年度から始まり、09年度には終了したが、ユーカリグロブラスの樹皮は、木化した師部繊維とセルロースリッチな師部柔細胞から成り、師部繊維のセルロースも国内産のスギと比べてはるかに糖化しやすいことなどがわかり、化学的にも物理的にも極めて解繊容易な素材と思われる。この研究をベースにすると、30万haの製紙用植林地から40万kℓのエタノールの生産が見込めることになり、幹からのチップばかりではなく、一本の木、枝や芽も含めて丸ごと利用しようとする動きが始まったと言えよう。

5.5.2. 環境への影響

前掲の**表5-4**にあるように、わが国の製紙メーカーは、海外でチップ材の確保のために、09年末までに33万haの植林地を有し、将来は51万haまで広げる計画を持っている。さらに海外でのパルプ生産のためのチップを確保するために、38万haの土地で植林を行っており、その合計植林面積は70万haにも及ぶ。このことは、製紙原料の安定供給ばかりではなく、植林事業は多くの雇用を生み出し、苗作りから草刈など作業が一年中そして多岐にわたっており、地域に根ざした雇用の創出へとつながっており、その人数は年間数万人になると言う。また、これだけの植林地は、二酸化炭素を固定して温暖化の防止に貢献していることも確かであり、今は植林ブームとも言える状況である。しかしながら、わが国で戦後に行なった杉の人工林のように、間伐が進まず管理がおろそかになると、杉の花粉症の問題を引き起こし、森林自体が我々を取り巻く環境を悪化させる原因となるとの指摘もある。ただ、製紙メーカーにとって、原料の確保は最重要な項目であり、巨額の投資をした植林の管理をおざなりにすることはない。ただ、単一樹種での早生樹の植林が環境に与える影響(例えば、生物多様性など)については、植林の歴史がまだ一世紀も続いていない状況では、明確な結論は出せないものと思われる。一つ明らかなことは、今までの植林地は、牧場の跡地など比較的植林に適した土地での利用であったが、これからは、そのような土地の入手が困難であり、半砂漠のような雨量が少ない場所、傾斜地あるいは塩濃度の高い荒廃地など植林に適さない土地での植林が増えてくることは確実である。それらの土地で植林することは、少なくとも土地の有効活用や空気中の炭酸ガスの固定には貢献するはずである。

〈文　献〉

飯田一郎 (1972)「ユーカリを原料とするBKPについて」、紙パ技協紙、**26**(6)、13-19頁。

伊藤一弥 (2010)「早生樹資源開発の経過とバイオテクノロジー」、百万塔、136号、3-26頁。

内田洋介 (2006)「植林木チップの性状とパルプ特性の関係について」、紙パ技協紙、**60**(7)、80-83頁。

大江礼三郎 (1974)「ユーカリ材の利用とパルプ特性について」、紙パ技術タイムス、6月号、10-17頁。

文　献

大江礼三郎（1969）「ユーカリ材のパルプ化」、紙パ技術タイムス、**12**(11)、29-32頁。

大江礼三郎（1994）「造林ユーカリ材のパルプ適性」、紙パ技協紙、**48**(2)、18-27頁。

小名俊博、園田哲也、伊藤一弥、柴田　勝、玉井　裕、小島康夫（1995a）「ユーカリの材質育種における選抜指標抽出に関する研究（第6報）」、紙パ技協誌、**49**(9)、69-78頁。

小名俊博、園田哲也、伊藤一弥、柴田　勝、玉井　裕、小島康夫（1995b）「ユーカリの材質育種における選抜指標抽出に関する研究（第7報）」、紙パ技協誌、**49**(10)、147-156頁。

（社）海外産業植林センターHP（2009）「日本企業の海外産業植林プロジェクト一覧(2009年末)」、http://www.jopp.or.jp/research_project/project.html（2011年5月20日アクセス）。

亀井基和、大江礼三郎（1979）「ユーカリ材の抽出成分量とクラフトパルプ化」、紙パ技協紙、**33**(9)、51-56頁。

小島鋭士（2001）「植林技術の現状と将来」、紙パ技協紙、**55**(7)、19-33頁。

鈴見竜一（2006）「外材オール植林木への対応」、紙パ技協紙、**60**(7)、68-71頁。

薛　国新、鄭　建文、松本雄二、飯塚堯介（2001）「プランテーション早生樹アカシアのパルプ化と漂白（第1報）」、紙パ技協紙、**55**(3)、94-100頁。

友田生織、内田洋介、Deded Sarip Nawawi、横山朝哉、松本雄二, Wasrin Shafii（2009）「木材のリグニン性状と蒸解性について」、第76回紙パルプ研究発表会予稿集、22-31頁。

西村弘行（1987）『未来の生物資源ユーカリ』、内田老鶴圃、252-257頁。

日本製紙連合会HP（2008）http://www.jpa.gr.jp/states/pulpwood/index.html（2011年5月20日アクセス）。

日本錬水(株)HP　http://www.rensui.co.jp/product/kn/kn10/kn10-1.html（2011年5月20日アクセス）。

NEDOプロジェクト（2008）「バイオマスエネルギー先導技術研究開発パンフレット」。

野口和義、藤田訓司（2003）「バリトープロジェクトの操業系経験とアカシア・マンギュムのパルプ製造」、紙パ技協紙、**57**(1)、103-110頁。

東　洋渡、中村桐子、尾松正元（2008）「TOF-SIMSによるパルプ樹脂成分の紙表面へのブリード現象分析」、紙パ技協紙、**62**(2)、82-86頁。

Balodis, V. and Clark, B. (1998) Tropical acacia—the new pulpwood. *Appita*, **51**(5), 179-181.

Clark, N. B., Logan, A. F., Phillips, F. H. and Hands, K. D. (1989) The effect of age on pulpwood quality. *Appita*, **42**(1), 25-32.

Hillis, W. E. (1962) *Wood extractives*. Academic Press.

Hillis, W. E. (1975) The quality of eucalypt woods and the effects of extractives. 紙パ技術協会主催 1 月 24 日講演会要旨

Jonathan, R. (2002) The case of acacia. *PPI*, May, 38–39.

Kawamura, A., Igarashi, H., Uchida, Y., Yaegashi, I. and Iwasaki, M (2003) Relationship between cooking/bleaching conditions and hexenuronic acid content in kraft pulp. *2003 Tappi Fall Technical Conf., Chicago session*, 43-2.

Miranda, I., Cominho, J., Lourenco, A. and Perira, H. (2007) Heartwood, extractives and pulp yield of three *Eucalyptus globulus* clones grown in two sites. *Appita J.*, **60**(6), 485–488.

Neto, C. P., Silverstre, A. J. D., Evtuguin, D. V., Freire, C. S. R., Pinto, C. P. and Santian, A. S. (2004) Bulk and surface composition of ECF bleached hardwood kraft pulp fiber. *Nordic Pulp & Paper Res. J.*, **19**(4), 513–520.

Ohshima, J., Yokota, S., Yoshizawa, N. and Ona, T. (2003) Within-tree variation of detailed fibre morphology and the position representing the whole-tree value in *Eucalyptus camaldulensis* and *E. globulus*. *Appita J.*, **56**(6), 476–482.

Pietarinen, S., Willfor, S. and Holmbom, B. (2004) Wood resin in *Acacia mangium* and *Acacia crassicarpa* wood and knots. *Appita J.*, **57**(2), 146–150.

Pinto, P. C., Evtuguin, D, V. and Neto, C. P. (2005) Chemical composition and structural features of the macromolecular components of plantation *Acacia mangium* wood. *J. Agric Food Chem.*, **53**, 7856–7862.

Pisuttipiched, S., Retulainen, E., Malinen, R., Kolehmainen, H., Ruhanen, M. and Siripattanadilok, S. (2003) Effect of harvesting age on the quality of *Eucalyptus camaldulensis* bleached kraft pulp. *Appita J.*, **56**(5), 385–390.

Rencoret, J., Gutierrez, A. and del Rio, J. C. (2007) Lipid and lignin composition of woods from different eucalypt species. *Holzforschung*, **61**, 165–174.

Vuorinen, T., Buchert, J., Telman, A., Tenkanen, M. and Fargerstrom, P. (1996) Selective hydrolysis of hexenuronic acid groups and its application in ECF and TCF bleaching of kraft pulps. *Proceedings of 1996 Int. Pulp Bleaching Conf.*, 43–51.

Wallis, A. F. A., Wearne, R. H. and Wright, P. J. (1966a) Chemical analysis of polysaccharides in plantation eucalypt woods and pulps. *Appita*, **49**(4), 258–262.

Wallis, A. F. A., Wearne, R. H. and Wright, P. J. (1966b) Analytical characteristics of plantation eucalypt woods relating to kraft pulp yields. *Appita*, **49**(6), 427–432.

〔岩崎　誠〕

第6章　エネルギー利用

6.1. バイオマス発電

　バイオマスは再生可能エネルギーの中で唯一の有機資源で、その中で木質バイオマスは食料と競合せず、安定生産が可能な資源である。地球温暖化抑制、持続可能な社会への実現にむけて、木質バイオマスをエネルギー源としていかに有効活用するかが、技術的、社会的にも強く求められている。バイオマス発電はエネルギー変換法の一つであり、2000年代以降、施設数を急速に伸ばしている。利用形態は工場での自家利用、バイオマス専焼発電所での売電、小規模バイオマス発電による地域利用など多岐にわたり、規模も大小様々である。その一方でバイオマス発電施設の急速な増加を受け、マテリアル利用側と原料の取り合いが始まっている。
　本項目では、バイオマス発電の背景・原理、バイオマス燃料に求められる品質、利用事例を述べる。

6.1.1. バイオマス発電の背景

　木質バイオマスをエネルギー利用する上での特徴に「カーボン・ニュートラル」な点がある。樹木は光合成により大気中の二酸化炭素を吸収して成長するため、樹木(木質バイオマス)を燃焼させて二酸化炭素を発生しても、大気中の二酸化炭素濃度に影響を与えないとする考え方である。一方、石油、石炭、天然ガスなどの化石資源は古代の動植物を根源とするが、これはカーボン・ニュートラルには該当しない。世界のエネルギー消費は2005年現在、石油換算年約100億トンに達するが、そのうち9割を化石資源が占めている(日本エネルギー経済研究所　2008)。化石資源を多用した結果、二酸化炭素濃度が増加し、地球温暖化の要因となっている。そこで、カーボン・ニュートラルな資源

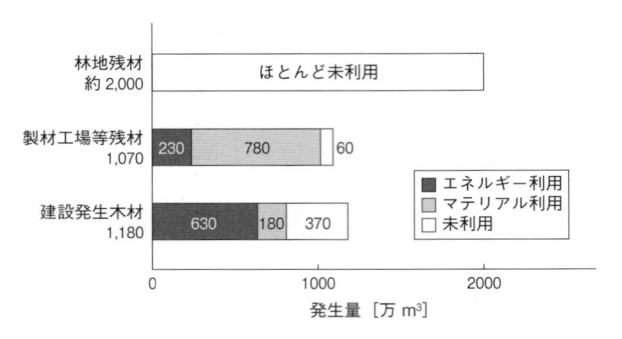

図6-1　木質バイオマスの発生量と利用の状況(林野庁 2010)

としてバイオマスが注目されている。中でも木質バイオマスは、その供給元である森林が国土面積の3分の2を占めること、食料と競合せず安定生産が可能なことなどから重要視されている。

　バイオマスのエネルギー利用の主な形態には熱利用、電力利用、バイオ燃料利用(6.3項、6.4項参照)が挙げられる。電力はIT機器やオール電化住宅をはじめ私たちの生活のすみずみまで行き渡り、わが国における総発電量は2006年現在で約1.2兆kWhに達する(日本エネルギー経済研究所 2008)。しかしその3分の2は化石資源が占め、バイオマスを含む新エネルギーは1％にすぎない。よって化石資源の消費を抑制する上でバイオマス発電が重要となってくる。木質バイオマス発電は火力発電方式で行われるため、化石燃料ベースで実用化されている技術を直接または仕様変更で利用できる利点がある(河本 2006)。

　バイオマス利用を推進する政策には2002年12月に「バイオマス・ニッポン総合戦略」が閣議決定されたほか、バイオマス発電に関しては新エネルギー利用等の促進に関する特別措置法(新エネ法)、RPS(Renewables Portfolio Standard)法、グリーン電力証書などが出されている。RPS法は「電気事業者による新エネルギーの利用に関する特別措置法」といい、電力会社に一定量以上の風力、太陽光、地熱、小水力、バイオマスなどの新エネルギー発電を義務づけるものである。また、太陽光発電に限定されてきた電力固定価格買い取り制度であるフィードインタリフ(Feed-in Tariff; FIT)制度が、2012年7月より

表6-1 スギ木部、スギ樹皮、石炭の元素分析値、灰分(吉田ほか 2006)

試料	元素分析値(wt%, 無水無灰基準)					灰分(wt%, 乾燥基準)
	C	H	N	S	O*	
スギ木部	50.6	6.0	0.1	0.0	43.3	0.4
スギ樹皮	51.2	5.6	0.5	0.0	42.8	2.0
石炭(Pittsburgh No. 8)	82.0	5.5	2.1	2.4	7.4	8.7

*差分値

バイオマスも含む再生可能エネルギー全てに適用された。木質バイオマスに対しては3つの調達区分が設定されている(経済産業省 2012)。

6.1.2. 木質バイオマスの資源量と品質
6.1.2.1. 木質バイオマスの種類・資源量

図6-1に木質バイオマスの発生量と利用の現況を示す(林野庁 2010)。木質バイオマスはその発生形態により林地残材、製材工場等残材、建設発生木材に大別される。林地残材は林業活動によって発生し、搬出されずに森林内に残される切り捨て間伐材、枝葉、端材等である。含水率が高く、収集運搬コストがかかることなどから殆ど未利用であるが、量的には非常に大きく今後活用が期待される。製材工場等残材は木材加工過程で発生する樹皮、端材、鋸屑、かんなくず等があり、利用率が高く9割以上が利用されている。建設発生木材は建築・土木工事で発生する解体材や廃土木資材からなり、3分の2がエネルギー、残りがボード原料、パルプ原料、堆肥・畜産敷料などのマテリアル向けに利用されている。建設発生木材は一般に、利用側が処理料金を受け取れる逆有償方式で取引されるため、処理料金は利用側にとって貴重な収入となっている。

6.1.2.2. 木質バイオマス燃料の特性
(1) 元素組成

表6-1にスギ木部、スギ樹皮、および化石資源である石炭の元素分析値、灰分分析値の一例を示す(吉田ほか 2006)。樹種によらず木質バイオマスの炭素、水素含量は重量比でそれぞれ約50%、6%を占める。窒素分、灰分は樹皮で高くなる。石炭は木材を根源とする化石資源であるが組成値は異なり、炭素含量のほか、窒素分、硫黄分、灰分が高くなる。

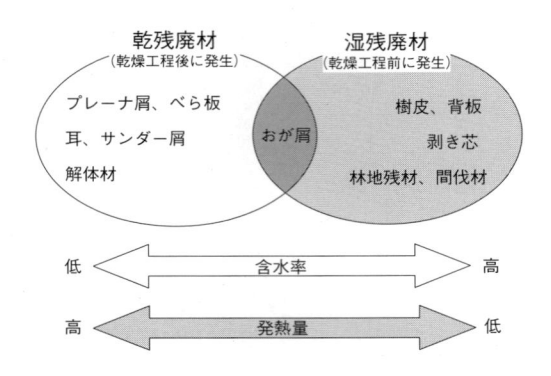

図6-2 木質バイオマスの種類と含水率との関係（吉田 2006）

(2) 含水率と発熱量

　石炭、廃棄物などの固体燃料の取り扱いでは、含水率は一般に乾燥前の重量基準である湿量基準％で表され、その定量方法はJIS M 8812、JIS Z 7302に定められている。そのためバイオマス発電の現場では含水率は湿量基準％、すなわち生材の重量基準で取り扱われることが多く、木材で一般的に用いられる絶乾基準％と異なるので注意が必要である。次式に湿量基準による含水率の計算方法を示す。

$$含水率(\%) = ((生材の質量 - 絶乾材の質量) / (生材の質量)) \times 100$$

　なお本項では特に記述のない限り、含水率は絶乾基準％で表す。
　伐倒直後の生材の含水率は高く、例えばスギの辺材部では200％を超えるものもある。図6-2に木質バイオマスの種類と含水率との関係を示す（吉田 2006）。含水率は種類や加工過程によって大きく異なる。製材工場から生じる樹皮や背板、合板工場で発生する樹皮、剥き芯などはほぼ未乾燥状態で含水率は生材に近い。林地残材の含水率もおおむね生材に近い。これに対し、プレーナ屑、サンダー屑、「耳」などとよばれる合板端材、乾燥材の修正加工で生じる薄板である「べら板」、は乾燥材の加工もしくは合板の仕上げ時に生じるので、含水率は乾燥材と同等で15％前後と低くなる。建設発生木材の含水率は乾燥材に近い値をとることが多い。

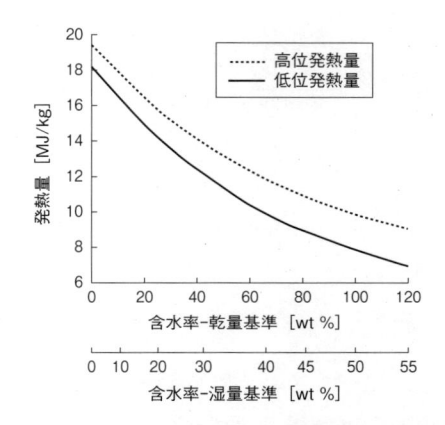

図 6-3 含水率と発熱量との関係（森林総合研究所 2004）

木質バイオマスのうち木部、樹皮の高位発熱量は絶乾状態で約 20 MJ/kg（約 5,000 kcal/kg）であるが、含水率の増加に伴い減少する。**図 6-3**に含水率と発熱量との相関を示す（森林総合研究所 2004）。一般にバイオマスの含水率が 150～200％を超えると水の蒸発エネルギーを取り出せなくなり自燃できなくなる（河本 2006）。

(3) 形　状

入手時の形状はさまざまであるため、通常は破砕機、粉砕機などによりチップや粉状にしてから使われる。ただし固定床タイプの燃焼炉は破砕を行わずに直接投入が可能であるが、無人での投入はできない。樹皮は繊維質でかさばりやすいため、取り扱いのトラブルとしてスクリューでの詰まりを起こしやすいほか、貯蔵サイロにてブリッジと呼ばれる、樹皮同士が物理的に結びついて全体が塊状になって動かなくなり、スクリューと樹皮の塊との間に隙間が生じて樹皮を送れなくなる現象がみられる。

(4) 灰、異物

灰分は燃焼、ガス化時の配管の目詰まり、腐食の原因となる。木質バイオマスの灰分は **表 6-1**に示すように低い値であるが、建設発生木材などではしばしば釘や土砂等の異物混入により、実際の灰分量が増加する。そのため事前に磁力選別等により除去することが望まれる。また木質バイオマスは石炭に比べ

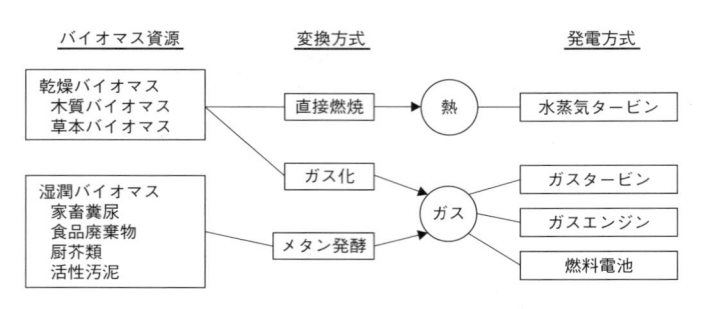

図 6-4 バイオマス発電システム

てナトリウム、カリウムなどのアルカリ金属が多いことから、灰が低温で溶融しやすく、燃焼時に灰が塊状になるクリンカーの形成に注意する必要がある。燃焼灰は産廃処理される場合が多いが、一部の施設では農地還元をすすめているところもある。またCCA（クロム銅ヒ素系木材保存剤 Chromated Copper Arsenate）処理木材などの化学処理木材は高濃度のクロム、銅などの重金属を含むため利用できず、焼却もしくは埋め立て処分される例が多い。

6.1.3. バイオマス発電方法

図 6-4 にバイオマス発電システムを示す（河本 2006）。バイオマスの種類、変換方式、発電設備の組み合わせにより種々のバイオマス発電システムが可能である。ここでは木質バイオマス発電に関する項目を述べる。

(1) 直接燃焼－蒸気タービン方式バイオマス発電

大部分はこの変換方式がとられている。燃焼器にて水を水蒸気に換え、水蒸気の熱エネルギーをタービンにて力学エネルギーに変え、発電機にて力学エネルギーを電気エネルギーに変換する。燃焼器形式には固定床炉、移動床炉、流動床炉などがあり、一般的に後者ほど大規模である。固定床炉や移動床炉は製材工場や合板工場のバイオマス発電施設に多く導入されている。

蒸気タービン発電には熱需要により背圧式、復水式、抽気復水式がある。製材工場や合板工場では木材乾燥等の熱需要も大きいことから、熱と電気の両方を供給できるコージェネレーション（CHP; Combined Heat and Power）をとるのが一般的である。大規模な利用では木質バイオマスのみを燃焼するバイオマ

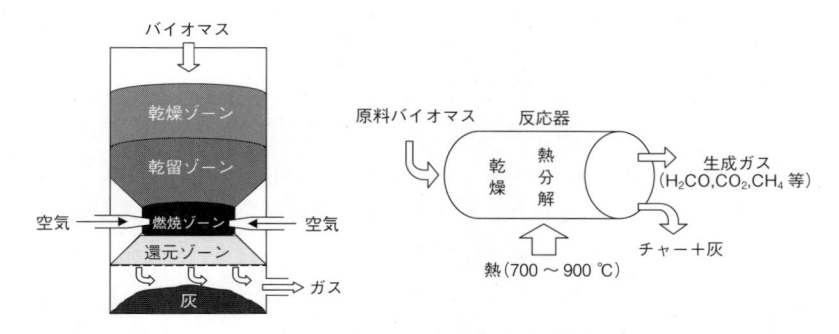

図 6-5　直接ガス化（ダウンドラフト式、左）と間接ガス化（右）の概念図（吉田 2006、2009）

ス専焼発電所のほか、既存の石炭火力発電所に木質バイオマスを混合し、燃焼する混焼発電の例がある（6.1.4 項参照）。

　直接燃焼－蒸気タービン方式のバイオマス発電は、化石燃料ベースの発電技術を流用できる一方、小規模では熱損失が大きく発電効率が著しく低くなる。そのため数百 kW 程度の発電効率は 10％にも満たなくなる。（松村 2003）

(2) 直接燃焼－スターリングエンジン方式バイオマス発電

　スターリングエンジンは外燃機関の一つで、シリンダー内に充填した空気、ヘリウムなどのガスを外部から加熱・冷却し、その温度差から仕事を得る外燃機関である。発明者の名前からその名称がつけられた。理論熱効率がカルノーサイクルと同効率と高いこと、小型化が可能なことなどの特徴がある。熱源を選ばないため木質バイオマスを燃料して利用する動きがあり、わが国では東京都あきる野市の公共浴場に製材端材を燃料に出力 35 kW のバイオマス発電設備が導入されている。技術的な課題として、規模の割に装置が大きい、気体シールが難しいなどが挙げられる。

(3) ガス化－ガスタービン・ガスエンジン方式バイオマス発電

　直接燃焼も燃焼後はガスになるので広義ではガス化とも言える。ここでいうガス化とは、可燃性ガスを製造することを指す。ガス化方式は直接ガス化と間接ガス化方式に大別される。**図 6-5** に直接および間接ガス化の概念図と特徴を示す。直接ガス化方式は燃料を部分燃焼させて行う方式で、この特徴として同一の反応機内で熱供給を含めたガス化が完結する点がある。このガス化炉に

は固定床、循環流動床、噴流床などがあり、固定床は小規模向きでアップドラフト、ダウンドラフト式がある。間接ガス化は外部から熱を加えて熱分解してガスを得る方法で、熱供給のための付帯装置を必要とするものの、比較的高カロリーのガスが得られる。このガス化炉にはロータリーキルン、農林バイオマス3号と呼ばれる浮遊外熱式ガス化（農林水産技術会議 2004））などがある。ガス化温度は方式によりさまざまで、後述するロータリーキルン式(6.1.4項参照)では700～850℃であるが、直接ガス化では1,500℃近くで行うものもある。バイオマス発電規模は25～2,500 kWで100 kW前後の施設が多い。導入数は実証中を含めて30程度あるが、約半数が欧州からの輸入もしくは技術導入である。この背景にはバイオマス利用が先行している欧州にて商用機の開発が活発であることが挙げられる（森塚 2006）。

　ガス化方式の発電はガスエンジンまたはガスタービン発電機を通じて行われる。5,000～10,000 kW程度の小規模ではガスエンジンが、10,000～30,000 kW以上の大規模ではガスタービンが用いられる。ガスタービン発電では排ガスを熱源に水蒸気タービン発電を組み合わせた複合発電が可能となり、高い発電効率が達成できる。将来的には生成ガスを用いた燃料電池発電と組み合わせることでいっそうの高効率発電が期待されている（河本 2006）。

　ガス化方式によるバイオマス発電の特徴の一つに、直接燃焼－蒸気タービン方式に比べ小規模で高効率なことが挙げられ、たとえば100 kWのプラントでの実証実験では22～23％の発電端効率を得たとの報告がある（藤波 2009）。また、直接燃焼方式のバイオマス発電と同様、排熱も利用できることから、地域での小規模コージェネレーションシステムを構築できると期待されている。一方、欠点として、生成ガスの発熱量が低いこと、ガスと同時に生成するタールの扱い、設備が複雑でメンテナンスコストが高いなどが挙げられる。生成ガスの高位発熱量は方式にもよるが直接ガス化で5～10 MJ/m^3程度であり、都市ガスの発熱量が約40 MJ/m^3であるのに比べて4分の1以下と低い。また、燃料の含水率は生成ガスの発熱量に影響するため、乾燥が不十分であると発熱量が変動し安定運転が難しくなる。安定化のためガスホルダーに一時貯蔵したり、補助燃料としてLPGやバイオディーゼル燃料を利用したりする例がある。タールはガス化時管の閉塞の原因となるほか、エンジンに到達すると燃料制御

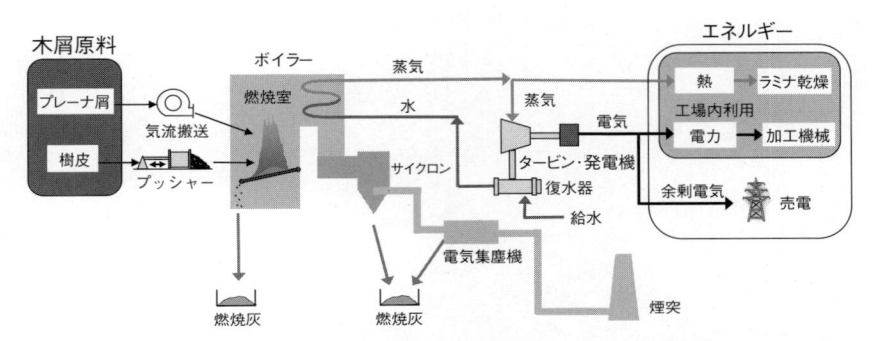

図 6-6 製材工場におけるコージェネレーションシステムの例（吉田ほか 2006）

弁の動作など損傷を引き起こしてしまう。そのため酸素添加によるタール燃焼、フィルター吸着等の対策がとられている。

6.1.4. 電力の利用形態

2002年に関係する法律（6.1.1項参照）が整備されて以来、木質バイオマス発電施設数は急速に増加している。林野庁の調査では2009年までに144基が導入されている（林野庁 2010）。電力の利用形態には自家消費と売電に区分される。自家消費は工場に設置した場合にみられ、一部施設では余剰電力を売電する例がある。売電は、余剰電力を売電する形態と専業として全量売電とする形態が存在する。

6.1.4.1. 工場での利用

特に製材工場、合板工場、ボード工場、製紙工場、セメント工場を中心に直接燃焼－蒸気タービン方式のバイオマス発電設備の導入が進んでいる。工場では電力だけでなく熱需要も大きいことから、コージェネレーションの形態をとることが一般的である。電力は自家消費されるほか、余剰分を売電することがある。図 6-6に岡山県の製材工場における例を示す（吉田ほか 2006）。加工で生じる樹皮、プレーナ屑を燃料に2,000 kWのバイオマス発電を行っている。夜間は工場内の電力需要が発電量を下回るため、余剰分を売電している。また茨城県の製材工場では売電のほか、余剰蒸気を近隣の工場に売却している。製材工場や合板工場におけるコージェネレーションシステムは、残材をエネ

図6-7 木質バイオマス発電所(山口県岩国市、撮影：吉田貴紘)

ギー源としてオンサイトで全量利用できるので、合理性、完結性が高い利用形態といえる。バイオマス発電の規模は製材工場、合板工場、ボード工場では一般に1,000 kW～5,000 kW級があるが、中には20,000 kW級の大型施設もある。製紙工場ではバイオマス発電の規模が10,000 kW以上の施設が多く、燃料として木質バイオマスだけでなく、古紙や廃プラスチックを固形燃料化したRPF（Retuse Paper & Plastic Fuel 廃棄物固形燃料）、廃タイヤ、石炭なども利用する場合が多い。

その他のバイオマス発電方式として、ガス化発電による製材工場への実証実験が山口県山口市にて175 kWの規模で、岐阜県高山市にて50 kWの規模で実施された（笹内 2006; 谷口ほか 2010）。

6.1.4.2. バイオマス専焼発電(木質バイオマス発電所)

バイオマス専焼発電は木質バイオマス発電所として、売電を主たる事業として行っている。バイオマス発電所は燃料に建設発生木材や未利用間伐材などを直接逆有償で受け取るか、廃棄物中間処理業者を通じて安価に購入するなどして、発電した電力を電力会社や特定電気事業者へ売電する。バイオマス発電方式は直接燃焼－蒸気タービンが多く、規模は600～33,000 kWと様々であるが最近は大規模化が進んでいる。**図6-7**に木質バイオマス発電所の外観を示す。この施設では発電出力10,000 kWの規模で、年間約9万tの木質バイオマス燃料を消費している。このほか、ガス化方式のバイオマス発電所の例として山形県と石川県にそれぞれ2,000 kW、2,500 kWの施設がある。

売電価格は一般に非公開であるが、RPS法、グリーン電力証書等の活用で付加価値化を図っている。しかし、バイオマス発電の効率は大規模な石炭火力発電に比べて一般に20～30％程度と低いため、発電コストは高くなる。その

ため逆有償で受け取れる処理料金が貴重な収入源となっている。しかし相次ぐ大規模バイオマス発電施設の増加により、地域によってはマテリアル利用側やバイオマス発電施設どうしで建設発生木材などの原料の取り合いが発生し、運転に支障の出ているところも存在する(日経産業新聞 2009)。そのため資源量の豊富な林地残材を活用する動きがある。(ファーストエスコ 2009)

6.1.4.3. 地域でのバイオマスコージェネレーション

ガス化バイオマス発電によるコージェネレーションにより、公共施設に電力、熱を供給する例が見られる。図6-8に山口県岩国市に導入されたロータリーキルン式のガス化コージェネレーションシステムを示す(笹内 2006)。約175kWのバイオマス発電を行い、電気と熱を近隣の老人保健施設等へ供給している。この方式のバイオマス発電は草を燃料とした同様のシステムが熊本県の公共温水プールに導入されている。また岩手県や埼玉県の自治体では約120kWのダウンドラフト型バイオマスガス化発電設備を導入し、宿泊施設、食品加工工場、温浴施設に電力と熱を供給している。こうした地域へのガス化コージェネレーションの導入は、未利用木質バイオマスの活用や雇用の創出など、地域活性化に貢献できると期待されている。

6.1.4.4. 石炭混焼方式バイオマス発電

石炭混焼によるバイオマス発電は、既設の石炭火力発電施設において、石炭燃料に重量または発熱量比3％前後の木質バイオマスを混合して燃焼し、蒸気タービンによりバイオマス発電を行う方法である。石炭火力発電はわが国の電力供給の4分の1近くを占め、2006年の統計では年間約8,200万tもの石炭が消費されている(日本エネルギー経済研究所 2008)。しかし石炭は単位発熱量当たりの二酸化炭素排出量が化石資源の中で最も大きいため、温暖化抑制の観点から木質バイオマスの混焼が注目されている。木質バイオマス燃料には建設発生木材のほか、林地残材の活用が図られている(住友林業フォーレストサービス 2010)。また、木質ペレット(6.2項参照)に加工してから搬入する方法もあり、加工コストはかかるが事前粉砕・乾燥工程を省ける利点がある。石炭混焼は一般に石炭と木質バイオマスを微粉化したのち、バーナー燃焼させる方式がとられている。出力が50,000～1,000,000kWと大規模で発電効率が40％前後と高い一方、年間数千～十数万t規模の大量の木質バイオマス燃料を必要と

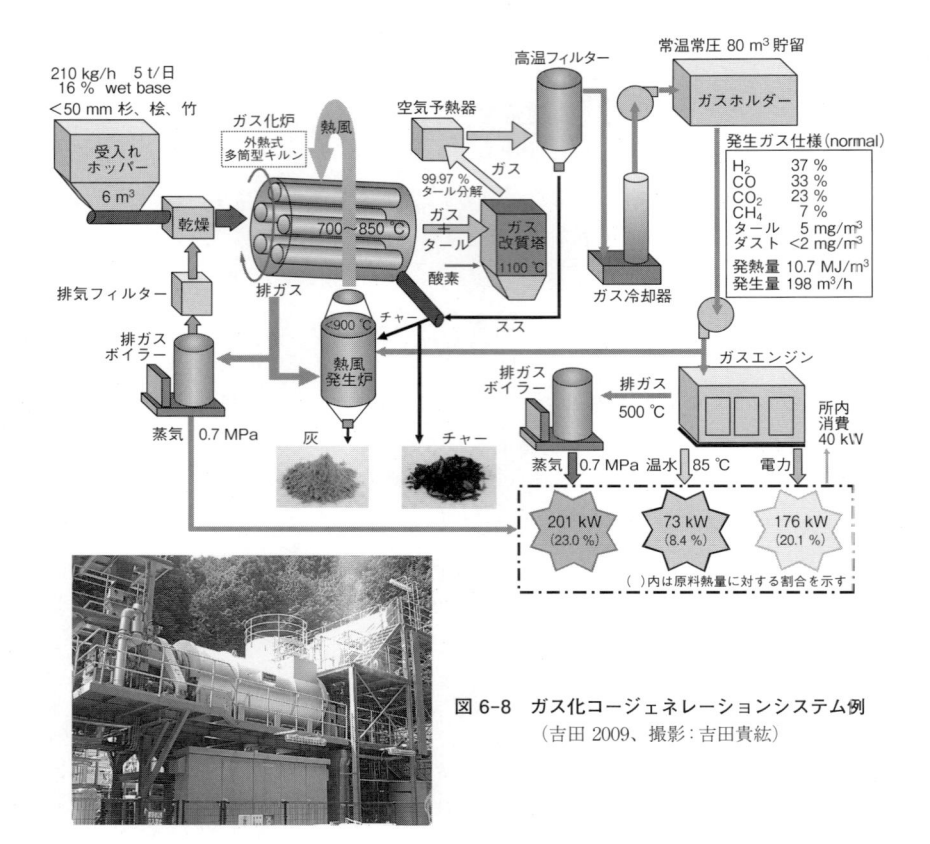

図 6-8　ガス化コージェネレーションシステム例
（吉田 2009、撮影：吉田貴紘）

すること、微粉化の動力が大きくなるなどの課題がある。現在、国内約15カ所で導入または検討が進められている。

6.1.4.5. 東南アジアでの事例

木質バイオマス発電は欧米で先行しているが、ここでは東南アジアでの例を述べる。EFB（Empty Fruits Bunch）などのオイルパーム残渣を燃料とした直接燃焼－蒸気タービン方式のバイオマス発電施設がタイ、インドネシア、マレーシアに存在し、出力は10,000 kW程度である（アジアバイオマスオフィス 2009）。また、合板工場でのコージェネレーションとして、インドネシア・カリマンタンの例を紹介する（吉田ほか 2009）。この工場は原木取扱量

12,000 m³/月で合板や梱包材などを生産し、工場残材を燃料に固定床ボイラー直接燃焼－蒸気タービンによる 2,500 kW のバイオマス発電を行っていた。発電した電力は全量自家消費し、熱は乾燥やホットプレス用に利用していた。ただし、燃料は工場からの残材だけでは不足するため、外部より石炭 400 トン、端材 3,000 m³ を購入していた。

6.1.5. バイオマス発電の今後

　東日本大震災を経てエネルギー供給のあり方が見直されている中、木質バイオマス発電は再生可能エネルギー発電の1つとして注目されているだけでなく、未利用木質バイオマスの活用、地域活性化に繋がるとして期待されている。しかし相次ぐバイオマス発電施設の増加によりマテリアル利用側と原料の取り合いが発生しており、今後FIT制度の導入でさらに加速化する可能性がある。木材は再生可能なエネルギー源でもあるが、再生可能なマテリアル資源でもある。その特性を十分に考慮に入れながらシステム設計を行うべきである。資源量の立場からは林地残材は非常に有望であり、今後効率的な搬送、前処理システムの構築により、木質バイオマス発電へのさらなる活用が期待される。

6.2. 木質ペレット

　木材を固体のままで燃料利用する際に、ハンドリング性や運搬性を向上させた形態が木質ペレットである。第1次石油危機後に製造技術が確立され、一時的に盛況したが、原油価格の下落に伴い需要は急減した。やがて地球温暖化防止、森林資源の有効活用等が叫ばれるようになってから木質ペレットの価値が見直され、国内外を含めて生産量を急速に伸ばしている。

6.2.1. 木質ペレットの特徴

　木質ペレットは直径 6～8 mm、長さ 10～30 mm 程度の円柱状に圧縮成型した固形燃料である。**表6-2**に薪、チップ、木質ペレットの特徴を示す。木質燃料の利用形態には薪や木材チップなどもあるが、木質ペレットはこれらに比べてハンドリングや運搬性に優れる等の長所を有している。特徴を列記する

表6-2 薪、チップ、木質ペレットの特徴

	薪(まき)	チップ	ペレット
特徴	・長時間燃焼可 ・ストーブが簡便 ・低価格	・自動燃焼可能 ・軽く、持運び易 ・様々な用途	・小型装置で自動燃焼可能 ・持ち運び易 ・嵩高くない ・水分一定
欠点	・自動燃焼不可 ・重く、持運び難 ・形状、水分のばらつき	・燃焼装置を小型化できない ・水分のばらつき ・嵩高くなる	・加工に手間がかかる ・燃焼器が高価

と、

①取り扱いしやすい：触っても痛くなく、子供でも簡単に扱える。

②発熱量が一定：含水率が絶乾基準で10％前後とほぼ一定なため、発熱量がほぼ一定である。

③自動制御がし易い：直径が一定で、長さの範囲も決まっているので、ストーブなどの小規模機器で燃料供給の自動制御がしやすい。

④運搬性の向上、エネルギー高密度化：容積密度は$1.1 \sim 1.2\,\mathrm{g/cm^3}$でスギ材の約$0.4\,\mathrm{g/cm^3}$の約3倍、嵩密度が$0.6 \sim 0.7\,\mathrm{g/cm^3}$でチップの$0.1 \sim 0.2\,\mathrm{g/cm^3}$の約3～4倍となり、体積あたりのエネルギー密度が向上し、輸送効率が向上する。

一方、欠点として、製造コストがかさむこと、水に含浸するとペレットが膨潤して形が失われること、ストーブ、ボイラーなど燃焼器の価格が化石燃料の機器に比べて高いことなどが挙げられる。

6.2.2. 木質ペレットの製造方法、規格

木質ペレット製造は造粒法の一つである。その形から飼料を想像するかも知れないが、家畜飼料の製造工程が原型とされている。第一次石油危機後の

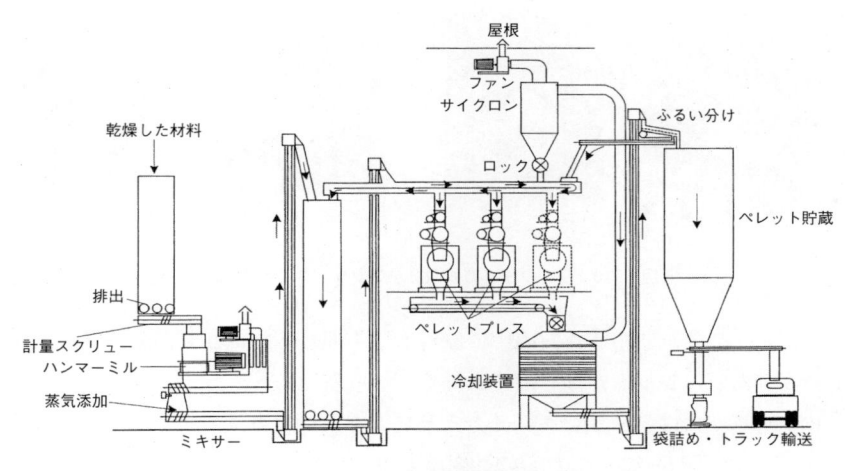

図6-9 木質ペレットの製造工程の例（熊崎 2005）

1970年代半ばにアメリカで商業生産が始まり，わが国では1980年代に初頭に生産が開始された。

ペレット原料にはおがくず，プレーナくず，樹皮などの製材工場残材，間伐材，河川支障木，松食い虫被害材など，さまざまな木質残廃材が利用可能である。ただし建設廃材は化学処理材混入の恐れがあるため，基本的には利用されない。また水を除いて外部からの添加物を加えていないため，木質ペレットは純粋な木質燃料である。

図6-9に木質ペレット製造工程の例を示す（熊崎 2005）。ペレット製造工程は一次破砕，乾燥，二次粉砕，圧縮成型，冷却プロセスに大別される。ただしこの工程は一般的なものであり，原料の形態によっては省略されるものがある。たとえば原料がプレーナ屑であれば，粉砕，乾燥工程が不要になる。

一次破砕で粗破砕した原料は，乾燥工程にて絶乾基準で15～20％程度に含水率が調整される。この含水率調整が成型性を大きく支配することが経験的に知られている。乾燥機には気流乾燥機やロータリーキルンなどが用いられ，燃料にはペレット屑，樹皮などの木くずが使われるが，灯油等の化石燃料を使う例もある。その後二次破砕を経て，ペレタイザと呼ばれる圧縮成型器に送られ，冷却工程を経て製品となる。圧縮成型工程は原料をローラーで展圧しなが

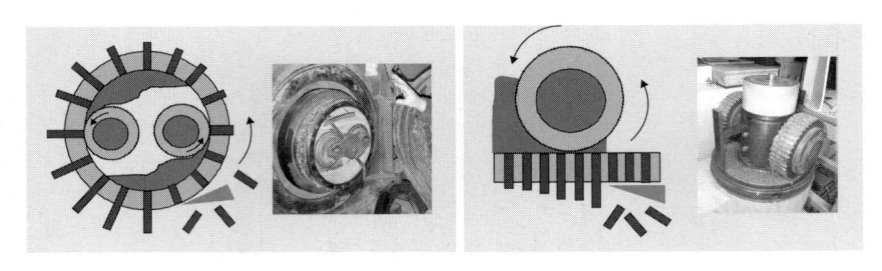

図 6-10　リングダイ方式（左）、フラットダイ方式（右）

ら、ダイと呼ばれる小さな穴の中に原料木粉を押し込むことで、ダイ出口より造粒物であるペレットが押し出されてくる仕組みである。

　ペレタイザには主にリングダイ方式とフラットダイ方式の2つの方法が採用されている。図 6-10 にこれらの仕組みを示す。リングダイは環状のダイの内側にローラーが配置され、内側から供給された原料が外側へ押し出される仕組みで、わが国ではこの方式が多い。特徴としてダイに均一な圧力がかかり品質ムラが少ない、大量生産がしやすい、ダイの取り外しが容易でメンテナンス性に優れる、等が挙げられる。その一方で成型温度が通常 100℃ 以上と高く、原料がダイ内側に長時間滞留する恐れがあり、先入れ先出し性に劣る、ダイの振動による騒音が大きい、小型化がしにくい、などの欠点もある。これに対してフラットダイは円盤状のダイに上から供給された原料が下側に押し出される仕組みである。特徴として、原料の先入れ先出し性が良い、成型温度がリングダイに比べて低い、消費電力が低い、小型化がしやすい、等が挙げられる。その一方、大量生産しにくい、ダイの内周外周部の速度差による品質ムラ発生の恐れ、ダイの取り外しがしにくくメンテナンス性に劣る、などの欠点をもつ。

　リングダイ、フラットダイいずれの方式も、原料圧縮時のダイとの摩擦熱により製品温度が高くなるため、製品からも水分の一部が蒸発する。水分凝縮による崩壊を防ぐため、製品を冷却工程で空冷してから袋詰めを行う。

　木質ペレットは用いる原料の部位により、全木ペレット、木部ペレット、樹皮ペレットの3種類に区分される。なお木部ペレット、樹皮ペレットはそれぞれホワイトペレット、バークペレットとも呼ばれる。樹皮は木部に比べて灰分が3％前後と多いため、樹皮ペレットの燃焼灰量は多くなる。

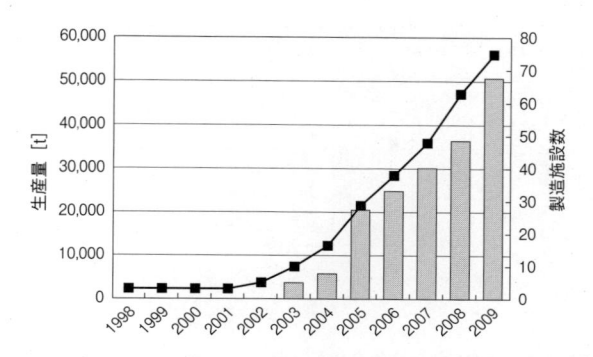

図 6-11　わが国における木質ペレット生産量(棒グラフ)および製造施設数(折れ線グラフ)
(林野庁 2010 をもとに作成)

木質ペレットの品質安定を図る意味で規格は重要である。木質ペレット規格は欧米各国およびEU規格が存在し、大きさ、発熱量、強度、灰分、微量元素含量などが規定されている。わが国においても日本住宅・木材技術センターが中心となって木質ペレット品質規格原案が策定された後、日本木質ペレット協会によって見直しが行われ、2011年に木質ペレット品質規格が策定された。本規格では基本的にEN規格を整合性のとれた内容となっている。(日本木質ペレット協会 2011)

6.2.3. 木質ペレットの生産量

図6-11にわが国における木質ペレット生産量および製造施設数を示す(林野庁 2010)。生産量は2009年度で約50,000 tに達し、製造施設数は2002年以降急増して75工場に達している。2008年現在の生産規模は年産1,000 t以下の施設が全体の80％以上を占めているが、最近では年産20,000 t級の大型施設の建設が相次いでいる(住木センター 2009)。ペレット生産量の種類別の内訳では2009年末見込みで木部ペレットが約半分を占め、残りは全木ペレットが4割、樹皮ペレットが1割であるが、全木、樹皮ペレットの割合が増加傾向にある(日本木質ペレット協会 2010)。

図6-12に世界におけるペレット生産能力を示す(Bioenergy International 2009、2010)。生産能力＝生産量ではないので注意が必要であり、生産量はこ

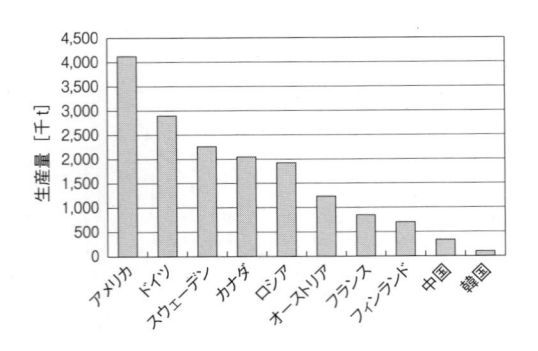

図 6-12　世界におけるペレット生産能力（Bioenergy International 2009、2010 より抜粋）

の半分程度とみたほうがよいが、欧米では100万t以上の国が多数有ることがわかり、世界最大のアメリカでは1施設だけで年産50万t以上生産可能なところが複数存在する。ヨーロッパではドイツ、スウェーデンで突出し生産量は合計300万tと推定される。ロシアでは100万t級のプラント建設が進められている。ペレットの輸出入も活発で、例えばカナダでは大部分が輸出であり、スウェーデンはヨーロッパ最大級の生産国ながら輸入もしている。アジアは規模的には低いものの、中国、韓国で生産が伸びている。韓国ではオンドルとよばれる床暖房用のボイラー燃料として、政府の強力な支援策の下、ペレットボイラーとセットでペレットの導入が進んでいる。また国内での供給不足を補うため、インドネシアにて早生樹を原料にペレットを現地生産し、自国に輸送する計画が進められている。(Han *et al.* 2010)

木質ペレットの工場渡しベースでの国内販売価格はストーブ用、ボイラー用でそれぞれ45円/kg、38円/kg程度であり（日本木質ペレット協会 2010）、発熱量当たりの単価は灯油とほぼ同程度である。最近導入のすすんでいる石炭火力発電混焼用では、海外より安価なペレットを輸入する動きがある。

6.2.4.　木質ペレットの用途

利用先はストーブ用、ボイラー用に大別される。**図6-13**にペレットストーブ、ペレットボイラーの例を示す。2009年までの累計出荷台数はそれぞれ約12,600台、530台となっているが、ペレット供給量はボイラー用が4分の3を

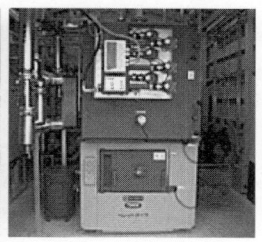

図 6-13　ペレットストーブ（左、中央）、ペレットボイラー（右）の例

占めている（日本木質ペレット協会 2010）。ペレットストーブは室内暖房用として主に寒冷地で導入が多い。ストーブのタイプとして、薪と燃料を兼用できるタイプや、FF式とよばれる強制給排気型の灯油温風器と同等の性能を有するものなど、さまざまある。燃焼後の灰は一般的に肥料として土壌還元される。その一方で、価格が比較的高価であることや、都市部では灰の処理が難しいなど、今後普及を図るには問題点も残されている。

　ボイラー用途としてはペレットボイラーによる給湯、ペレットバーナーによる蒸気・温風供給、発電所における石炭混焼発電などがある。給湯目的では室内暖房、ロードヒーティング、温泉・プールの加温等に用いられている。その他吸収式冷凍の原理により、木質ペレットの燃焼熱から冷熱を取り出せる機器も存在する（頓宮 2007）。ペレットバーナーによる蒸気利用は木材乾燥向けの例がある。温風利用ではビニルハウス等の農業施設向けが多い。発電所における石炭混焼発電は、詳細は前項（6.1. バイオマス発電）を参照して欲しいが、木材チップに比べて水分が低く輸送性に優れる点ことから注目されている。すでに電力会社の中にはカナダから約 60,000 t の木質ペレットを輸入して事業開始しているところがある（関西電力 2009）。ボイラー燃焼灰は一般に産業廃棄物扱いとなっている。

6.2.5. トレファクションペレット

　木質ペレットは 6.2.1. で述べた長所がある一方で、発熱量が灯油の半分程度であり、水に含浸すると崩壊する欠点がある。こうした欠点を改善して高効率に利用するため、国内外でトレファクション（Torrefaction）による改

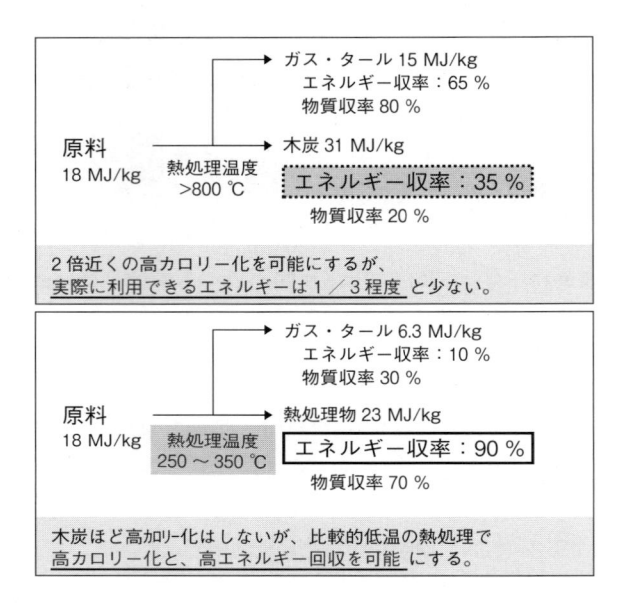

```
                    ┌──→ ガス・タール 15 MJ/kg
                    │      エネルギー収率：65 %
                    │      物質収率 80 %
原料        熱処理温度  木炭 31 MJ/kg
18 MJ/kg    >800 ℃    エネルギー収率：35 %
                           物質収率 20 %
```

2倍近くの高カロリー化を可能にするが、
実際に利用できるエネルギーは1／3程度 と少ない。

```
                    ┌──→ ガス・タール 6.3 MJ/kg
                    │      エネルギー収率：10 %
                    │      物質収率 30 %
原料        熱処理温度  熱処理物 23 MJ/kg
18 MJ/kg    250～350 ℃  エネルギー収率：90 %
                           物質収率 70 %
```

木炭ほど高カロリー化はしないが、比較的低温の熱処理で
高カロリー化と、高エネルギー回収を可能 にする。

図 6-14　従来の炭化プロセス(左)とトレファクションプロセス(右) (野村ほか 2010)

質ペレットの製造技術開発がすすめられている(Bergman *et al.* 2007)。なお Torrefaction の直訳は「焙煎」であるが、本プロセスでは「熱処理」もしくは「半炭化」と表記するのが適当であろう。

　図 6-14 に従来の炭化、および改質ペレット製造における物質・エネルギーフローをそれぞれ示す(野村ほか 2010)。木材の発熱量を向上させる方法として、古くから炭化する方法がある。通常、木炭は 800～1,000 ℃ の高温で製造され、製品重量あたりの発熱量は木材の 1.7 倍程度と高くなる。しかし製造過程で木材の大部分は熱分解してガスやタールとして失われてしまうため、実際はもともと木材の持つ発熱量の 3 割程度しか利用できない。そこでトレファクションでは熱処理温度を低くしている。木材を熱処理すると 300 ℃ 付近から熱分解して急激に重量が減少することが知られているが、トレファクションでは 250～300 ℃ 前後で行われる。この方法により、製品重量当たりの発熱量は木材の 1.2 倍程度に増加しつつ、木材の持つエネルギーの 9 割が利用可能となる。熱処理での重量ロスを抑えつつ、木材のもともと有するエネルギーを最大

限保持する方法といえよう。また熱処理により酸素官能基が分解し、疎水性が向上して保管性に優れる、熱処理物が脆くなり粉砕動力が低下する等の特徴がある。

トレファクションペレット製造は、既設のペレット製造プラントが利用可能であるとされ、一次粉砕工程後にトレファクション工程の導入が想定されている。トレファクション工程では熱処理用の熱源が必要となるが、起動時を除けば熱処理で生じるガス、タールを熱源にすればエネルギー的に自立可能とされている。また製品が脆いので二次粉砕時の粉砕エネルギーが低下することから、トレファクションペレット化に必要なエネルギーは従来法と同等か低いとされている。製造コストはやはり高くなるが、輸送コストを含めることでメリットが生じるとされ、欧州では海外の植林地で改質ペレット化して自国へ運ぶ構想がある。わが国においては森林総研と福井県が共同で「ハイパー木質ペレット」と名付けた製造技術開発が進められている(野村ほか 2010)。

6.3. バイオエタノール

エタノールには、バイオマスからのバイオエタノールと化石資源由来のエチレンを原料とする合成エタノールがあるが、地球の温暖化防止の観点から二酸化炭素削減に寄与し得るのは前者である。このバイオエタノールには、一般によく知られている酵母による発酵バイオエタノールと、現在研究開発中のバイオガスからの合成バイオエタノール、さらに酢酸発酵によるバイオエタノールがある(坂 2006)。いずれの場合もバイオマス資源が原料として必要であるので、以下にバイオエタノール生産のためのバイオマス資源について述べる。

6.3.1. バイオエタノール生産のためのバイオマス資源

図 6-15 には維管束植物(Tracheophyta)の分類を示している。維管束植物の代表として 700 種類の裸子植物(Gymnospermae)や 25 万種類の被子植物(Angiospermae)があり、前者には針葉樹が 540 種類存在する。後者の被子植物には双子葉類(Dicotyledoneae)と単子葉類(Monocotyledoneae)があり、広葉樹類は双子葉類に含まれる(島地 1982)。これより明らかなように、針葉樹

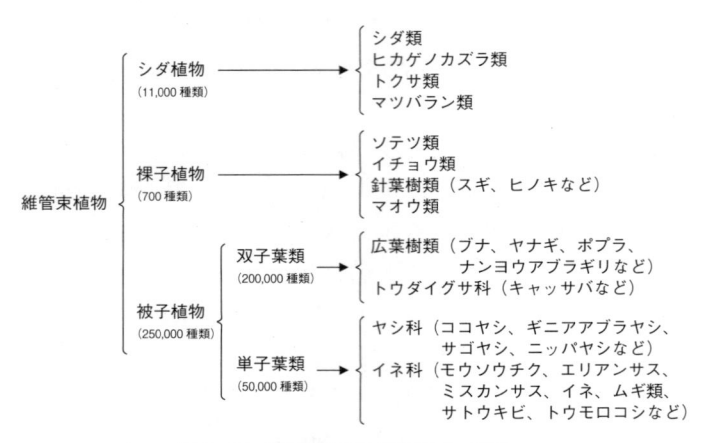

```
                                    ┌ シダ類
                    ┌ シダ植物    ──→├ ヒカゲノカズラ類
                    │ (11,000 種類)    ├ トクサ類
                    │                 └ マツバラン類
                    │
                    │                 ┌ ソテツ類
                    │ 裸子植物    ──→├ イチョウ類
                    │ (700 種類)       ├ 針葉樹類（スギ，ヒノキなど）
  維管束植物 ──────┤                 └ マオウ類
                    │
                    │                 ┌ 広葉樹類（ブナ，ヤナギ，ポプラ，
                    │    ┌ 双子葉類 ─→│          ナンヨウアブラギリなど）
                    │    │ (200,000 種類)└ トウダイグサ科（キャッサバなど）
                    │ 被子植物│
                    └ (250,000 種類)   ┌ ヤシ科（ココヤシ，ギニアアブラヤシ，
                         │             │         サゴヤシ，ニッパヤシなど）
                         └ 単子葉類 ─→├ イネ科（モウソウチク，エリアンサス，
                           (50,000 種類)          ミスカンサス，イネ，ムギ類，
                                                  サトウキビ，トウモロコシなど）
```

図 6-15　維管束植物の分類（島地 1982）

と広葉樹は分類学上明確に異なるものである。一方，イネ科（Gramineae）のモウソウチク（竹）（*Phyllostachys pubescens*）、エリアンサス（*Erianthus* spp.）、ミスカンサス（*Miscanthus sinensis*）、イネ（*Oryza sativa*）、ムギ類、サトウキビ（*Saccharum officinarum*）、トウモロコシ（*Zea mays*）、ヤシ科（Arecaceae）のギニアアブラヤシ（*Elaeis guineensis*）やココヤシ（*Cocos nucifera*）などは単子葉類に分類される。

　リグノセルロースという言葉は実に便利で、細胞壁がセルロースやヘミセルロースで構成され、これをリグニンが分子レベルで充填した天然の複合体を意味しており、上述のすべての植物を含んでいる。しかし、分類学上は多様な植物に分かれ、それぞれの特徴を有しているため、この言葉を利用する場合にはその化学組成や特性を充分に理解しておく必要がある。

　この分類を踏まえて、昨今よく利用されているバイオマス資源を化学組成の視点から見てみる。樹木を含む種々のバイオマスの化学組成を **表6-3** に示している（Rabemanolontsoa *et al.* 2011）。まず、セルロースについては、利用の観点から構造的には大差はないが、その含量はバイオマス種によって大きく異なる。一方、ヘミセルロースは **図6-16** に示すように、ヘキソサン（六炭糖からなる多糖類）であるグルコマンナンとペントサン（五炭糖からなる多糖類）であるキシランからなっており、セルロース同様その含量はバイオマス種によっ

表6-3 各種バイオマスの化学組成(重量%)(Rabemanolontsoa et al. 2011)

バイオマス	セルロース[a]	ヘミセルロース[b]	リグニン		抽出成分	タンパク質	デンプン	無機質	計
			クラーソン	酸可溶性					
スギ	37.9	22.7	32.8	0.3	3.4	0.5	0.1	0.3	98.0
ブナ	43.9	28.4	21.0	3.0	1.9	0.6	0.5	0.6	99.9
タケ	39.4	31.1	19.3	1.8	3.8	1.3	1.1	1.2	99.0
イネ									
稲わら	34.5	21.8	18.4	1.8	4.5	4.7	0.9	13.3	99.9
もみ殻	36.0	17.3	22.8	1.3	1.3	1.6	0.2	16.8	97.3
トウモロコシ									
茎葉	34.1	17.2	12.6	2.0	4.7	18.1	0.2	11.0	99.9
穂軸	27.7	39.0	15.1	2.4	2.7	5.6	2.1	3.2	98.3
アブラヤシ									
幹	30.6	28.4	24.3	3.9	3.6	1.6	2.9	4.1	98.4

[a] セルロース = α−セルロース
[b] ヘミセルロース = ホロセルロース−α−セルロース

て大きく異なっている。また、針葉樹類は前者が主であり、広葉樹類などの被子植物は後者のキシランを主成分としている。そのため、酵母を用いたアルコール発酵ではヘキソースの発酵は可能であるが、キシロースなどのペントースからの効率的なエタノール生産のためには遺伝子組み換え技術を用いなければならない。また、広葉樹キシランに見られる側鎖のグルクロン酸は酸性糖であり酵母ではエタノールに変換できない。さらに、針葉樹グルコマンナンにも広葉樹キシランにも含まれるアセチル残基はエタノールに変換できない。

リグニンについては、図6-17に示す3種のリグニン構成単位を基本構造としている。針葉樹類はグアイアシルプロパンから成るグアイアシル(G)リグニンと少量のp-ヒドロキシフェニルプロパン(P)からなるPリグニンからなっている。一方、広葉樹類、ヤシ類などはGリグニンに加え、シリンギルプロパンから成るシリンギル(S)リグニンからなり、Sリグニンは非縮合型エーテル結合が多く脱リグニンしやすい。一方、ムギやワラなどの草本類にはSおよびGリグニン以外に縮合型結合を作りやすいPリグニンが存在するため、脱リグニンはしにくくなる。

これらの主要成分に加えて、バイオマス資源には抽出成分、タンパク質、デンプンおよび無機成分が副成分として含まれており、主要成分および副成分を

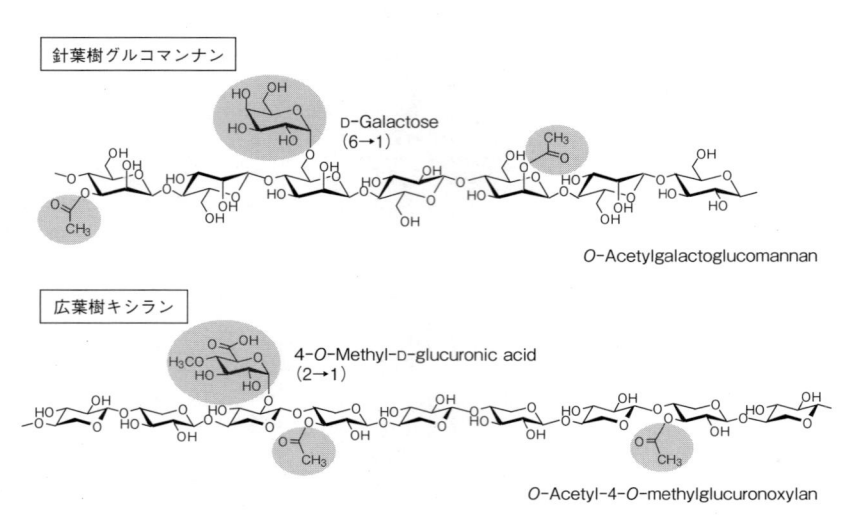

図 6-16　木質バイオマスを構成するヘミセルロース（Timell 1967）

図 6-17　リグノセルロースのリグニン構成単位（樋口 1973）

正しく定量評価することが重要である。しかしながら、多くの場合、主要成分であるセルロース、ヘミセルロースおよびリグニンの合計を 100 分率で示すのみに留まっており、結果としてこれらの主要成分を過大評価している。上述の副成分をも正しく評価することでこの相対比較を修正し、いずれのバイオマス種の化学組成をも正しく定量評価できる化学分析法が著者らによって開発された。その方法で得られた種々のバイオマスの化学組成を **表 6-3** に示している。

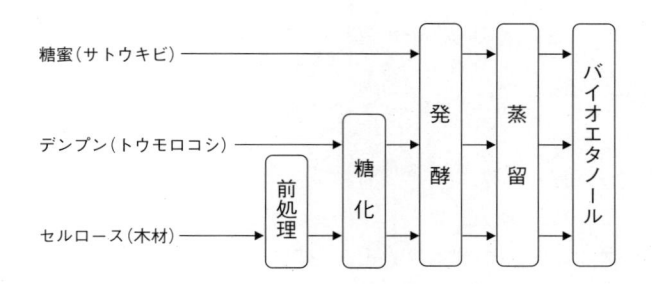

図6-18 種々のバイオマスに対する酵母を用いた発酵バイオエタノールの生産形態

6.3.2. 酵母による発酵バイオエタノール

　酵母を用いた発酵バイオエタノールには、**図6-18**に見られるように種々の生産形態があり、原料となるバイオマス資源に依存している。

　サトウキビなどで見られる糖蜜資源は、主成分がグルコース(ブドウ糖)、フルクトース(果糖)、スクロース(ショ糖)であり、*Saccharomyces cerevisiae*(酵母)や*Zymomonas mobilis*(細菌の一種)によって容易に発酵してエタノールになる。一方、トウモロコシで見られるデンプン資源は、アミロペクチンとアミロースから構成され、アミラーゼによって糖化されてグルコースとなり発酵が容易である。

　しかしながら、非食糧系資源である木材などを構成するセルロースは結晶構造を有し、かつリグニンで取り囲まれているため、グルコースにまで糖化するためには前処理が不可欠である。その前処理として酵素糖化法(鮫島 2001)、濃硫酸や希硫酸を用いた酸加水分解法(江原ほか 2001)および超臨界水などの水熱反応(坂ほか 2002)が利用できる。

　さて、**図6-18**に示すいずれの場合においてもグルコースがアルコール発酵の主原料となり、酵母などの微生物によって**図6-19**に示すように嫌気性条件下、1モルの糖質は2モルのエタノールに変換されるが、2モルの二酸化炭素を同時に発生し、重量ベースで糖の約半分が二酸化炭素と化している。これに加え、糖質の数％は酵母により消費されるため、炭素源の利用効率は高くない。特に、セルロース系の場合には前処理が不可欠であるため、得られたエタノールの利用による二酸化炭素排出の削減効果は、糖蜜やデンプンに比べて

$$C_6H_{12}O_6 \longrightarrow 2CH_3CH_2OH + 2CO_2$$
$$\phantom{C_6H_{12}O_6 \longrightarrow\ }100\,g 51.4\,g 48.8\,g$$

図 6-19　糖質-エタノール変換の化学反応式

多くを期待できない。しかし、世界各地で木材などのリグノセルロースからのバイオエタノールの開発が進められている。その一例として、濃硫酸法による発酵エバイオエタノールの製造プロセスを以下に紹介する。

6.3.3. 濃硫酸法による木質バイオマスからの発酵バイオエタノール

図 6-20 には、米国 Arkenol 社開発の濃硫酸を用いた木質バイオマスからのエタノール製造プロセスを示す(NEDO 2001)。このプロセスは、これまでの酸加水分解法での問題点3点を解決した実用レベルに近いものである。

第一糖化槽では40℃にて70〜75％濃硫酸で木質バイオマスのセルロースおよびヘミセルロースを処理するが、濃硫酸による反応容器の腐食の問題をタンタル(Ta)製容器を用いることで解決している。この段階でヘミセルロースはオリゴ糖や単糖に、セルロースは結晶構造が破壊され低分子化される。ここからペントース(炭素数5の単糖、五炭糖という)とヘキソース(炭素数6の単糖、六炭糖という)の混合物が分離回収される。次に、第二糖化槽で濃硫酸を熱湯で30％まで希釈し95〜100℃とし処理することで、単糖からのフルフラール類の生成を押さえ、残渣のセルロースをグルコースまで加水分解する。この時、リグニンは濃硫酸の処理で縮合して糖化槽に不溶のリグニンとして残存し、いわゆるクラーソンリグニン(Klason lignin)として分離される。

回収された糖と濃硫酸は、陰イオン交換樹脂分離塔により分離される。ここが第2番目の改善点である。これまでは、濃硫酸を石灰により中和していたため再利用ができなかったが、陰イオン交換樹脂の使用により硫酸の回収・再利用が可能となった。すなわち、陰イオン交換樹脂と相互作用のない糖がまず溶出し、弱い相互作用のある硫酸がその後に溶出してくる。硫酸は回収し、硫酸濃縮塔にまわされ、再利用される。回収された糖水溶液は、石灰($Ca(OH)_2$)で処理され、微量の残存硫酸は石こう($CaSO_4$)となって除去される一方、糖水溶液は約30時間かけてエタノールに変換される。

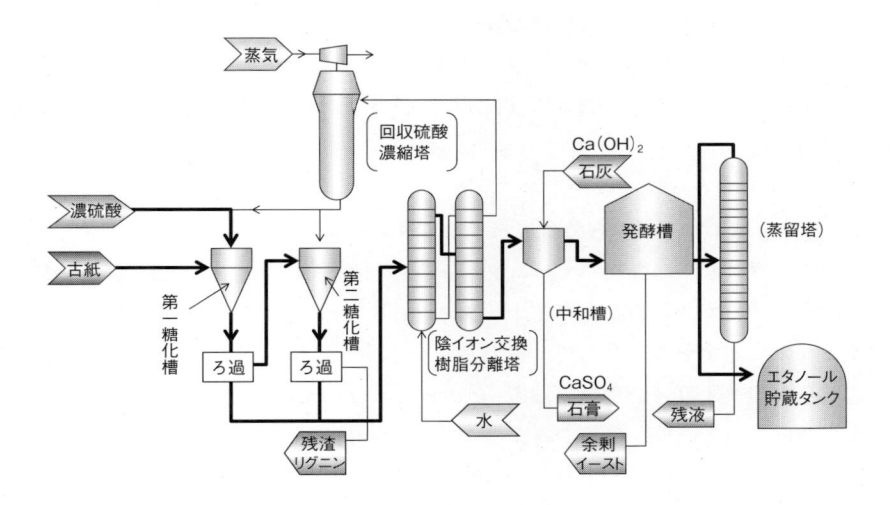

図 6-20　濃硫酸法による木質バイオマスからのバイオエタノール製造プロセス（NEDO 2001）

　ここで回収した糖にはペントースとヘキソースが混在しており、これらいずれもエタノールに変換し得ることが必須となる。これが、木質バイオマスからエタノールを生産する際の第3番目の課題であったが、DNA組み換え技術により遺伝子的に改変した細菌(*Zymomonas mobilis*)、酵母(*Saccharomyces cerevisiae*)、大腸菌(*Escherichia coli*)などが開発され、ペントース、ヘキソースの同時発酵が可能となった(近藤 2005)。また、糖は必ずしも単糖でなくオリゴ糖も共存する場合がある。特にセルロースの加水分解物にはセロオリゴ糖が含まれるため、通常の酵母ではエタノールに変換できない。そこで、セロオリゴ糖を単糖に分解し、同時にそれらをエタノールに変換し得るアーミング酵母が開発されている(近藤 2005)。得られたエタノールは蒸留塔により精製される。

　米国のArkenol社により開発された本濃硫酸プロセスはその後わが国に技術導入され、NEDO「バイオマスエネルギー高効率転換技術開発」により実用化研究が進められてきた(種田 2006)。また、エタノールの蒸留法を膜分離法に切り替え、エネルギー回収率の向上を図る提案がなされているが、エタノールの蒸留濃縮の熱源として用いている残存リグニンをより付加価値の高いものと

して利用し得るかどうかが新たな課題となっている。

　酵母を用いた発酵バイオエタノール生産には、このほか、希硫酸法(三輪ほか 2003)、超臨界水法(坂ほか 2003)などがある。詳細は他誌を参考されたい(坂 2010)。

6.3.4. バイオガスからの合成バイオエタノール

　バイオガスからの合成バイオエタノールの製造法(Eggeman *et al.* 2006)は、バイオマスのガス化物からバイオメタノールを合成する方法と類似で、まずバイオマスを水蒸気ガス化して一酸化炭素、水素、二酸化炭素の合成ガスとし、これらのバイオガスから嫌気性菌 *Clostridium ljungdahlii* を用いてエタノールを生合成する方法で、糖類のみならずリグニン成分も合成ガスとしてエタノールに変換できる点に特徴がある。二酸化炭素へのガス化を極力抑えてより多くを一酸化炭素とし、発酵バイオエタノールに比べて、炭素源のエタノールへの変換率をいかに高めるかが課題である。

6.3.5. 酢酸発酵によるバイオエタノール

　酢酸発酵によるバイオエタノール製造では、図6-21に示すように、加圧熱水により木質バイオマスを加水分解して得られた糖を酢酸とし、酢酸エステルを経てエタノールに変換する(NEDO 2009)。この変換プロセスには、(1)加圧熱水分解物の生産と(2)それらの発酵による酢酸の生産、(3)得られた酢酸のエステル化および水素化分解によるエタノール生産の3ステップが関与している。究極のバイオ燃料とするためには、3段階目での水素化分解にバイオ水素を用いることが必要となる。

　従来の酵母による発酵バイオエタノールやバイオガスからの合成バイオエタノール製造に比べ、出発原料の糖はヘキソースのみならず、ペントース、酸性糖であるグルクロン酸、さらにはリグニン由来の分解物もエタノールに変換できる点が有利である。これによって、たとえば図6-21の反応式に示すように1モルの糖質(グルコース)が、二酸化炭素を排出することなく3モルのエタノールに変換され、酵母による直接アルコール発酵に比べ、エネルギーの回収率が高いプロセスとなる(NEDO 2009)。本研究は、NEDOバイオマスエネル

図 6-21 の工程とそれに対応する化学式:

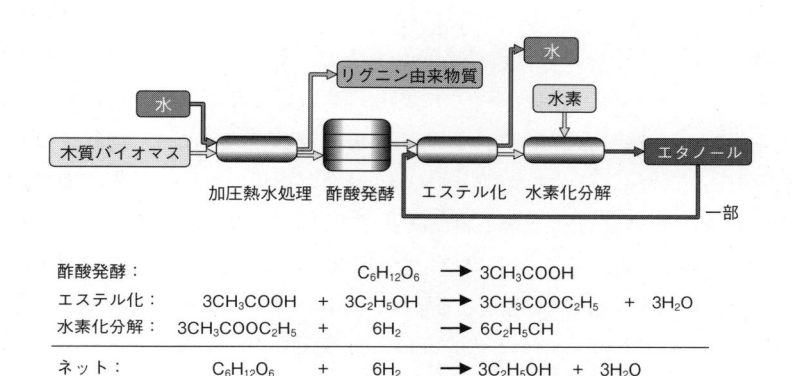

酢酸発酵： $C_6H_{12}O_6 \rightarrow 3CH_3COOH$

エステル化： $3CH_3COOH + 3C_2H_5OH \rightarrow 3CH_3COOC_2H_5 + 3H_2O$

水素化分解： $3CH_3COOC_2H_5 + 6H_2 \rightarrow 6C_2H_5CH$

ネット： $C_6H_{12}O_6 + 6H_2 \rightarrow 3C_2H_5OH + 3H_2O$

図 6-21　加圧熱水・酢酸発酵・水素化分解法による木質バイオマスからのバイオエタノール製造プロセス (NEDO 2009)

ギー先導技術研究開発 (2007～2011) を経て、現在JSTの先端的低炭素化技術開発プロジェクトとして研究が進められている。

6.3.6.　バイオエタノールの政策とゆくえ

バイオエタノール生産に適する資源は、糖質・デンプン資源および木質系資源であるが、前者は現在、宮古島などでのサトウキビからの廃糖蜜や北海道での規格外小麦が利用の対象となっている。しかし、食糧問題との関連で、長期的に利用可能な資源は後者の木質系資源であり、森林資源、林産廃棄物、農産廃棄物などが含まれるが、その利用可能量は年間約3,000万トン、そこから得られるエタノールは従来の発酵バイオエタノール生産で、約840万kℓと推定される。

日本政府は2003年6月にバイオエタノールを3％混合したガソリン(E3)の使用を解禁した。3％と低濃度であるためエンジンの腐食の問題はなく、現在のガソリン車をそのまま利用することができる。沖縄、宮古島では、全島上げてのE3ガソリン利用が府省庁連携のプロジェクトとして2007年度からスタートしている。

さらに近年、バイオ燃料技術革新計画に基づく、リグノセルロース系資源からのバイオエタノール製造の技術革新が推進されている。バイオマス・ニッポン

総合戦略では製造コスト100円/ℓに対し、この技術革新ケースでは40円/ℓを目指している。そのために、経済的かつ多量、安定的なエタノール生産を可能とするバイオマスの利用が不可欠であり、高収量の草本系イネ科植物エリアンサス（*Erianthus* spp.）やミスカンサス（*Miscanthus sinensis*）、高収量樹木ではヤナギ（*Salix* spp.）やポプラ（*Populus* spp.）などを用いた革新技術の開発が求められている（バイオ燃料技術革新協議会 2008）。これらはE3ガソリンが将来E10ガソリンへと伸びることを想定したものであり、現在わが国で利用されるガソリン約6,000万kℓのうち600万kℓをバイオエタノールで代替することを示唆している。今後この量をどのようにして確保するかが課題である。

一方、ガソリンへのバイオエタノール混合にはいくつかの問題点がある。その一つはエタノールとの共沸現象により混合ガソリンの蒸気圧が上昇し、蒸発ガスが増加する点にある。さらに、吸水しやすいエタノールの添加による水分の混入が混合ガソリンの相分離を招き、燃料品質の劣化を引き起こす恐れがある。このような視点から、バイオETBE（ethyl tertiary-butyl ether）をガソリンに添加することが検討され、2007年4月27日より首都圏中心に50のガソリンスタンドで7％ETBE（エタノール3％に相当）添加ガソリンである"バイオガソリン"が販売されだした。2010年度には全国に広げ、ETBE84万kℓ（エタノール換算；36万kℓ、原油換算；21万kℓ）が利用されている。

今後、バイオエタノールに対し、その注目度は益々増すものと思われる。とりわけ木質資源からのバイオエタノール変換技術の確立は、わが国にとって"国産のエネルギー"を産出する点で極めて重要であり、科学技術創造立国を自負するわが国に課せられた大きな課題である。

6.4. 木質系バイオディーゼル

森林資源の総合利用のためには、樹木の果実に含まれる油脂の有効利用が重要である。その一環として油脂のエネルギー利用が上げられるが、油脂はこのままではディーゼル燃料として利用できない。そこで、工業的には油脂の主成分であるトリグリセリドを脂肪酸メチルエステル（FAME）に変換して、バイオディーゼルとして用いられる。

一般にバイオディーゼル原料油脂には、種々の植物油や動物脂およびその廃油脂が用いられるが、本項では単子葉類の果実や双子葉類広葉樹の果実に含まれる油脂を中心に述べる。一例として、インドネシアやマレーシアでは西アフリカを原産とする単子葉植物であるギニアアブラヤシ(*Elaeis guineensis*)のパーム油が用いられている。パーム油は食用油としても重宝されているため、その廃油をバイオディーゼルの原料として用いるのが好ましい。一方、双子葉類の広葉樹であるナンヨウアブラギリ(*Jatropha curcas*)、ミフクラギ(*Cerbera manghas*)、スナバコノキ(*Hura crepitans*)、クロヨナ(*Pongamia pinnata*)はいずれも毒性物質を油脂中に含有するため、食用油として利用できない。そのため、バイオディーゼルとしての利用が望まれる。そこで、これらのバイオディーゼルの原料油脂としてのポテンシャルを考察する。

6.4.1. バイオディーゼル原料としての油脂の評価

バイオディーゼルの原料となる油脂は多種多様であり、常温で液体(油)であるものと固体(脂)であるものに分類される。さらに、油を薄い皮膜として塗布し放置したときに酸化重合して固化する性質により、乾性油、半乾性油および不乾性油に分類されている。

油脂の主成分であるトリグリセリドは3価のアルコールであるグリセリン1分子に脂肪酸3分子がエステル結合したものである。この脂肪酸の種類やその配置により種々のトリグリセリドが存在し、これらが油脂の特性を決定づけている。このため油脂の脂肪酸組成を把握することがバイオディーゼル原料としての油脂を評価する上で重要となる。

図6-22には、果実に油脂を生産する広葉樹数種と単子葉類のギニアアブラヤシを示している。これらの種々の種子を乾燥後粉砕し、溶媒(クロロホルム/メタノール=2/1)抽出して得た油分収量が示されている。この収量は種子ベースで、ナンヨウアブラギリ、ミフクラギ、スナバコノキおよびクロヨナで、それぞれ52、54、55、56重量%である。それらの油脂を構成する脂肪酸組成も示している。この脂肪酸には、飽和脂肪酸と不飽和脂肪酸がある。飽和脂肪酸には、パルミチン酸($C_{16:0}$)、ステアリン酸($C_{18:0}$)などがあり、不飽和脂肪酸には、オレイン酸($C_{18:1}$)、リノール酸($C_{18:2}$)、リノレン酸($C_{18:3}$)などが

ナンヨウアブラギリ(*Jatropha curcas*)　　ミフクラギ(*Cerbera manghas*)

スナバコノキ(*Hura crepitans*)　　クロヨナ(*Pongamia pinnata*)

ギニアアブラヤシ(*Elaeis guineensis*)

図6-22　果実に油脂を生産する広葉樹と単子葉類のギニアアブラヤシ

ある。これより明らかなように、樹種によって脂肪酸組成が大きく異なる。飽和脂肪酸については、パーム油で$C_{16:0}$(パルミチン酸)が多く、不飽和脂肪酸では、スナバコノキ油で極めて高い$C_{18:2}$(リノール酸)を含有している。

また油脂には、上述のトリグリセリドが何らかの理由により加水分解してできた遊離の脂肪酸が含まれる。たとえばパーム油には、生鮮果房と呼ばれる果実のリパーゼ酵素がトリグリセリドに作用して脂肪酸を遊離することが知られている。また、廃食用油も遊離の脂肪酸が含まれていることが多い。したがって、油脂は主成分としてのトリグリセリドと副成分としての脂肪酸の混合物であると言える。これらがメタノールとの反応で種々の脂肪酸メチルエステル(FAME)となりバイオディーゼルとして利用される。

6.4.2. バイオディーゼル燃料

油脂のバイオディーゼルへの変換研究は、EU、米国、日本など世界各地で

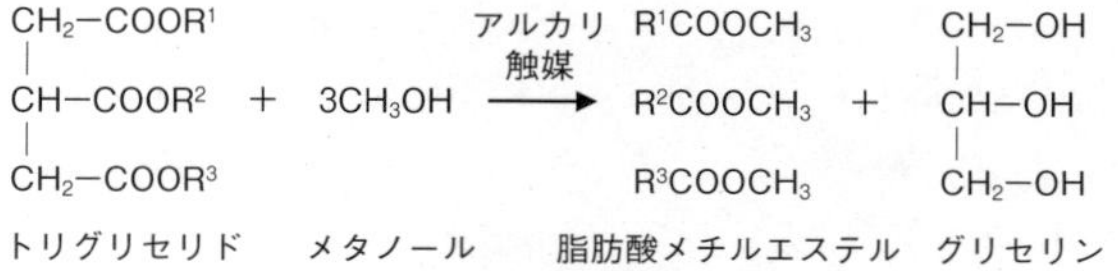

6.4. 木質系バイオディーゼル

$$\begin{array}{c}CH_2-COOR^1\\|\\CH-COOR^2\\|\\CH_2-COOR^3\end{array} + 3CH_3OH \xrightarrow{\text{アルカリ}\atop\text{触媒}} \begin{array}{c}R^1COOCH_3\\ R^2COOCH_3\\ R^3COOCH_3\end{array} + \begin{array}{c}CH_2-OH\\|\\CH-OH\\|\\CH_2-OH\end{array}$$

　　トリグリセリド　　メタノール　　　脂肪酸メチルエステル　グリセリン

図 6-23　アルカリ触媒法での油脂の化学反応式① (坂 1999; 坂ほか 2001)

$$R'COOH + KOH \longrightarrow R'COOK + H_2O$$

　遊離脂肪酸　　アルカリ触媒　　　アルカリ石鹸　　　水

R^1, R^2, R^3, R' : 炭化水素基

図 6-24　アルカリ触媒法での油脂の化学反応式② (坂 1999; 坂ほか 2001)

行われ、すでに実用化されている。動物脂は固体で、植物油は液体であり、粘度が約 $50\,\mathrm{mm}^2/\mathrm{s}$、引火点が 300 ℃ と高く、このままではディーゼル燃料として用いることはできない。そこで、工業的には常圧下、50～60 ℃ にて油脂のトリグリセリドにメタノールとアルカリ触媒を加えてエステル交換し、粘度と引火点の低い FAME に変換 (**図 6-23**) して、バイオディーゼルとして用いられる (坂 1999; 坂ほか 2001)。しかし、このプロセスはアルカリ触媒として水酸化ナトリウムや水酸化カリウムが用いられるため環境への負荷が大きい。また、廃食用油に特に多く含まれる遊離脂肪酸は触媒と反応してアルカリ石鹸となり、その分離・精製も不可欠であり、触媒が必要以上に必要となる (**図 6-24**) (坂 1999; 坂ほか 2001)。したがって、数 % の脂肪酸を含有するパーム油や廃油ではアルカリ触媒法は使い難く、多種多様な油脂類への適用が困難であり、アルカリ触媒法に替わる新規技術の開発が進められている。

そのひとつに超臨界流体技術を駆使した無触媒系での種々のバイオディーゼル製造法がある。超臨界メタノールによる油脂からのバイオディーゼル製造法は、アルカリ触媒法における種々の問題を解決するべく、一段階超臨界メタノール法 (Saka 法) や二段階超臨界メタノール法 (Saka-Dadan 法) が開発された。前者の Saka 法では、**図 6-25** で示されるように、原料油脂のトリグリセリドが無触媒で超臨界メタノール (臨界点；Tc = 239 ℃、Pc = 8.1 MPa) とエステル交換して FAME となる (坂 1999)。このとき、同時に遊離脂肪酸も超臨界メ

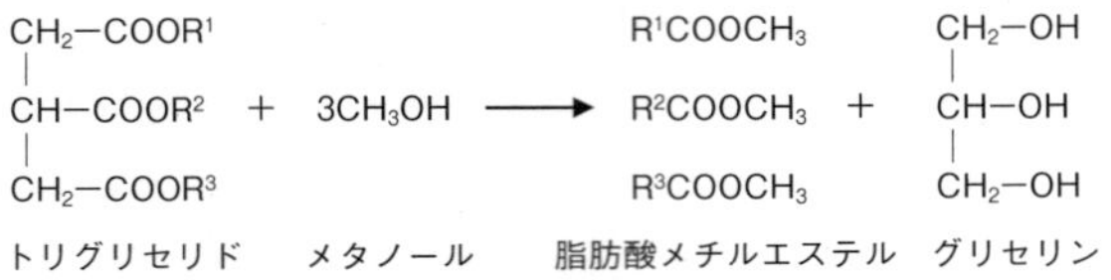

$$
\begin{array}{c}
\text{CH}_2\text{-COOR}^1 \\
| \\
\text{CH-COOR}^2 \\
| \\
\text{CH}_2\text{-COOR}^3
\end{array}
+ 3\text{CH}_3\text{OH} \longrightarrow
\begin{array}{c}
\text{R}^1\text{COOCH}_3 \\
\text{R}^2\text{COOCH}_3 \\
\text{R}^3\text{COOCH}_3
\end{array}
+
\begin{array}{c}
\text{CH}_2\text{-OH} \\
| \\
\text{CH-OH} \\
| \\
\text{CH}_2\text{-OH}
\end{array}
$$

トリグリセリド　　メタノール　　　脂肪酸メチルエステル　　グリセリン

図 6-25　一段階超臨界メタノール法(Saka法)での油脂の化学反応式①
(坂ほか 2001、2003)

$$\text{R'COOH} + \text{CH}_3\text{OH} \longrightarrow \text{R'COOCH}_3 + \text{H}_2\text{O}$$

遊離脂肪酸　　メタノール　　　脂肪酸メチルエステル　　水

R^1, R^2, R^3, R'；炭化水素基

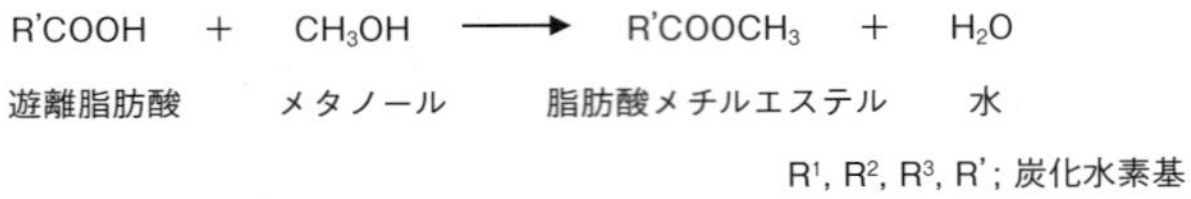

図 6-26　一段階超臨界メタノール法(Saka法)での油脂の化学反応式②
(坂ほか 2001、2003)

タノールとエステル化反応(**図6-26**)しFAMEへと変換される。したがって、油脂原料中に遊離脂肪酸が多く含まれていても高収率でFAMEが得られ、アルカリ石鹸などを生成することもない。さらに、無触媒下のプロセス故に反応後の分離・精製が容易である。

この他にも、無触媒系としてリパーゼ酵素法やイオン交換樹脂法、不均一触媒系でのバイオディーゼル製造法が開発されている。

このようにして得られたバイオディーゼルがディーゼル燃料の代替として適切な燃料特性を示すかどうかが重要である。**表6-4**には、バイオディーゼルに必要な品質項目と京都、EUおよび米国におけるそれらの燃料規格が示されており、これらすべてを満足したバイオディーゼルが必要とされている。

表6-5には、それらの品質項目のうち、ヨウ素価や曇り点、動粘度などのバイオディーゼル燃料特性を木質系バイオディーゼルに対して示している。ヨウ素価については、パーム油の57からスナバコノキ油の130と樹木によって大きく異なっている。ヨウ素価($gI_2/100\,g$)はトリグリセリドを構成する脂肪酸の不飽和基に基づくものであり、バイオディーゼルの燃料特性に大きな影響を及ぼす指標で、重要な燃料特性の一つである。すなわち、トリグリセリドを構成する飽和脂肪酸と不飽和脂肪酸の割合を示し、ヨウ素価が小さい油脂は飽和脂肪酸組成が多く、酸化安定性の良いバイオディーゼルが得られるが、飽

表6-4 京都、EUおよび米国でのバイオディーゼル燃料の品質規格

品質項目, 単位	バイオディーゼル品質規格		
	京都	EU(EN-14214)	米国(ASTM-D6751)
密度(15℃), g/cm^3	0.86～0.90	0.86～0.90	−
動粘度(40℃), mm^2/s	3.5～5.0	3.5～5.0	1.9～6.0
流動点, ℃	≦−7.5	−	−
曇り点, ℃	−	−	Report
目詰まり点, ℃	≦−5	−	−
10％残留炭素分, 質量％	≦0.3	≦0.3	≦0.5
セタン価	≧51	≧51	≧47
硫黄分, mg/kg	≦10	≦10	≦500
引火点, ℃	≧100	≧101	≧130
水分, mg/kg	≦500	≦500	≦500
モノグリセリド, 質量％	≦0.8	≦0.8	−
ジグリセリド, 質量％	≦0.2	≦0.2	−
トリグリセリド, 質量％	≦0.2	≦0.2	−
遊離グリセリン, 質量％	≦0.02	≦0.02	≦0.02
全グリセリン量, 質量％	≦0.25	≦0.25	≦0.24
エステル含有量, 質量％	≧96.5	≧96.5	−
メタノール, 質量％	≦0.2	≦0.2	≦0.2
I族元素(Na+K), mg/kg	≦5	≦5	−
酸価, mgKOH/g	≦0.5	≦0.5	≦0.5
ヨウ素価, gI$_2$/100g	≦120	≦120	−
硫酸灰分, 質量％	−	≦0.02	≦0.02

和脂肪酸は融点が高いため、冬場でのバイオディーゼルの低温流動性に負の影響を及ぼす。したがって、酸化安定性と低温流動性はトレードオフの関係にあり、両者をバランスよく満足させる適切なヨウ素価のバイオディーゼルが望まれる。

　その意味で、ナンヨウアブラギリのクルカス油はヨウ素価が95と適当な範囲にある。一方、ミフクラギは飽和脂肪酸($C_{16:0}$；パルミチン酸メチル)組成が高く、ヨウ素価は80であり、曇り点も高いため寒冷地での使用には限界がある。さらにギニアアブラヤシのパーム油はヨウ素価が57ときわ立って高い価を示し、曇り点も15℃と高い。一方、スナバコノキは曇り点が0℃で優れた低温流動性を示しているが、多価不飽和脂肪酸($C_{18:2}$；リノール酸メチル)組成が極めて高く、ヨウ素価も130と高い値を示し、酸化安定性に劣ることが明ら

表6-5 広葉樹油脂の収量および脂肪酸組成と得られたバイオディーゼルの燃料特性

樹木	油脂	油分収量(重量%)	脂肪酸組成(重量%)					ヨウ素価 $gI_2/100g$	曇り点 ℃	動粘度(40℃) mm^2/s
			$C_{16:0}$	$C_{18:0}$	$C_{18:1}$	$C_{18:2}$	$C_{18:3}$			
ナンヨウアブラギリ	クルカス油	49	15.1	7.1	44.7	31.4	0.2	95	7	3.48
ミフクラギ	ミフクラギ油	54	20.2	6.9	54.2	16.3	−	80	7	3.54
スナバコノキ	スナバコノキ油	55	10.7	3.4	22.6	60.4	2.7	130	0	3.29
クロヨナ	クロヨナ油	56	?	?	?	?	?	?	?	?
ギニアアブラヤシ	パーム油	20	39.5	4.1	43.2	10.6	0.2	57	15	3.54

かである。これらの結果から、わが国のような冬場の低温地域ではナンヨウアブラギリのクルカス油が適切である。一方、熱帯地域ではヨウ素価の低いミフクラギやギニアアブラヤシが適当で、酸化安定性の高いバイオディーゼルとして利用できる。

このように広葉樹の果実の油脂がバイオディーゼルとして利用できるが、実用化のためにはさらに多くの課題を克服しなければならない。すなわち、上述の燃料特性に加え、果実の安定した収穫が求められる。広葉樹は多年生であり、成熟樹では果実の収穫も安定しており、特にナンヨウアブラギリでは年に複数回の果実の収穫が可能で、種子収量で3,000〜4,000 lbs/acre(Jain et al. 2010)が報告されている。ちなみに、パーム油は6,251 lbs/acre、ココナツ油3,600 lbs/acre、ナタネ油は2,000 lbs/acreが報告されている(Jayed et al. 2009)。

また、ナンヨウアブラギリは比較的乾燥した荒れ地での栽培が可能であり、世界各地で植林が進められている。しかし、食用油には適さない毒性物質が油脂に含まれており、油脂の抽出には安全性の配慮が必要である。

6.4.3. バイオディーゼルの燃料特性、生産量と政策

得られたバイオディーゼルは、表6-6に示すように酸性雨の原因となる硫黄酸化物(SO_x)や黒煙が軽油に比べて少なく、浮遊粒子状物質が減少するため、排ガスのクリーン化効果がある。さらにバイオマス起源であるため、地球上の炭素バランスを崩さないが、炭素、水素以外に酸素が11%程度含まれ、軽油と比較して発熱量が低下する。しかし、黒煙が少なく、軽油に比べより完全燃

表6-6 バイオディーゼル燃料と軽油の比較(坂 1999; 坂ほか 2001)

燃料／排ガス性状	バイオディーゼル	軽　油	基準値
燃料			
流動点(℃)	−5.5	−11.5	−7.5 以下
動粘度(mm^2/s)	5.6	3	1.7 以上
引火点(℃)	135〜145	88	45 以上
硫黄分(％)	0.0001	0.2	0.2 以下
炭　素(％)	77.1〜77.9	87.2	
水　素(％)	11.7〜11.8	12.8	
酸　素(％)	11.1〜11.2	0	
排ガス*			
黒煙濃度(％)	6	18	
CO_2(％)	3.2	3.6	
SO_X(ppm)	＜0.2	22	
NO_X(ppm)	125	135	
CO(ppm)	219	174	
HC(ppm)	39	33	
ホルムアルデヒド(ppm)	8.8	6.9	
ベンゼン(ppm)	0.4	0.4	

*冬季での調査

焼し走行にはそれ程の性能低下は見られず、環境・安全の観点から法律的にも軽油の強制規格基準を満足している(坂 1999; 坂ほか 2001)。

バイオディーゼルに対し、EU-27では軽油にバイオディーゼルを5〜30％添加して利用しており、2008年には881万トンの生産量に達しているが、わが国では京都市を中心に0.4〜0.5万トン程度の利用にとどまっている。日本における年間の廃油量は42〜56万トンで(南ほか 2001)現実にはこのうち数万トン程度の廃油しか回収が見込めず、わが国で利用されている軽油約4,100万kℓ(2003年度)の0.1〜0.2％程度しかまかなうことができない。今後、休耕田を有効に利用してナタネ栽培を推進するか、東南アジアに目を向け、ギニアアブラヤシのパーム油やナンヨウアブラギリからのクルカス油を利用するなど原料の確保が課題である(今原ほか 2007)。

さらに、地球温暖化と連動して、バイオディーゼルは、EUを中心に税の優遇措置のもと実用化がかなり進んでいる。またドイツでは非課税であったバイオディーゼルに対し、2006年8月より9％の課税に踏み切り、段階的に2012

年までに45％の税が課せられるところまで進んでいるが、わが国においてはようやく品質規格が定められたところで、B100（100％バイオディーゼル）でない限り依然として地方税法による課税の対象となっている。一日も早く、わが国においても税の優遇措置によりバイオディーゼルに市民権が与えられることが望まれている。

〈文　献〉

アジアバイオマスオフィス（2009）「アジアでEFB発電が普及段階に」、http://www.asiabiomass.jp/topics/0905_03.html

今原裕章、南　英治、服部　亮、村上洋司、松井信彰、坂　志朗（2007）「バイオディーゼル燃料製造のための油脂資源の現状と展望」、エネルギー・資源、**28**(3)、175-179頁．

江原克信、坂　志朗（2001）「酸加水分解」、『バイオマス・エネルギー・環境』所収、坂　志朗編著、アイピーシー、251-260頁．

河本晴雄（2006）「バイオマス発電システムの設計」、『バイオマス発電の最新技術』所収、吉川邦夫、森塚秀人監修、シーエムシー出版、3-13頁．

関西電力ホームページ（2009）「舞鶴発電所におけるバイオマス燃料の混焼」http://www.kepco.co.jp/corporate/csr/act_principle_2/electricity06.html

熊崎　実（2005）「木質ペレットのすべて①　ペレットはどのようにしてつくられるか」、季刊・木質エネルギー、No. 8、20-22頁．

経済産業省ホームページ（2012）「再生可能エネルギーの固定価格買取制度について」http://www.meti.go.jp/press/2012/06/20120618001/20120618001.html

近藤昭彦（2005）「アーミング酵母によるバイオエタノール製造技術」『エコバイオエネルギーの最前線』所収、植田充美、近藤昭彦監修、シーエムシー、41-52頁．

坂　志朗（1999）「超臨界流体のポスト石油化学への応用―超臨界メタノールによる植物油のバイオディーゼル燃料への変換―」、Jasco Report、**3**、28-31頁．

坂　志朗（2006）「解説：バイオエタノール燃料の最新技術と課題―さらなる普及に向けて化学者ができること―」、化学、**61**(11)、12-16頁．

坂　志朗（2010）「ポスト化石時代の幕明け　バイオマスの利活用：期待と課題」、THE TRC News、111、1-14頁．

坂　志朗、Kusdiana, D.（2001）「バイオディーゼル燃料」、『バイオマス・エネルギー・環境』所収、坂　志朗編著、アイピーシー、454-462頁．

坂　志朗、Kusdiana, D.（2003）「超臨界流体のポスト石油化学への応用(2)―2段階超

臨界メタノール法による油脂からのバイオディーゼル燃料—」、Jasco Report、**7**、10-13頁。

坂　志朗、江原克信（2002）「超臨界流体によるバイオマス研究の試み(II)」、Cellulose Communications、**9**(3)、137-143頁。

坂　志朗、江原克信（2003）「超臨界水によるバイオマスの分散処理システム」、エネルギー・資源、**24**(3)、29-33頁。

笹内謙一（2006）「森林バイオマスのガス化発電」、『バイオマス発電の最新技術』所収、吉川邦夫、森塚秀人監修、シーエムシー出版、131-141頁。

鮫島正浩（2001）「酵素糖化」、『バイオマス・エネルギー・環境』所収、坂　志朗編著、アイピーシー、261-278頁。

島地　謙（1982）「樹木」、『木材工学事典』所収、日本材料学会木質材料部門委員会編、工業出版、253-254頁。

独立行政法人新エネルギー・産業技術総合開発機構（2001）「バイオマスを利用したガソリンのオクタン価向上による二酸化炭素排出削減に関する調査・研究」、『平成12年度新エネルギー・産業技術総合開発機構調査報告書(NEDO-GET-0001)』、167頁。

独立行政法人新エネルギー・産業技術総合開発機構（2009）「加圧熱水・酢酸発酵・水素化分解法によるリグノセルロースからのエコエタノール生産」、『バイオマスエネルギー先導技術研究開発』、17頁。

頓宮伸二（2007）「木質バイオマスによる冷暖房システム〜木質ペレットを直接燃焼し冷暖房する〜」、季刊・木質エネルギー、No. 17、12-14頁。

森林総合研究所（2004）「エネルギー利用の形態」、『木材工業ハンドブック(改訂4版)』所収、日本材料学会木質材料部門委員会編、丸善、1042頁。

住友林業フォーレストサービス(株)（2010）「端材や枝条等の低コスト集荷システムの開発および発電用燃料への利用実証事業」、平成21年度木質資源利用ニュービジネス創出モデル実証事業成果報告書、全国木材協同組合連合会、183-200頁。

種田大介（2006）「濃硫酸法バイオマスエタノール製造プロセス」、Cellulose Communications、**13**(2)、49-52頁。

谷口美希、西山明雄、笹内謙一、吉田貴紘、高野　勉（2010）「小型バイオマスガス化発電実証試験装置におけるバークのガス化発電試験」、第19回日本エネルギー学会大会講演要旨集、92-93頁。

日経産業新聞（2009）「バイオマス発電　廃材足りない」、日経産業新聞2010年9月22日付、22頁。

日本エネルギー経済研究所計量分析ユニット編（2008）エネルギー・経済統計要覧、(財)省エネルギーセンター。

(財)日本住宅・木材技術センター（2009）、平成20年度木質ペレット供給安定化事業報告書、日本住宅・木材技術センター、23頁。

(一社)日本木質ペレット協会（2010）、平成21年度木質ペレット供給安定化事業報告書、61-79頁。

(一社)日本木質ペレット協会（2011）木質ペレット品質規格、http://www.mokushin.com/jpa/news/news_04.pdf

農林水産技術会議報道発表（2004年3月19日）、http://www.s.affrc.go.jp/docs/press/2004/0319.htm

野村　崇、源済英樹、吉田貴紘、佐野哲也、大原誠資（2010）「高カロリー木質ペレット「ハイパー木質ペレット」製造の基礎研究―(1)熱処理条件の検討」、第60回日本木材学会研究発表要旨集、PQ023。

バイオ燃料技術革新協議会（2008）『バイオ燃料技術革新計画』。

樋口隆昌（1973）「植物の進化を探るリグニンの化学」、化学、**28**(3)、226-233頁。

株式会社ファーストエスコ（2009）「森林からの木質バイオマスの総合リサイクル推進実証事業」、平成20年度木質資源利用ニュービジネス創出モデル実証事業成果報告書、全国木材協同組合連合会、155-172頁。

藤波晶作（2009）「木質系廃棄物、廃プラスチックのガス化」、『バイオマスハンドブック第2版』所収、日本エネルギー学会編、オーム社、231-238頁。

松村幸彦（2003）「バイオマス利用技術への課題」、『バイオエネルギー技術と応用展開』所収、柳下立夫監修、シーエムシー出版、14-22頁。

南　英治、坂　志朗（2001）「日本でのバイオマス資源量」、『バイオマス・エネルギー・環境』所収、坂　志朗編著、アイピーシー、61-103頁。

三輪浩司、奥田直之（2003）「有害化学物質・廃棄物処理技術の実際 バイオマスエタノール技術」、化学装置、**45**(7)、69-73頁。

森塚英人（2006）「ガス化発電技術の海外動向」、『バイオマス発電の最新技術』所収、吉川邦夫、森塚秀人監修、シーエムシー出版、63-83頁。

吉田貴紘、本田敦子、宮本康太、井上明生（2006）「合板の熱的挙動に及ぼす接着剤の影響」、日本木材加工技術協会第24回年次大会講演要旨集、81-82頁。

吉田貴紘（2006）「木質残廃材のエネルギー利用の現状と事例紹介」、『木材の化学と利用技術VIV』所収、日本木材学会編、日本木材学会、67-81頁。

吉田貴紘（2009）「バイオマス発電」、『森林大百科事典』所収、森林総合研究所編、朝倉書店、535-537頁。

吉田貴紘、今冨裕樹、田中良明、外崎真理雄、藤間　剛、山本幸一、中村松三（2009）「インドネシアにおける木材伐出・加工におけるエネルギーフロー解析」、海外の森林と

林業、No. 75、38-44頁。

林野庁（2010）「木質バイオマスの利用拡大」、『平成22年度森林・林業白書』所収、林野庁編、(社)全国林業改良普及協会、110-111頁。

Bergman, P. C. A., Boersma, A. and Kiel, J. H. A. (2007) Torrefaction for biomass conversion into solid fuel. *Proceedings of the 15th European Biomass Conference and Exhibition*, 78-82, Berlin, Germany.

Bioenergy International (2009) The great pellets map issue 2009. *Bioenergy International*, No. 41.

Bioenergy International (2010) The world of pellets. *Bioenergy International*, No. 42, Appendix.

Eggeman, T. and Verser, D. (2006) The importance of utility systems in today's biorefineries and a vision for tomorrow. *Appl. Biochem. Biotechnol.* 129-132, 361-381.

Han, G. S. and Jin, S. (2010) Opportunities and barriers for wood pellet production and utilization in Korea. *Proceedings of XXIII IUFRO WORLD CONGRESS*, Seoul, Korea.

Jain, S. and Sharma, M. P. (2010) Prospects of biodiesel from Jatropha in India: A review. *Renew. Sust. Energy Rev.*, **14**(2), 763-771.

Jayed, M. H., Masjuki, H. H., Saidur, R., Kalam, M. A. and Jahirul M. I. (2009) Environmental aspects and challenges of oilseed produced biodiesel in Southeast Asia. *Renew. Sust. Energy Rev.*, **13**(9), 2452-2462.

Rabemanolontsoa, H., Ayada, S. and Saka, S., Quantitative method applicable for any biomass species to determine their chemical composition. *Biomass and Bioenergy*, **35**(11), 4630-4635.

Timell, T. E. (1967) Recent progress in the chemistry of wood hemicelluloses. *Wood Sci. Technol.*, **1**, 45-70.

（吉田貴紘・坂　志朗）

第 7 章　用材利用

7.1. 中国における早生樹資源とその有効利用

　近年、中国における林産業、木材工業およびボード産業は急速に成長し、目覚ましい発展を遂げている。第6回中国森林資源調査(1999年～2003年)によると、中国の森林面積は1億8,000万haであり、国土面積の18.21％を占め、木材総蓄積量は124.6億m^3である。その中の植林面積は5,500万haに達し、世界の1/4に占め、植林木材の蓄積量は16億m^3および、世界一の規模である。近年、木材工業およびボード産業の急速な発展に伴い、中国では木材の消費量が急増し、木材の輸入は大幅に増えつづけている。1998年には原木と製材の輸入量が約700万m^3であったが、2003年には原木のみの輸入量は2,600

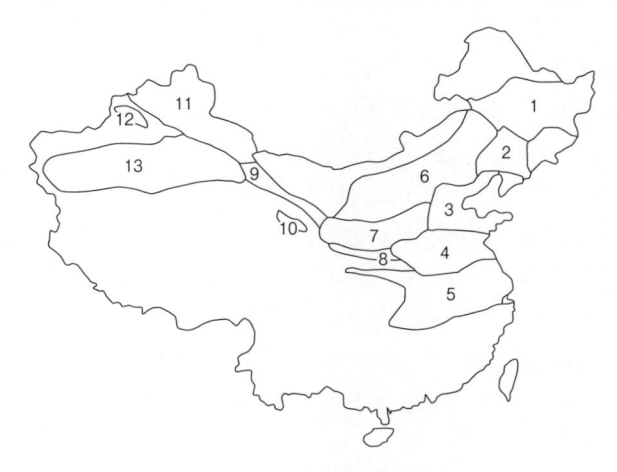

図 7-1　中国におけるポプラ資源の分布(唐羅忠 2007)
1. 松嫩及三江平原；2. 松遼平原；3. 海河平原および渤海沿岸；4. 黄淮流域；5. 江淮流域；6. 内モンゴル高原；7. 黄土高原；8. 渭河流域；9. 河西走廊流域；10. 青海高原；11. 北新疆ウイグル自治区；12. 伊犁河谷区；13. 南新疆ウイグル自治区

表7-1　ポプラ年間平均材積成長量(小川 1998)

樹種・品種(楊はポプラの中国名)	平均輪伐年数(年)	年平均材積成長量(m^3/ha/year)
I-72楊、I-69楊、I-63楊	7	19.5
白毛楊、I-214楊、沙蘭楊、I-72楊、I-69楊、I-63楊	11	18.0
白毛楊、I-214楊、沙蘭楊、健楊、北京楊、群衆楊	11	16.5
新彊楊、銀白楊	15	16.5
群衆楊、新彊楊、健楊	15	15.5
白毛楊、I-214楊、沙蘭楊	12	15.0
北京楊、群衆楊、小黒楊、昭林6楊、赤峰楊、沙蘭楊、健楊	14	15.0
白毛楊、北京楊、群衆楊、小黒楊、新彊楊	14	12.0
北京楊、群衆楊、小黒楊、小青黒楊、白城楊	14	12.0
北京楊、群衆楊、新彊楊、銀白楊、箭杆楊、額河楊	15	12.0
北京楊、新彊楊、青楊	15	12.0
北京楊、群衆楊、新彊楊、二白楊、箭杆楊	15	10.5

万m^3を突破し、日本に次ぎ世界二番目の木材輸入大国となった。木材消費量の増加に従って、早生樹植林の栽培と有効利用は益々重要視され、植林木材の有効利用がなければ中国の木材工業は成り立たないと思われる。本節には中国における早生樹資源とその加工利用の現状を紹介する。

7.1.1. ポプラ

ポプラは中国における早生樹植林の中で最も重要な樹種である。中国におけるポプラ資源の分布は**図7-1**に示す。中国におけるポプラ資源は西北地区、東北地区、華北地区および華中地区に広く分布している。早生樹ポプラは江蘇省、山東省、安徽省、河南省および浙江省等に多く植林されている。

世界で天然ポプラの種類は約100種余り、中国原産のポプラは53種がある。ポプラはヤナギ科のポプラ属(*Populus*)に属し、土地への適応性が強く、成長は早く、材質は白く、軽くて、切削しやすく、使いやすい木材である。早生樹ポプラは良い立地条件で、ha当たり年間30m^3以上の木材を生産できる。**表7-1**にポプラ年間平均材積成長量を示す。

ポプラは中国植林木の主要な樹種であり、現在総植林面積は800万haに達し、利用できるポプラ林は300万ha以上で、木材蓄積量は2億m^3に及んだ(呉2008)。中国には年間約5,000万m^3のポプラ木材を合板製造に提供できる。

図 7-2　ポプラ植林の風景(撮影：張　敏)

　早生樹ポプラの有効利用により、この 20 年の間、中国の木材工業とボード産業は目覚ましい発展を遂げてきた。主な木材製品の生産量と貿易量は大幅に増加し、合板、ファイバーボード、パーティクルボード、家具およびフローリングなどの生産量は世界のトップに達している。2008 年は中国の木材生産量は 8,100 万 m^3、各種木質材料の製造量は 9,400 万 m^3、木材工業の就労人口は 1,200 万人であり、総生産高は 1,818 億米ドルを超えた。その中、フローリングの製造量は 3.5 億 m^2 に達し、家具や内装ドアおよび木製窓の売り上げはそれぞれ 545 億米ドル、75 億米ドルおよび 23 億米ドルを上回った。**図 7-2** にポプラ植林の風景を示す。

7.1.2.　ポプラの加工利用

　中国におけるポプラの加工利用は 1970 年代の後半からはじまり、当初の製品はほとんど合板とパーティクルボードであった。1990 年代に入ってから、様々な技術と新商品が開発され、例えば、高温熱処理、フェノール樹脂接着剤による含浸、単板の染色、単板のセラミックス化技術が次々に導入された。また、ポプラ MDF(Medium Density Fiberboard)、配向性パーティクルボード、LVL(Laminated Veneer Lumber)、竹や無機質材料との複合材料の製造も行われている。今まで、中国のポプラ産業は以下のように変遷してきた。

7.1.2.1.　厚物製品への転換

　早生樹ポプラは主に合板のコア用材として使われている。最初は 3 層や 5 層構造の薄型合板およびつき板貼りの合板ばかりがつくられ、最近は多層構造を

表7-2 中国の合板生産量の動向(森林総合研究所 2010)

年度	2000	2002	2004	2006	2007	2008	2009
生産量 (万m^3)	993	1,135	2,099	2,729	3,561	3,541	4,451

有する中厚および厚物合板、LVL、ランバーコアも製造されている。中国の合板主産地では、たいてい、フェイスバックに輸入原木による単板あるいは輸入単板を用い、コアに早生樹のポプラ単板やユーカリ単板および国産雑木を用いた合板をつくっている。

また、外輪駆動のロータリーレースの導入によって、小径木ポプラの利用は可能になり、単板歩留も格段に改善された。現在、直径18～30cmのポプラ丸太を用いて木芯は3～5cmまで剥くことができる。

中国における合板生産量の動向を表7-2に示す。1990年の合板生産量は76万m^{3}に過ぎなかったが、2000年にはその13倍の993万m^{3}に増加してきた。その後、中国の合板産業は安定的に1,000万m^{3}前後の生産量を保っており、2003年には2,000万m^{3}を突破し、アメリカと並べて世界一の合板生産大国となった。2007年の合板生産量は3,000万m^{3}を突破し、2009年には4,451万m^{3}に達した。中国合板産業のこのような目覚ましい発展は早生樹ポプラの有効利用によるものと思われる。

また、ランバーコア産業は中国における木材工業の一大パネル産業で、2006年の年間製造量は1,400万m^{3}に接近した。図7-3のように、ランバーコアのコアはポプラの小径木や加工廃棄物を多く使用するが、フェイス材料のほとんどもポプラ単板が用いられる。ランバーコアがパーティクルボードやMDFに替わりに家具や内装に使えるので、中国では盛んにつくられ、広範に使用されている。中国の家具会社や合板会社の附属工場として多くのランバーコアの工場を設けられ、また、ランバーコアの持っている無垢材の感覚とその使いやすさにより、中国で絶大な人気を呼んでおり、生産量は年々増加している。中国のランバーコアの工場数は1,570社にのぼり、2003年の生産量は617万m^{3}に達し、同年度のパーティクルボード生産量を上回った。更に2005年は1,000万m^{3}におよび、一大木質パネル産業として位置づけられ、これもポプラの有

図 7-3　ランバーコアの構造（撮影：張　敏）

効利用を伺わせる。

　一方、ポプラの小径木、木芯および加工廃棄物を普通のMDF、HDF（High Density Fiberboard）およびパーティクルボードの原料として広く使われてきた。

7.1.2.2.　機能性への付与

　ポプラ合板に用いた接着剤の大半は耐水性に乏しいユリア樹脂接着剤であり、ホルムアルデヒドの放散も問題になっている。近年、低ホルマリンの接着剤の使用やキャッチャー剤の添加により、環境に優しい合板つくりがはじまっている。また、高耐水性・耐湿性のポプラ合板も製造されている。

　また、ポプラ合板は内装材から建築材に転換するために、耐火性能が要求され、難燃性機能の付与を行っている。

7.1.3.　ポプラ加工製品の用途

　ポプラ産業の拡大とともに、ポプラ加工製品の用途も様々な分野に広がっている。

7.1.3.1.　家具素材

　中国の家具産業は1980年代以前は半機械化と半手工化生産レベルにすぎなかった。1980年代中期頃、海外からの200余りのパネル家具生産ラインの導入によって、家具の製造レベルは一段と改善された。1990年代に入って以来、中国の家具工業は年間15～20％の増加率で成長し、家具の売り上げは1990年代初頭の年間15億米ドルから、2000年の145億米ドルに成長し、更に2008年

は545億米ドルに達した。現在では、中国の家具工場の数は5万社余りで、従業員は500万人以上と言われている。2002年には、家具産業に使われた木材および各種木質材料の量は4,000万m^3で、2004年には、その使用量は5,500万m^3を超えた。木質パネル家具の製造にはポプラMDFとポプラパーティクルボードを多く使っている（林 2006）。

一方、ポプラ無垢材家具の生産もはじまり、生産規模はどんどん大きくなり、生産量は年々に増えている。

7.1.3.2. フローリング基材

中国のフローリング産業は木材工業の中で最も新しい産業と言える。1990年代に入ってから、住宅の私有化改革とともに、新しい内装材料としてフローリング産業が生まれた。近年、中国の不動産産業や内装ブームの進展に伴って、フローリング産業は急速な発展を遂げている。フローリングの種類を大きく分ければ、HDFフローリング、無垢材フローリング、合板複合フローリングおよび3 layerフローリングがある。現在、各種フローリングの生産メーカーは3,000社に達し、従業員数は100万人を超えている。中国のフローリングの生産量は2000年に約1億m^2、2005年は3億m^2、2008年は3.5億m^2に達し、2010年は4.5億m^2を超えた。特に、近年はHDFフローリングや無垢材フローリングの割合は減少する傾向で、3 layerフローリングの割合は急激に増加している。3 layerフローリングの見た目感じは無垢材に近いが、無垢材より大幅に安くなるので、中国で絶大な人気を呼んでいる。HDFフローリング基材はポプラを原料としたHDFを用いている。合板複合フローリングの基材もポプラ合板を用い、3 layerフローリングのコアとバックにはポプラの薄板や単板も大量的に使っている。

7.1.3.3. 型枠合板

近年、中国の不動産産業は盛んに発展している。生活インフラの整備について、例えば、高速道路、高速電車の線路、橋およびトンネルなどの建設は大規模に行われている。建築用型枠合板のニーズは非常に高まり、ポプラ型枠合板会社が数多く設立され、ポプラ型枠合板は幅広く使われている。

7.1.3.4. インテリア材料

厚さ3mm以下の薄い合板の中で3プライの構造は最も高い割合を示す。真

ん中層は比較的厚いポプラ単板を用い、フェイスとバックには比較的薄いポプラ単板が用いられる。1980年代の後半には、ツキ板張りの化粧合板が流行しはじめ、その技術は日本から来たもので、厚さ0.12～0.3mmのツキ板が湿式で張られている。ツキ板の樹種はヨーロッパケヤキ（ピーチ）が大流行で、また、ヤチダモ、ゴムの木、キリ、チーク、クスノキ、マホガニーなどの様々な樹種がある。最近は、杢を用いたツキ板貼りの化粧合板は高級品と思われ、人気が高まっている。これらの化粧合板の芯板はほとんど3プライの薄いポプラ合板である。厚さは3mm以下のポプラ薄物合板が最も盛んに製造され、ツキ板張りの化粧合板と同じ主にインテリアおよび家具製造に供する。

7.1.3.5. 構造材料

中国ではポプラOSB（Oriented Strand Board）の生産ラインを4つ保有している。また、一部合板製造企業はポプラLVLの生産設備を導入し、LVLの生産も行っている。近年、中国国内には構造用材のニーズが拡大しつつあり、ポプラLVLの輸出も増えている。

7.1.3.6. 梱包材料

中国は世界トップクラスの貿易大国でもあり、検疫上は熱処理されていない無垢の木材は梱包材料として使えないので、梱包用のポプラ合板は盛んにつくられる。日本は2005年と2006年はそれぞれ中国から40万m^3と65万m^3のポプラ合板を輸入し、ほとんど梱包用のポプラ合板であった。

2007年以後は南洋材合板が供給不安定となり、ポプラ合板を中心とした中国製合板の輸出量は年々も増え、年間1,000万m^3に達している。

7.1.4. ポプラ材の欠陥と加工利用の問題点

早生樹ポプラの成長は早く、幹は通直、材質は軽くて靭性を持ち、色や木理も綺麗、病気や害虫による害が少なく、加工しやすい特徴もあるので、優秀な植林樹種として位置付けられている。しかしながら、ポプラの辺芯材の含水率差は大きく、均一乾燥は難しい（王 1995）。変色し易く、菌がつき易く、柔らかい材質にも関わらずロータリー単板表面の平滑性を得にくい（王 2008）。また、木理の異向性に問題が多い。ポプラ材とポプラ加工製品は寸法安定性に乏しく、反り、割れ、ねじれおよび様々な変形問題への対策が強く求められている。

図 7-4　燻煙熱処理後のポプラ丸太(撮影：張　敏)

例えば、ポプラ合板の内部応力は様々な原因で発生し、その性質に大きな影響を与えるので、これらの内部応力の緩和と除去技術は必要である。

単板含水率が繊維飽和点以下になると、単板は収縮しはじめ、収縮応力は発生する。ポプラ単板まさ面方向(単板の幅方向)の収縮は最も大きく、直径方向(単板の厚さ方向)の収縮はそれに次ぎ、繊維方向(単板の長さ方向)の収縮は最も小さい。各方向収縮の違いによって内部収縮応力は発生する。また、単板乾燥の工程に単板端部と中心部の含水率差異により、含水率応力は発生し、内部応力を更に増大させる。一方、ポプラ合板を熱圧する工程において、コア単板よりフェイス単板の変形が遙かに大きいので、残存応力は合板内部に残る。これらの内部応力によって、ポプラ単板は割れやすく、波型単板は多発する。ポプラ合板も反り、ねじれ、変形し易くなる。

7.1.5.　ポプラの加工利用に関する技術開発

ポプラ材質を改善し、その有効利用をはかるために、中国で様々な研究開発が行われてきた。最も集中的に行われた基礎研究は、ポプラ材の解剖学特性(柴ほか 1993; 王ほか 2001; 李 2002; 仁ほか 2006)、物理力学性能分析、立地条件と成長環境がポプラ材質への影響などが挙げられる(劉 2001; 曹ほか 1994; 費ほか 2007)。応用研究について、ポプラ単板のロータリー切削、乾燥、熱圧および接着剤の開発に関する研究は多い。真空マイクロ波乾燥や高温高湿度乾燥および連続熱圧乾燥技術は次々開発された。特にポプラ単板の連続熱圧乾燥技術は合板製造効率を数倍も引き上げ、生産コストを大幅にダウンさせた。

また、燻煙熱処理技術はポプラ丸太の乾燥処理に試みられた(劉ほか 2010; 張ほか 2011)。**図 7-4** にポプラ丸太の燻煙熱処理後の様子を示す。ポプラ丸太

を用い、燻煙熱処理窯に設置し、材内温度を70℃〜95℃の範囲内にコントロールし、一定の時間で燻煙熱処理を行った。

燻煙熱処理したポプラ丸太を用いて、ロータリー単板を製作した。単板の表面性は著しく改善され、ねじれ、割れが大幅に抑えられ、波型の単板は顕著に減少した。このような単板によって3層構造の薄い合板と5層構造の中厚合板を製造し、得られた合板の剥離強度は倍増し、曲げ強度、曲げヤング率、せん断強度も増加した。また、吸水・吸湿による寸法安定性は大幅に向上した。図7-5にポプラ合板の剥離強度の比較を示している。

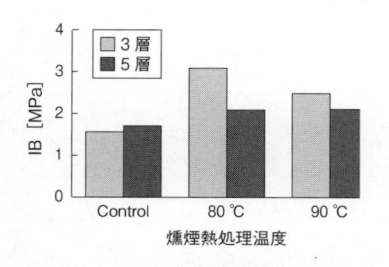

図7-5 ポプラ合板の剥離強度
(張ほか 2011)

7.2. メコンデルタ地域におけるメラルーカの利用可能性

7.2.1. はじめに

東南アジアには、植物バイオマスが豊富に存在し、この中でもリグノセルロース系資源である木質系バイオマスが多量に使用されている。しかしながら、熱帯産木材の生産・供給は従来のフタバガキ科から、早生樹種をはじめとする木質系(アカシア、ユーカリ、メラルーカ、ファルカタ等)および非木質系(ケナフ、竹、バガス、イネ、ジュート等)の人工林(植林)による生産・供給に変更してきている。このような状況下、今後の木材資源の供給に影響を与える地域およびそれらの利用を含めた各種情報等の整理が必要となっている。その他、植林には木質系材料としての利用が目的ではないオイルパーム、ゴム、果樹なども急増している。さらに、海岸部に植林されているマングローブあるいは酸性土壌で生育可能なメラルーカなど地域によっては、かなりの材積量になることから、これらの有効利用は地域にとっては経済を左右する重要な課題である。なお、これらの資源は、東南アジアにおいては、天然資源の消費抑制、環境負荷の低減など環境保全を担う重要なバイオマス資源でもある。

図 7-6　メコンデルタの酸性硫酸塩土壌に植林されているメラルーカ(ロンアン省タンホア郡)(撮影：佐藤雅俊)

図 7-7　メラルーカ植林地内部
(メラルーカの樹齢約10年、ロンアン省タンホア郡)(撮影：佐藤雅俊)

そこで、バイオマス資源の中でも地域経済の持続的な発展および農民の生活向上に直接関連することからその有効利用技術の開発が急務であるベトナム・メコンデルタの酸性硫酸塩土壌地域に植林されているメラルーカ(図7-6、7-7参照)を対象として、それらの利用開発等について述べる。

7.2.2.　メラルーカ植林およびメラルーカ材の現状
7.2.2.1.　メラルーカ(*Melaleuca cajuputi*)について

メラルーカは、耐酸性を有することから農耕地に利用することができない酸性硫酸塩土壌あるいは塩分の多い土壌に自生する(緒方 1969)。分布地域は、オーストラリア北部からニューギニア南部、マラッカ諸島、インドネシア、マレーシア、タイ、ベトナムである。メラルーカ属は220種からなり、そのほとんどはオーストラリアに分布する。このうち東南アジアにまで分布するメラルーカに対しては、*M. leucadendron* の名があたえられているが、その中でも東南アジアに分布しているメラルーカは *M. cajuputi* といわれている。一般名は、インドネシア：Kayu putih、Galam、Gelam、マレーシア：Kayu putih、Gelam、カンボジア：Smatch chanlos、タイ：Samet-khao、ベトナム：Cu tram

などと呼ばれている。

メラルーカの一般的な利用は、主に葉からの精油（メラルーカ油・カユプテ油）の採取である（図7-8参照）。メラルーカ材の物理的・機械的性質については、他の早生樹種と遜色はない（Sato *et al.* 2005）。放射組織にはシリカを含み（0.35〜0.8％）、切削用の刃物を鈍くする可能性があるが、アピトンと同程度である（Kato *et al.* 2005）。また、接地または水中での耐朽性はかなり高く、強度は他の樹種に比べ高いため、構造用材料として利用できる。このことは、屋外あるいは湿潤環境においても、他の早生樹種などよりも耐久性が高いことを意味し、屋外用の家具や建築用材への利用に関しては有利であることを示唆している。しかし、比較的重硬であることから乾燥工程に注意が必要で、落込みはないが割れや反りを生じやすい。また、鉋削性、釘打ち性は交錯木理のため良くないことが予測されるが、家具等への試作においては、問題は認められなかった（Sato 2008）。さらに、接着性は良好で、各種の木材製品を製造する上で重要な点となる。次に、化学的な利用例であるパルプ原料としてみた場合、比較的重硬であることから、蒸解がアカシアなどより若干困難になる可能性があるとともに、繊維長が他の樹種より比較的短いとの報告がある（JBI 2005）。

図7-8　メラルーカ油抽出装置
（ロンアン省タンホア郡）（撮影：佐藤雅俊）

7.2.2.2. 酸性硫酸塩土壌地域におけるメラルーカ植林

メコンデルタ地域におけるメラルーカの植林に関しては、1998年首相決定令661/QD-TTg（500万haの森林造成国家プロジェクト）の下で実施され、1998〜2010年を目標期間と定め、その13年間に、①既存森林を個人、家族、団体に分配して森林保全と住民の生活向上を目指す。②保全林（100万ha）と特別利用林（100万ha）の造成、③300万ha生産林の造成などが計画された。メコンデルタの植林事業は上記カテゴリーでは②の特別利用林造成にあたる（JBIC

表7-3 酸性硫酸塩土壌におけるメラルーカ材の植林面積

地域（省）	メラルーカ植林面積 （2000年）：A（ha）	酸性硫酸塩土壌の面積 （1991年）：B（ha）	A/B （%）
Long An	46,319	31,784	145.7
Tien Giang	2,350	6,056	38.8
Dong Thap	4,183	30,278	13.8
An Giang	1,753	22,751	7.7
Kien Giang	2,500	109,069	2.3
Soc Trang	4,500	9,033	49.8
Can Tho	1,907	24,129	7.9
Ca Mau	28,494	81,735	34.9
合　計	92,006	314,835	29.2

注：メラルーカ植林面積に関しては、2000年にFSSIV（Forest Science Sub-Institute of South Vietnam）において実施されたメコンデルタ地域の各省における調査時点でのメラルーカの植林量を用いた（Cao, T. T. 2003）。

2005）。1997年〜2000年にはJICAプロジェクト「ベトナム・メコンデルタ酸性硫酸塩土壌造林技術開発計画」による技術協力支援が実施され、メコンデルタ入植事業によるメラルーカ植林面積は当初計画の30万haに対して10万haまで計画は順調に進んだ。その理由として、アカシア、ユーカリ、ゴムなどの早生樹種が生育できない強酸性土壌でかつ冠水する地域においても、施肥、薬剤散布あるいは間伐などの森林管理を実施することなく5〜6年で生育し杭材として利用可能なためである。

表7-3に酸性硫酸塩土壌地域においてメラルーカがどの程度植林されているかを示す（Sato 2008）。**表7-3**より、Long An省においては、酸性硫酸塩土壌の面積より多く、酸性硫酸塩土壌以外の土地にもメラルーカが植林されていることが看取されるが、酸性硫酸塩土壌が多いKien Giang省やCa Mau省においてはLong An省よりかなり低い値となっている。メコンデルタ地域の平均では約29％の酸性硫酸塩土壌地域においてメラルーカ植林が実施されていることが推測できる。ちなみに、メコンデルタの全森林面積に占めるメラルーカ植林面積の割合は約35％である（JBIC 2005）。しかしながら、現状では杭材としての利用が、コンクリートパイルの出現により需要が少なくなりつつあると同時に、2003年以来市場価格が低下したことによりメラルーカ植林から稲作

表7-4 メラルーカ植林の経費比較(植林密度30,000本/haの場合、2005年)

作業内容等		作業を全て行っている植林 (VND)	施肥・農薬散布をしない植林(VND)	OXFAM (VND)
準 備	盛り土等	2,000,000 〜 6,000,000	2,000,000	3,500,000
植 栽	苗購入	1,800,000	1,800,000	1,500,000
	植え付け	300,000	300,000	1,000,000
	施 肥	500,000	0	0
2年目	施 肥	500,000	0	700,000
	農薬散布	200,000	0	0
	間 伐	300,000	0	0
3年目	施 肥	750,000	0	700,000
	間 伐	300,000	600,000	0
4年目	施 肥	750,000	0	600,000
	間 伐	300,000	0	0
	販売(間伐材)	−2,000,000 〜 −2,500,000	0	0
5年目	施 肥	750,000	0	0
	間 伐	75,000	0	0
	販売(間伐材)	−1,000,000 〜 −1,250,000	0	0
6年目	施 肥	750,000	0	0
	間 伐	75,000	0	0
	販売(間伐材)	−1,000,000 〜 −1,250,000	0	0
7年目	伐 採	−	−	−
経費合計		5,350,000 〜 8,350,000 (357 US$〜557 US$)	4,700,000 (313 US$)	8,000,000 (533 US$)

注：1 US$ = 15,000 VND

あるいは他の作物に転換する農家が多く、メラルーカ植林の面積を維持することが困難になってきており、500万haの植林計画は大幅な計画の見直しが迫られている状況である。

7.2.2.3. メラルーカ林の植林過程および他の農作物との経費比較

メラルーカ植林の栽培の特徴は、手間をかけずに植林が可能なことであるが、坑木を生産する植林へと変化する中で、より成長を早め、材質の向上を図るために、盛り土、間伐、施肥や農薬の散布などが行われるようになり、**表7-4**に示すように植林費用が大幅に増加した(Sato 2008)。なお、**表7-4**では2005年時点においてメコンデルタ地域で一般的な栽培方法、植え付けと収穫以外手間をかけない方法、さらにイギリスのNGOであるOXFAM(Oxford

表7-5 伐採されたメラルーカ材の伐採面積、伐採時における植林密度、生産量、販売可能割合、伐採時期(2000年)

項目 地域(省)	伐採面積 (ha)	伐採時 植林密度 (本/ha)	生産量 (本)	販売可能割合 (%)	伐期 (年)
Long An	2,000	12,000	24,000,000	70～80	5～6
Tien Giang	110	12,000	1,320,000	70	5～6
Dong Thap	630	10,000	6,300,000	70	5～6
An Giang	450	12,000	5,400,000	70～80	5～6
Kien Giang	500	14,000	7,000,000	50～60	6～8
Soc Trang	400	7,000	2,800,000	70	6～8
Can Tho	140	7,000	980,000	70	6～8
Ca Mau	1,450	4,500	6,525,000	60～70	10～12
合計	5,680	－	54,325,000	－	－

Committee for Famine Relief)がメラルーカ植林の貸付融資を行った際に標準とした栽培費用についても示してある。一方、パルプ用のユーカリ・アカシア混合植林(7年間)との植林経費の比較では、ユーカリ・アカシアの商業植林(7年間)で約671US$/ha、一方、**表7-4**に示したメラルーカ植林(7年間)では357～557US$/haとパルプ用の植林よりも経費的には低いことが認められた。

次に、他の農作物との売上と栽培経費を比較すると(JBIC 2005)、稲作の場合には、売上は1作当たり約670ドル/ha(平均栽培費用:1作当たり約422ドル/ha)、パイナップルの場合には、売上は約667ドル/ha/年(平均栽培費用:約549ドル/ha/年、栽培3年経過後から収穫)、メラルーカの場合には、売上は約268ドル/ha/年(平均植林経費:約65ドル/ha/年)となり、メラルーカ植林は稲作やパイナップル栽培と比較して、収入は低いが栽培費用はかからず、労働力もかからないことから比較的容易に栽培可能であるとともに、土壌改良、施肥や農薬散布などが不要なことからメコンデルタ地域においては、環境に負荷をかけない唯一の作物であることが認められた。

7.2.2.4. メラルーカ林の伐採時における植林密度・販売可能割合・伐採年

表7-5にメコンデルタ地域におけるメラルーカ材の伐採時における植林密度、販売可能割合、伐採年などを示す(Cao 2003)。これより、酸性度が他省より高いCa Mau省においては伐採時期が他省に比べ2倍程度長く、植林密度

表7-6　メラルーカ材の流通寸法および価格(2004年)

材長 (m)	末口径 (cm)	元口径 (cm)	仕入れ価格 (US$)	販売価格 (US$)
4.5	＞5	＞12	1.20	1.30
	＞4	＞10	0.8〜0.87	0.93〜1.0
	＞3.5	＞8	0.67	0.80
	＞3.5	＞6	0.47	0.57
4	＞4	＞10	0.53	0.63
	＞3.8	＞8	0.40	0.50
	＞3.5	＞6	0.30	0.40
2.5	＞4	＞8	0.23	0.27

はメラルーカ植林が盛んなLong An省に比べかなり低く、生産量も当然のことながら低い状況が看取できる。なお、植林当初の本数から減少する原因として、前掲の**表7-4**に示したように間伐や枯死が考えられる。

　ここで、植林密度の例として、Long An、Tieng Gian、Dong ThapとAn Giangの各省における植林当初から伐採までの平均的な植林密度をみると、植林直後は30,000本/ha(植林間隔@ 50 × 70 cm)〜40,000本/ha(植林間隔@ 50 × 50 cm)、20,000本/ha(植林間隔@ 100 × 100 cm)、10,000〜15,000本/ha(植林間隔@ 100 × 100 cm、100 × 70 cm)等であり、3年後には20,000本/ha、4年後には15,000本/ha、5〜6(6〜8)年後には10,000本/haとなり、その中で70〜80％が建築用資材(杭材等)として流通している。**表7-5**においては、その傾向が見て取れる。

7.2.2.5. メラルーカ材の用途および市場性

　ホーチミン市周辺におけるメラルーカ材の2004年における流通価格は、**表7-6**にみるように通常杭材として使用されている木材(長さが4.5mで元口径が10cm以上12cm以下の材)で0.93〜1.0US$/本であり、2000年時点での価格と比較すると当時は1.6US$/本以上であり、ここ数年で杭材としての価格が下落している(Sato 2008)。

　杭材以外の用途におけるメラルーカ材の価格に関しては、現状では、存在しないが、家具工場等で使用されている他樹種との比較や需用者サイドの要望によって左右されることになろう。2005年時点でのメラルーカ材を含めた他樹

表7-7　木材産業で使用されている樹種と丸太の寸法および価格の比較(2005年)

項　目	直　径 (cm)	長　さ (m)	価　格 (US$/m^3)
アカシア	20	2以下	53〜60
ゴム	20	1	36
アピトン(クルイン)	20	2	245
カプール	30	2〜3	267〜333
メラルーカ	7	4	85

種の丸太価格を比較すると**表7-7**に示すようになる(Sato 2008)。ただし、メラルーカ材の価格は、木材が木材市場に流通していないことから不明であり、杭材の価格を基にm^{3}価格に換算したもので、メラルーカ材が高価格で取引されていることを示すものではないが、杭材がいかに高価格であるかが見て取れる。**表7-7**より、アカシア材の丸太で53〜60 US$/m^3、未乾燥の製材品で126〜132 US$/m^{3}である。また、ゴム材の場合には径20 cm、長さ4 mの丸太を切削加工・乾燥した製材品(含水率10〜20%)で200〜250 US$/m^{3}である。したがって、メラルーカ材の杭以外の用途を検討する場合には、まず家具工場への適用可能性について検討することが、メラルーカ材の有効利用技術を考えるうえで基本になると考えられる。一方、木質系ボードのチップ材としての用途に関しては、現状ではゴム、アカシア、カシューナッツからチップ(含水率20%)が製造され、その価格はチップの長さが10 mm以下で0.03〜0.04 US$/kg、木粉で0.02 US$/kgであり、これらが比較対象になるものと考えられる。なお、チップ材(アカシア・ユーカリ)に関しては、製紙用のチップもあり、2004年時点でのFOB価格は96 US$/BDT(Bone Dry Ton：絶乾重量)である(JBIC 2005)。

　メラルーカ材を杭材以外の用途へ利用しようとする場合には、他樹種の丸太あるいは製材品価格に影響を受けることは事実であり、メラルーカ材が他の樹種よりも品質的に優れ、付加価値を付与することが可能であることが認められない限り、現状では価格的に安いゴムと同等になる可能性が多分にあるものと考えられる。

7.2.3. メラルーカ材の木材産業への適用可能性

ホーチミン市にある主な木材産業の家具工場、合板工場、パーティクルボード工場において、メラルーカ材の他樹種との違いを含め、技術面からの適用可能性について検討した（佐藤ほか 2006; Sato 2008）。

7.2.3.1. 家具産業

(1) 材の歩留まり

現状流通している杭材の中でも比較的丸太径の大きいもの（約15 cm 以上）を使用し、乾燥から製材さらに家具に至る製造工程を試行したが、材の歩留まりは丸太径が小さいことから当然のこととして18～20％とアカシアの丸太（径20～30 cm）の約30％より低い値となった。

(2) 乾　燥

試行においてはメラルーカ材に適した乾燥スケジュールが存在しないことから、アカシアと同様に60℃で乾燥したため材に割れが発生し、歩留まりを低下させた要因の一つでもあった。木材の含水率が12～14％まで割れを生じないで乾燥させるための適正な乾燥スケジュール等（装置の改善を含め）の検討が必要となろう。

(3) 切削加工

メラルーカ材に含まれるシリカの影響により切削用刃物の磨耗がアカシア等に比べて著しいといわれていたが、アカシアと同等であることが認められ、メラルーカの材質上の特性であるシリカの存在は切削加工上問題のないことが明らかとなった。

(4) 材　質

熱帯材として使用頻度が多いアピトン等と比較しても遜色なく、木材が不足している現状を考慮すると、アカシア等の早生樹種と同等の材質がメラルーカ材で確保できることは今後の原木供給に有利であり、価格も上昇するものと考えられる。

(5) 接着加工

アカシア等において長大材や幅広材を得るために実施されているフィンガージョイント加工や幅はぎ加工など家具の製造工程上必要な接着加工は表面性が良好であり、接着剤のぬれ状態も良いことから良好な接着を実現することが可

能であることが認められた。図7-9に試行としてメラルーカを用いて製造した家具の例として椅子を示す。

7.2.3.2. 合板産業

(1) メラルーカ材の樹種

調査では *M. leucadendra* と *M. cajuputi* の2種類について試行を行った。前者はオーストラリア産でJICAプロジェクト（JICA・FSSIV 1999）の結果より成長の早いことが認められ導入が検討されたが、その後の調査において虫害や鼠害が国産材の *M. cajuputi* に比べて著しいことから、現状ではベトナム国内産材が推奨されている。単板（ベニア）を製造した結果、上述し

図7-9 メラルーカを用いた椅子

た虫害等の影響により、*M. leucadendra* は随所に虫害による穿孔が存在し、メラルーカ材の材質を生かした表面材としての利用は不可能であるが、芯材としての利用は可能であることが明らかとなった。

(2) 単板（ベニア）

単板については、メラルーカの樹種により品質にバラツキを生じたが、前述した切削加工においてもシリカの存在を考慮する必要のないことが明らかとなった。*M. cajuputi* は合板表面材として利用可能であり、単板の品質はラワン単板と遜色がないことが明らかとなった。また、ベニアレース機械の改良がなされ、従来は剥き芯径が100mmであったものが50mmまで切削できることもあり、小径である杭材で長さ1m、丸太径のバラツキが10～20mm以内であれば、単板製造は可能性であることも明らかとなった。

(3) 単板の乾燥

単板の乾燥は天日干し（1～2日程度）が基本で、その後接着そして熱圧締を行う。乾燥工程においては、雨季において日照時間が少なくなり日数を要することを考慮しなければならない。また、天日干しの技術的な問題点は単板の含水率が接着に適した値まで乾燥されているかどうかであり、現状では経験的な

判断において実施されているが、現状多用されている接着剤が尿素樹脂であることから厳密な含水率管理が必要ないためである。しかし、メラルーカ材の場合には現状の単板より品質等が優れた単板が製造可能なことが予想できることから構造用木材接着剤の適用も考慮

図 7-10　メラルーカ合板

する必要があり、その場合には単板の含水率管理が重要となる。

(4) 接着剤(塗布)

接着剤に関しては、自家製の尿素樹脂接着剤が合板に限らず国内用の木質系材料の接着剤として多用されており、この接着剤を使用する際の問題点はメラルーカ材に関してはない。

(5) 熱圧締

接着剤を塗布した単板は奇数枚重ねて熱をかけながら圧締する。現状では単板の品質で述べたとおり、芯材に低品質の単板、表層に上質な単板を重ねて圧締されているが、メラルーカ材の場合には単板品質が良好なことから、表装用や全層をメラルーカ材で製造された合板の生産が可能であり、合板の品質を考慮すると、現状の合板以上の品質を有するものと推察されることから、使用する接着剤の種類を用途によって変更し、より高品質の合板製造を目指すことが可能である。したがって接着剤の種類に応じた適切な熱圧締のための温度、圧力、時間などについて製造条件を検討する必要がある。

(6) 合板の品質

メラルーカ材から生産された合板はラワン合板と同等の品質を有すると推察できることから、その用途は多岐にわたり、また価格的にもアカシア・ゴムなどから製造されている合板より高品質で高価格になると考えられる。ベトナムの国内産材で高品質の合板が製造できることは、合板に適した大径の南洋材が

入手不可能な現状では重要な資源となり、今後期待されるところが大きいと考えられる(図7-10参照)。

7.2.3.3. パーティクルボード(PB)産業
(1) チップ化

メラルーカ材(杭材程度の小径材を利用)のチップは、アカシア、ユーカリと同様に通常のチッパーで製造可能であり、何ら変わる点は認められない。あえて問題点を挙げるとすると、樹皮(メラルーカ材の重量の約20％を占める)をつけたままでチップ化するかどうかであり、通常は樹皮を除いた上でチップを製造している。今後は樹皮と一緒にチップ化し、両者を用いてPBを製造することも考えられ、今後の検討課題である。

(2) チップの乾燥

チップの乾燥は単板の乾燥と同様に、天日干しで行われ、問題点等も同様である。

(3) 接着剤(塗布)

使用する接着剤や問題点などは合板と同様であるが、PBの場合にはさらに樹皮を用いてボードを製造する際に、樹皮に含まれている撥水成分が接着剤をはじき、接着不良を生ずる可能性も否定できないことから、今後の検討が必要となる。

(4) 熱圧締

接着剤を塗布したチップは予備成型(フォーミング)を行い、その後に熱圧締を行うことになるが、用途や層構成(単層、3層)、使用する接着剤の種類によって加えられる温度、圧力、時間が異なることから検討が必要となる。

(5) PBの品質

PBの品質は、使用されるチップの大きさ、層構成、厚さ、接着剤の種類などの影響を受けるが、品質的にはアカシア等から製造されたPBとほぼ同等の品質を有することが明らかとなった(図7-11参照)。

7.2.4. メラルーカ材の今後の需要開発とその要件

現状で、メラルーカ材は、杭材や建築資材としての使用量が最も多く、地域によっては建築用材、外構材や炭・薪などに使用されているが、それ以外の使

図 7-11　パーティクルボード　　　　　図 7-12　木片セメントブロック

用例はあまりみられない状況である。他の用途としては、葉から精油の抽出、メラルーカ林における養蜂などがあげられる。

　メラルーカ材の既存木材産業への適用性に関しては、ホーチミン市等における木材産業で使用されている木材と置換えが可能かどうかということがあげられるが、試行結果からその可能性は十分にあることが明らかとなった。しかしながら、現状では丸太径が小さいことからその使用に関しては制限があるのも事実である。

　そこで、メラルーカ材を多目的に利用しようとした場合には、丸太径(他樹種と同様に 20 cm 以上は必要)と直接関係のある伐採年数、さらにそれと関連する森林技術・経営の変更等が必要となる。したがって、すでに多量のメラルーカ林が存在する 3 地域(Long An 省、Tien Giang 省、Dong Thap 省)においては、木材産業への利用を想定した地域ぐるみによる植林事業計画に関する新たな提案が必要となろう。また、その他のメコンデルタ地域におけるメラルーカの植林地域においても、3 省と同様の事業計画が必要であると同時に、現状において木材産業が充実していない他の地域においては、どのような市場が地域に必要であるかを早急に調査研究する必要がある。

　一方、メラルーカ材の新たな需要開発の試みとして、①樹皮バインダーレスボード、②木片セメントボード、③木片セメントブロック(**図 7-12** 参照)などチップを利用した木質系材料等の製品開発を実施した(佐藤 2005; Sato 2008)。これらの製品等は、接着剤を使用しないか、あるいはその代わりにセメントを接着剤の代わりに使用することを提案している。セメントの使用に関しては、

接着剤より①価格が安い、②製品の耐久性が高い、③製造装置が安価（プレスに熱源が不要)、④新しい材料などであり、これらを導入することにより建築構(工)法等がより合理的になることが期待できる。さらに、現在製造されているMDF（中質繊維板）やパーティクルボードなどメラルーカ材のチップを利用する木質系材料の製造も可能である。その他、化学的な利用として、精油のほかに樹皮から抗HIV活性があるといわれているベツリン酸を抽出できる(Kato et al. 2005)ことなどが挙げられ、今後の利用促進が期待されるところである。

7.3. 日本における早生樹材の建材利用

7.3.1. はじめに

　日本国内における早生樹材の建材への利用はそれほど古くはない。この節では、CossalterとPye-Smithの定義(2003)に従って、早生樹を年間haあたり15 m^3 以上の成長量がある短伐期(20年以内)のものに限定する。ニュージーランドのラジアータマツ(*Pinus radiata*)は成長量が20m^3/year/haにも達するが、長伐期(25〜30年)であることからこの節では取り扱わないこととする。これに該当する樹種はほとんどが熱帯および温帯の広葉樹である。針葉樹であるカリビアマツ(*P. caribaea*)やパツラマツ(*P. patula*)も早生樹のひとつに数えられるが、大規模植林されている地域が南アメリカやアフリカなどで、日本の市場には関係が薄い。そのため、早生樹材が日本国内で建材に利用されるのは、広葉樹材の集成材・合板・LVLであり、住宅機器・間柱用途がほとんどとなる。他に梱包材としても広く利用される。

　日本では熱帯雨林の天然優良木の枯渇が問題となるまでは、ラワン(メランティ、フタバガキ科)などの南洋材が合板原料として重要視されてきた。図7-13は合板素材の入荷量の推移を示している。1990年ごろは合板のほとんどは南洋材から作られ、その8割はラワン材であった。その後南洋材の割合は低下し、北洋材の利用が増加する。北洋材合板は構造用に利用される場合が多く、表面性能が重要視される内装材では主に南洋材合板が利用されてきた。2004年以降は、国産材合板が徐々に増加し始め、構造用として利用されている。図7-14は丸太換算での原木、製材品、パルプ、チップ合板など木材製品

7.3. 日本における早生樹材の建材利用

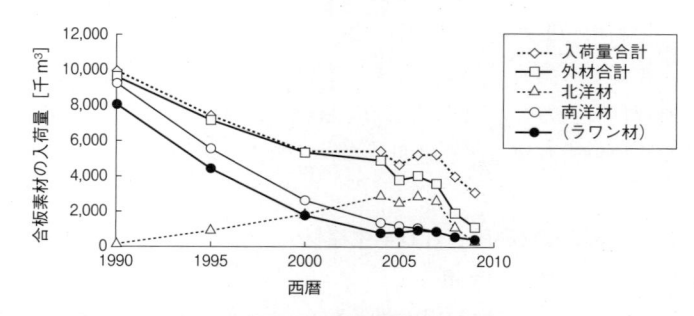

図 7-13 合板原料の入荷量の変化(林野庁 2011)

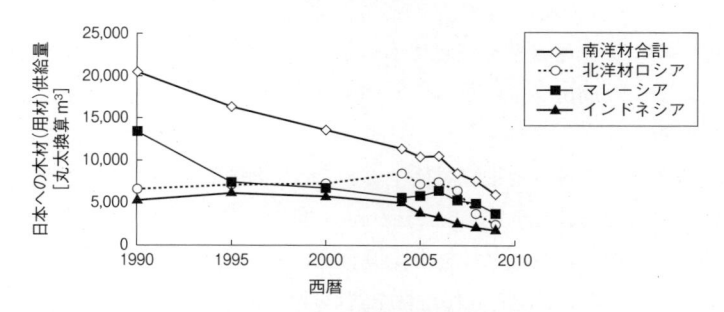

図 7-14 日本の木材輸入量の変化(林野庁 2011)

輸入量を北洋材と南洋材について示したものである。1990 年以降は南洋材のほとんどはマレーシア・インドネシアに依存するが、1990 年から 1995 年にかけてマレーシアからの輸入が大きく減少している。これは 1992 年 11 月にマレーシア・サバ州が原木丸太の輸出を禁止したためである。通称ウッドショックと呼ばれるこの頃を境に木材の輸入状況が大きく変化した。その後は南洋材の輸入は大きく減少している。多様な生物種を育む熱帯雨林の保護と違法伐採の監視からラワン(メランティ)材の利用は著しく減少したためと思われる。2006 年を境に南洋材、北洋材ともに大きく減少しているが、これは景気後退による住宅着工数の減少、ロシア政府による北洋材丸太の段階的な関税引上げの影響等がある(林野庁 2011)。このようにして輸入量が減少している南洋材に替わる広葉樹材原料として、早生植林材が注目されている。早生樹は早い成長が見込める代わりに、木理や成長応力などで問題点も多く、ラワン材を原料とした木質材料と同等の性能を簡単には期待できない。まずはその性能に応じ

た用途での利用が進められている。さらに技術開発によってラワン代替としての用途も模索されている。この節では、(社)日本木材加工技術協会関西支部早生植林材研究会での活動成果(2007, 2008, 2009, 2010a, b)を中心に、日本における早生樹材の利用概要を説明する。

7.3.2. 日本で建材利用される早生樹材
7.3.2.1. ファルカタの利用

おそらくは日本で建材利用が進んでいると思われる早生樹材のひとつがファルカタ(*Paraserianthes falcataria*)である。原産地はインドネシア・パプアニューギニア・モルッカ諸島であるが、東南アジアで広く植林されている。ジェウンジン(Djeungdjin)やバタイ(Batai)、センゴンラウト(Sengon laut)とも呼ばれる。

植林事業として日本企業に関係するところでは、住友林業株式会社のグループ会社であるPT. Kutai Timber Indonesia(KTI)が、林業公社、農園公社と共同で地域住民のファルカタ植林を支援している。苗木を無料で配布し森林管理を指導、5～7年後に収穫された材を買い取り、KTI工場で合板に加工する取り組みである(住友林業 2010)。2008年12月には地域住民と共同で結成した植林共同組合がFSC森林認証を取得し、FSC認証材ラベリングのあるファルカタ製品を生産できることとなった。2011年1月には認証を取得している植林地は331haとなっており(住友林業 2011)、2012年時点では1,005haにまで拡大した。KTI工場で生産される製品の一部は日本輸入され、建材として利用されている。

ホームセンターをはじめとしてファルカタ材を広く見かけることができるようになった。しかし、密度が非常に小さく強度・釘保持力に劣るため用途が限られ、キリ材の代替として箱材や家具の芯材が代表的な使用例である。キリが狂いにくい材として家具に利用されるように、ファルカタも非常に狂いにくいという長所を持つ。この特徴を利用して近年では複合床基材(台板)として注目されている。

ファルカタ材の低比重を利用した技術もある。ユニウッドコーポレーション株式会社が考案し、インドネシアのSamko Timber Limitedが製造するファ

ルカタ・ラバーウッド交互積層LVLがそれである(**図7-15**)。生ゴム採取のために植栽されたパラゴムノキは25年を経過すると生産する樹液の量が減少するため、伐採・更新される。マレー半島では薬品処理技術が進み家具用材として利用されているが、インド

図7-15 ファルカタ・ラバーウッド複合単板積層材
(uniwood)(撮影:村田功二)

ネシア・ジャワ島では未利用に近い状態であった。生ゴム採取が目的であることと、引張あて材が非常にできやすい樹種であるためか合板・LVL利用には適さなかった。この狂いやすいラバーウッド単板とファルカタ単板を交互に積層して、狂いにくく、かつ適度な密度と強度・釘保持力をもつLVLを開発した(横尾ほか 2002; 村田ほか 2004)。この複合LVLは日本での用途は主に内装建材の芯材用途に限られるが、インドネシアでは中型断面構造用LVLや型枠用合板の芯材としても使用されている(横尾 2009)。

7.3.2.2. ポプラ材の利用

中国、インド、アメリカ、ヨーロッパの温帯地域で広く植林されるのがポプラ(*Populus* spp.)である。そのほとんどがパルプ原料、燃料目的であるが、建材利用で注目されるのが中国産ポプラ材である(関野 2008)。中国産ポプラ材は合板・LVLやランバーコア材に利用されているが、中国産ポプラ材ボードは多少狂いやすいのが欠点である。また合板にした際にはホルムアルデヒドの放散を抑えることが難しいこともあげられる。現在、日本で流通するポプラ合板・LVLのほとんどはホルマリンキャッチャー剤塗布により、その対応がなされている。日本では合板・LVLが梱包材や住宅用間柱として使用されており、近年では家具などの芯材に利用され始めている。中国からの合板輸入量は10年前に比べて急増しているのは、ポプラ材製品によるところが大きい(**図7-16**)。中国森林認証協議会(CFCC)のPEFC評議会加盟が承認された(PEFC 2011)。PEFC相互認証となれば、さらに利用が進むと思われる。

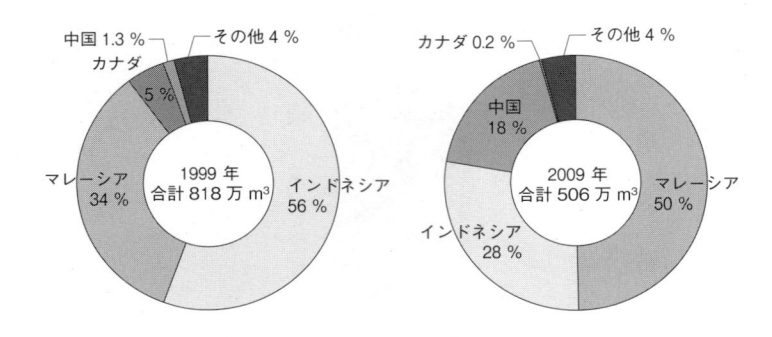

図 7-16　合板等の輸入相手国の割合（林野庁 2011）

7.3.2.3. アカシア材の利用

オーストラリア北部・ニューギニア原産のアカシアマンギウム（*Acacia mangium*）は荒れ地でも生育し、早生樹材としては比較的高密度（0.4～0.8）である。アカシアマンギウムおよびその交雑種はマレーシア、インドネシア、ベトナムなどで広く植林されている。大規模植林されているものはほとんどがパルプ原料を目的としているが、集成材や合板として利用されるものもある。アカシアマンギウムは樹形が良くなく、歩留まりが問題となる。現段階では、家具用材として利用が進んでおり、日本では越井木材工業（株）のフロア材やアピトン代替トラック床板が有名である（松本 2006）。

マンギウム（*A. mangium*）とアウリカリフォルミス（カマバアカシア）（*A. auriculiformis*）が天然交配した交雑種（*A. hybrid*）は、合板原料に利用可能とされる（**図 7-17**）。越井木材工業（株）では 2004 年に KM Hybrid Plantation 社を設立し、2010 年 8 月時点で 150 万本の交雑種の植林を完了している。一般にアカシアはパルプ用途で植林される場合が多いので、枝打ちや間伐の施業は行わずに 7 年程度で伐採される。同社では合板原料に適した樹形の良い材を得るために下草刈りや枝打ちなどの育林施業を行い、15 年伐期のシステムを目指している。現在はこれから商業間伐を行っていく段階に来ており、サステナブルな合板生産事業として注目されている（松本 2006）。

アカシアマンギウムはボード原料としても注目されている。大建工業（株）では自社 MDF 工場への原料チップの安定供給を目的として、2002 年より

5,500 ha(植林可能4,300 ha)に植林を進めている(早生植林材研究会 2010)。現段階ではマレーシア・サラワク州の原料チップ供給に問題がなく商業伐採は始めていないが、今後の状況ではサステナブルな日本向けMDF原料として重要な役割を果たすであろう。MDF製造とアカシア植林を合わせて行う試みは中

図 7-17 アカシアハイブリッド材のロータリーレース試験(写真提供：起井木材工業社)

国でもみられる。林板一体化政策に基づいて工場に隣接して植林事業が進められ、広西高峰林場人造板企業集団などでは、同社MDF製造の原料チップとしてアカシア・ユーカリ植林を進めている(海外産業植林センター 2004)。

7.3.2.4. ユーカリ材の利用

ユーカリは、燃料、製材、繊維、精油や他の薬品を得るために世界中で植林がおこなわれている(Coppen 2002)。原産地のオーストラリアはもとより、インド、アフリカなど広く植林されているが、最も有名なのがブラジルである。20世紀初頭は蒸気機関車燃料や枕木用として植林されたが、中頃から製鉄用の木炭に利用され始めた。また1970年代からはパルプ原料として注目され、短伐期の早生樹林業が確立した。ユーカリ材の用材用途としては、永大産業株式会社はオーストラリア南東に位置するタスマニア島のPEFC認証林に注目し、ユーカリ合板を基材とした木質複合床の製品化に成功している。詳細はあとで述べることとする。

ポプラ木材産業で成功した中国でも、ユーカリ植林は注目されている(村田 2010)。黄河と長江(揚子江)に間に位置する華東地区ではポプラ植林が盛んな一方で、熱帯・亜熱帯に属する長江以南ではユーカリ植林が進められ、インドについで世界第3位の植林面積となっている。中国で植林されるユーカリの9割は広東省、広西壮族自治区、海南省、雲南省にあり、特に広西荘族自治区では松脂生産を目的としたバビショウ(馬尾松、*P. massoniana*)に代わってユー

図 7-18　中国産ユーカリ合板の補修風景
（撮影：村田功二）

カリが積極的に植林されている。中国のユーカリ植林の歴史は古く1890年に街路樹としてイタリアから持ち込まれたのが最初である。産業用の大規模植林は1950年代に始まったが、成長量はそれほど良くはなかった。1981年に転機を迎え、1990年代から植林の増加量は格段に増えており、2000年に入ると年間10万haずつ増加しているといわれる（遠藤 2007）。中国では、燃料やパルプ用目的だけでなく、ファイバーボードや合板用としても利用されている。特に広東省、広西壮族自治区では2000年代に入ってユーカリ交雑種 *Eucalyptus urograndis*（hybrid *E. grandis* × *E. urophylla*）が広く植林され、これを利用した木材産業が確立しつつあり、既に中国でも最も木材生産の多い省が広西自治区となっている（早生植林材研究会 2011）。7年伐期で直径が15cm程度の丸太から単板が製造されるため、小節が多く含まれるのが欠点である（**図7-18**）。中国産ユーカリ合板やLVLが日本に輸入され始めている。現状では日本での利用は限られるようであるが、今後広く利用される可能性がある。

7.3.3. ラワン代替複合木質床
7.3.3.1. ファルカタ複合床基材——朝日ウッドテック社の例

床材を主力とした木質系建材メーカーである朝日ウッドテック社では、持続可能の木質部材調達を実現するため環境配慮型床材「エコフロアー」を開発した。コンセプトとしては持続可能な木質部材が製品体積の70％以上のものとする自社基準を設け、天然林由来のラワン材代替材として「適切に管理された森」「アグロフォレストリ」「マテリアルリサイクル」のコンセプトを挙げている。このエコフロアーとして、現在、認証メランティを基材としたもの、植林木ファルカタと他樹種とMDFを複合させたハイブリッド基材のものを中心に

発売している。

　コンセプトにある「適切に管理された森」の一つに、第三者機関からそのサステナビリティーを認証された森林を位置づけている。実際には同社の現地パートナー企業がメランティ（ラワン）の植林技術を確立し、FSC森林認証を取得している。この認証林では生物多様性が維持され、環境に配慮したラワン材が生産されている。同社でもFSC-CoCとPEFC-CoCの認証を取得し、認証材利用を進めている。

　次のアグロフォレストリ（混農林業）とは、野菜や果樹との混栽によって樹木を育てる手法であり、例えばインドネシア・ジャワ島のコミュニティーフォレストで植林されるファルカタがある。早生樹とはいえ数年を要する木材生産に、短期的な農作物生産を複合させて効率的に土地を利用している。特にファルカタは換金性の高い材であり、伐採・加工工程でも収入源となり、現地の生活基盤を支えている。地域コミュニティーの生活基盤の確立によっても持続性がもたらされる。同社ではこのようなアグロフォレストリによって生産される材を積極的に利用する方針である。

7.3.3.2. タスマニアンユーカリ床基材——永大産業社の例

　南洋材丸太の伐採および輸出規制（1992年）を契機に、永大産業社では脱南洋材（脱ラワン化）の検討が始められた（椙田 2008）。ラーチやラジアータマツの針葉樹合板の検討から始められ、MDFとの複合床を開発されたが、針葉樹特有の性質などから十分なものではなかった。その後「サステナブルな広葉樹」を基材開発のコンセプトとし、フローリング床基材に適したラワン代替材の調査が始められた。ユーカリ（オーストラリア・タスマニア州）、カメレレ（パプアニューギニア）、アカシア（インドネシア）、ファルカタ（マレーシア）が候補として選択された。合板製造からフローリングの設計、製造と性能評価を総合的に検討した結果、「豪・タスマニア産ユーカリ」をフローリング用合板の代替基材として使用するプロセスを確立し、PEFC-CoC認証フローリング「エコメッセージフロア」が2007年に発売された。タスマニアン・ユーカリが選ばれた理由は、以下の3つである。

　①世界最大規模の森林認証制度であるPEFC認証林から供給されるユーカリ材であり、資源管理された林業政策に基づく供給体制が確立できていること。

②合板製造に適した原木品質であること。
③耐凹み傷性に有効な均一で高比重な広葉樹であること。

　豪・タスマニア州有PEFC認証森林面積はおよそ145万haであり、保護地区を除く森林面積の8割以上が認証林となっている。これら森林認証林のユーカリは、製紙用途のチップや木工加工用の丸太および製材での年間使用量に対し、成長量が上回っており、持続的な木材生産が行われている。

　「エコメッセージフロア」はタスマニア産ユーカリ合板とMDFを複合した構成である。しかし、フローリングには使用用途によって様々な要求性能があり、ユーカリ合板単体では達成しにくい課題も残されている。課題克服のために、早生樹植林木や国産材を適材適所に活用することが必要と考え、さらなる研究・技術開発が進められている

7.3.3.3. 複合床用特殊MDF──大建工業社の例

　ラワン代替合板を床基材として利用する代表的な技術としてMDFとの複合が挙げられる。MDFをフェースに使うことで、表面性能に劣る代替合板の欠点を補うのが目的である。しかし、その複合構造により生じる反り・狂いの対策や、MDFの耐水性向上が必要になる。MDFメーカーでもある大建工業社は、特殊なMDFを開発することでこれらの問題を解決した。そして2006年に環境配慮型床材「ネオテク耐傷性フロアー　ビューティア」を発売し、さらに2009年に「ネオテク耐傷性フロアー　ダイハードアートＬエコ」を発売した。また2010年には日本国産針葉樹の植林木合板を利用した「ネオテク耐傷性フロアー　フォレスハード」を発売した。

　合板とMDFとの非対称な複合構造が反り・狂いの問題であったため、最適な植林木合板の選定と複合手法の検討を行い、ラワン合板代替となる床用台板の開発に成功した。MDFの耐水性、耐ワックス性を大きく向上させた特殊MDFを使用することにより、床材施工後の美装時のワックスによる膨れのリスクが減少した。従来は非対称構成の影響の低減と、ワックス等による膨れを目立たなくするためにMDFを半裁して極薄とし、それによって低下する耐傷性を補うために樹脂強化や合板に硬度の高い材を用いるなどが行われている。しかし特殊MDFの開発により、半裁することなく2.7mmのMDFを複合することができた。樹脂強化の必要がなくなったばかりでなく、耐傷性に優れると

いうMDFの特徴をさらに生かせることとなった。この「ダイハードアートLエコ」の基材の構成は特殊MDF（2.7 mm）と5 ply植林木合板（9 mm）の複合であり、大建工業社では「Eハードベース」と呼んでいる。

先にも述べたように、大建工業株式会社では2010年1月に日本の国産針葉樹の植林木合板を利用した「フォレスハード」の発売を発表した。環境保護の点からも、植林木利用はさらに進められると考えられる。日本国内の内装材用途では、ラワン材の性能を規準とした性能を要求される場合が多く、成長が早いという長所で精英樹育種された早生樹材ではその品質を満たさない場合が多い。大建工業で行われた特殊MDFとの複合もその解決策と一つとして興味深い。

7.3.4. サステナブル材料利用への企業の取り組み
7.3.4.1. 積水ハウス社の例

積水ハウス社では、事業活動の展開による生物多様性への影響を低減し、その持続可能な利用が進められている（佐々木 2008）。具体的には、「5本の樹」と名付けた自生種・在来種中心の植栽を住宅の庭や街路で進めることと、生態系を壊さない木材調達を行うことである。後者については2007年4月に独自の木材調達ガイドラインを策定し、環境に配慮し社会的に公平なフェアウッド調達が推進されている（**表7-8**）。その特徴は、グリーン購入法が求める形式的な合法性要件を踏まえつつ、「持続可能な社会構築への寄与」という企業ビジョンにそって、「持続可能な木材とはなにか」を様々な実態要件に基づいて分析し、複数の視点から木材を数値評価して可視化を行うという総合的なアプローチにある。

ガイドラインによる評価は、第一ステップとして調達指針の各項目につき3～5点の配点で、設備や部材の点数付けをするところから始められている。第二ステップは、その総合計点に応じたS・A・B・Cの4段階のランク付けである。ランク設定の意図は、高い目標を掲げながら、現実を見据えた調達目標の展開が可能となり、また経年の改善に向けた実効的な進捗管理が可能となることにある。Sランクを増やし、Cランクを減らすことで全体の調達レベルの改善を目指されている。ここで、「認証材」は一つの加点要素で、採用可否の絶

表7-8 積水ハウス「木材調達ガイドライン」10の指針(積水ハウス 2010)

①	違法伐採の可能性が低い地域から産出された木材
②	貴重な生態系が形成されている地域以外から産出された木材
③	地域の生態系を大きく破壊する、天然林の大伐採が行われている地域以外から産出された木材
④	絶滅が危惧されている樹種以外の木材
⑤	消費地との距離がより近い地域から産出された木材
⑥	木材に関する紛争や対立がある地域以外から産出された木材
⑦	森林の回復速度を超えない計画的な伐採が行われている地域から産出された木材
⑧	国産木材
⑨	自然生態系の保全や創出につながるような方法により植林された木材
⑩	木廃材を原料とした木質建材

対要件とはされておらず、認証制度間の優劣評価も行っていない。また、環境NGO等との意見交換などにより、調達指針の中でも合法性(指針①)と絶滅危惧種の保全(指針④)を優先課題とした調達のボーダーラインが設けられている。

7.3.4.2. 住友林業グループの例

2007年6月に住友林業グループの「木材調達理念・方針」が策定され、公表された(大和田2008)。持続可能な木材調達のために「森林保全のための合法で持続的な木材調達」「信頼性の高いサプライチェーン構築」「ライフサイクルでの環境負荷低減と木材資源の有効利用」「ステークホルダーとの協調・協力」を項目としてあげ、積極的な活動が進められている。

その方針に従い、具体的な行動原則・行動計画が公表されている。行動原則に「調達理念、方針、行動計画は少なくとも年1回レビューする」など、具体的な原則が決められている。木材調達に関しては、社内に「木材調達審査小委員会」が設けられ、海外の木材仕入先について1社ずつ合法性を確認している。なお、審査は仕入先に対し、毎年継続して実施し、トレサビリティの精度向上を目指している。各事業分野の具体的な目標設定は**表7-9**である。

同社で推進している「植林木の利用促進」では、そのことにより天然木の伐採圧力を減らし、天然林の保護につながるだけでなく、植林木は持続性も担保された資源と考えており、海外建材生産工場での原料の植林木化を急ピッチで進めている。一方、「植林面積の拡大」という面では、インドネシア、パプアニューギニア、ニュージーランドなどで積極的な植林が展開されている。

表7-9 住友林業グループの行動計画(2010年策定)(住友林業 2010)

部署	行動計画・2012年度達成目標
共通	地球環境への貢献を目的に、合法性・持続可能性が確認された森林認証材(FSC・PEFC・SGEC)、持続可能な植林木、国内林業の活性化につながる国産材の使用・取扱を拡大する。
	合法性を確認した直輸入木材・木材製品の取り扱い100％を継続する。違法に伐採された木材を購入しない。
木材流通	森林認証材(FSC・PEFC・SGEC)および植林木の利用促進、利用比率を取扱量の70％とする。(現状64％)
国内製造	森林認証材(FSC・PEFC・SGEC)・植林木・国産材の利用推進、利用比率を取扱量の50％とする。(現状17％)
住宅	国産材の振興・利用拡大、主要構造材の国産材比率70％維持
	森林認証材(FSC・PEFC・SGEC)の使用拡大・使用量2009年度より2倍以上

7.3.4.3. パナソニックグループの例

パナソニックグループでは2009年度の木材調達量は44万m^3にもなり、パナホームとパナソニック電工(現パナソニック)の両社で木材調達の9割以上を占める(日本経済新聞 2010)。同グループでは生態系に直接依存する木材資源の安定確保を重視し、生物多様性保全を視点に盛り込んだ木材調達指針「パナソニックグループ 木材グリーン調達ガイドライン」を2010年2月に策定、生態系への影響などを基準に調達される木材・木質材料を3つに区分した(パナソニック 2010)。最優先する「区分1」は適切に管理された森林から産出された木材と木質系再生資源としている。サステナビリティーの第三者認証(FSC、PEFCなど)がなされた木材や持続可能な森林経営を第三者から証明された木材、適切に管理された国産材が該当する。また木質系再生資源とは建築廃材、製材工場で生じる端材などである。「区分2」は伐採時の合法性が確認できる木材、また業界団体等によって合法性の認定が得られている木材・木質材料としている。「区分3」は伐採時の合法性が確認できない木材・木質材料である。2010年度に実施された同グループのグリーン調達実態調査では、区分1が71％、区分2が28％、区分3が1％であったと報告された。今後、区分1と区分2の比率を高めるとともに、区分3の比率削減に取り組むとしている。

〈文　献〉

遠藤正俊（2007）「中国におけるユーカリ植林の概況と育種連盟設立の動向について」、海外林木育種技術情報（林木育種センター）、**16**(1)、18-22頁。

王　金林、李　春生（1995）「ロータリー単板の品質と木材性能との関係」、木材工業、**9**(5)、1-6頁。

王　桂岩（2001）「13種類のポプラ材の物理力学的性質」、山東林業科技、No.2、1-11頁。

王　宏棣、何　存（2008）「人工林ポプラ材の性能強化研究」、林業機械与木工設備、**36**(11)、13-17頁。

大和田康司（2008）「住友林業グループの違法伐採材への取り組み」、第2回早生植林材研究会シンポジウム要旨集。

緒方　健（1969）「カユプテ」、熱帯林業、**14**、49-50頁。

小川　章（1998）「中国におけるポプラ類の地域別主要栽培品種」、Fast Growing Trees (FGT)、No.4、183頁。

海外産業植林センター（2004）「中国東南沿海地区における早生広葉樹植林賦存状況調査」。

呉　盛富（2008）「我が国のポプラ資源と合板工業の発展」、中国人造板、**24**(5)、24-28頁。

佐々木正顕（2008）「積水ハウスの「木材調達ガイドライン」について」、第2回早生植林材研究会シンポジウム要旨集。

佐藤雅俊（2005）「メラルーカ材を用いた木片セメント板および木片セメントブロックの試作」、熱帯林業、**64**、42-48頁。

佐藤雅俊、奥田修久、加藤靖之、西山昌宏（2006）「ベトナムにおけるメラルーカ材の有効利用技術の開発(Ⅱ)」、第56回日本木材学会大会、U09-1545。

柴　修武、安　学恵（1993）「6種類のポプラ材の性質に関する研究」、林業科学研究、**6**(5)、569-572頁。

仁　海青、中井　孝（2006）「人工林広葉杉とポプラの物理力学的性質」、林業科学、**42**(3)、13-20頁。

森林総合研究所（2010）「南方木質ボード産業の発展過程」、『中国の森林・林業・木材産業』、(株)日本林業調査会、96頁。

椙田潔司（2008）「PEFC認証タスマニアン・ユーカリのフローリング基材としての適正」、第2回早生植林材研究会シンポジウム要旨集。

住友林業株式会社（2010）「環境・社会報告書」。

住友林業株式会社（2011）「環境・社会報告書」。

積水ハウス株式会社（2010）Sustainability Report 2010（「持続可能性報告書」）。

文 献

関野 登 (2008)「急成長する中国の木質パネル産業とその背景木材工業」、木材工業、**63**(7)、323-327頁.

曹 福亮 (1994)「南方型ポプラの材質に及ぼす林分密度の影響」、南京林業大学学報、**18**(2)、41-46頁.

早生植林材研究会（日本木材加工技術協会関西支部）(2007)「第1回早生植林材研究会シンポジウム」、木材工業、**62**(6)、279-282頁.

早生植林材研究会（日本木材加工技術協会関西支部）(2008)「中国ポプラ植林地とポプラ加工産業見学ツアー」、木材工業、**63**(4)、178-181頁.

早生植林材研究会（日本木材加工技術協会関西支部）(2009)「関西支部ワークショップ―木材にCO_2表示!?: 第2回早生植林材研究会シンポジウム」、木材工業、**64**(5)、228-231頁.

早生植林材研究会（村田功二）(2010)「第3回早生植林材研究会シンポジウム」、木材工業、**65**(1)、36-39頁.

早生植林材研究会（村田功二）(2010)「関西支部・早生植林材研究会 東マレーシアのアカシア植林視察ツアー」、木材工業、**65**(12)、601-604頁.

早生植林材研究会（日本加工技術協会関西支部）(2011)「中国の木材産業と広西壮族自治区ユーカリ植林の現状」、木材工業、**66**(9)、410-413頁.

張 敏、劉 麗麗、張 文標 (2011)「燻煙熱処理したポプラ材を用いた合板の製造とその性質」、第61回日本木材学会大会発表要旨集、48頁.

費 本華 (2007)「小黒楊人工林の成長量に及ぼす栽培密度の影響」、南京林業大学学報、**31**(5)、44-48頁.

唐 羅忠 (2007)「中国のポプラ産業」、ポプラ研究会報告書、No. 1、15頁.

日本経済新聞 (2010) 6月22日朝刊11面.

パナソニック株式会社 (2011) エコアイディアレポート 2011(環境報告)、26頁.

PEFCアジアプロモーションズ (2011) ニュースレター、Vol. 16.

松本義勝 (2006)「マレーシア(主としてサバ州)における早生樹植林状況」、第1回早生植林材研究会シンポジウム要旨集.

村田功二、増田 稔、横尾国治 (2004)「ラバーウッド／ファルカタ交互積層によるLVLの反りの緩和とその膨潤挙動の観察」、木材学会誌、**50**(5)、294-300頁.

村田功二 (2010)「中国産ユーカリ材の材質」、材料、**59**(4)、268-272頁.

横尾国治、増田 稔、村田功二 (2002)「積層複合木質材およびその製造方法」、特許第4012881号.

横尾国治 (2009)「ファルカタ・ラバーウッド複合単板積層材(商品名：ユニウッドLVL)」、第3回早生植林材研究会シンポジウム要旨集.

李　大綱（2002）「早生樹ポプラ人工林の材質」、中国木材、No. 2、37-39頁．
劉　盛全、江　澤慧、鮑　甫成（2001）「人工林ポプラの材質と栽培の関係」、林業科学、**37**(2)、90-95頁。
劉　麗麗（2010）「燻煙熱処理技術の発展と応用研究」、浙江林業科技、**30**(5)、76-81頁。
林　海（2006）「人工林木材の性能改善に関する研究及び利用背景」、林業機械与木工設備、**34**(6)、11-12頁。
林野庁（2011）『森林・林業白書』（平成23年度版）。
Cao, T. T. (2003) Investigation and prediction about tram wood market in Mekong Delta and Ho Chi Minh City, Project of technique training for growing forest. *FSSIV*, 10.
Coppen, J. J. W. (2002) *Eucalyptus*. CRC Press.
Cossalter, C. and Pye-Smith, C. (2003) *Fast-wood forestry: Myths and Realities*. Center for International Forestry Research(CIFOR), Jakarta, Indonesia.
JICA・FSSIV (1999) Seminar on afforestation technology on acid sulphate soils in the Mekong Delta. *FSSIV*, 267.
Kato, Y., Okuda, N. and Sato, M. (2005) Studies on chemical components of *Melaleuca cajuputi. Proceedings of the second international symposium on sustainable development in the Mekong River Basin*, 211-216.
Pilot study team for JBIC (2005) Pilot studies for project formation for the Melaleuca afforestation in the severely acid soil areas of the Mekong Delta and its new commercial usage. *JBIC*, 135.
Sato, M. (2008) Development of appropriate utilization technology of Melaleuca Wood in the Mekong Delta. *Conference proceedings of WCTE2008*, 1-017.
Sato, M., Okuda, N., Kungsuwan, K., Laemsak, N., Arima, T. and Okuma M. (2005) Development of the utilization technology for Melaleuca wood—The case of wood cement board and block. *JIRCAS working report*, **39**, 101-107.

（張　敏・佐藤雅俊・村田功二）

索引・用語解説

A ～ Z

3 layer フローリング／210

4CL／107, 124　フェニルプロパノイド(フェニルプロパンが複数縮合した形 C_6C_3 の化合物およびその化合物誘導体で、リグニン、リグナン、タンニンやスベリン等)の生合成経路の最初の3反応を触媒する酵素をコードする遺伝子。まず、フェニルアラニンがフェニルアラニンアンモニアリアーゼ(PAL)により桂皮酸へと変換される。次にシナメイト-4-ヒドロキシラーゼ(C4H)により p-クマル酸へと酸化される。p-クマル酸は 4-クマレート CoA リガーゼ(4CL)により p-クマロイル CoA へと活性化される。

Acacia spp.／59, 116, 141
　A. aulacocarpa／147
　A. auriculiformis／59, 62
　A. cincinnata／147
　A. crassicarpa／147
　A. Hybrid／59, 138, 143, 230
　A. mangium／13, 15, 44, 51, 59, 62, 130, 142, 230
　A. mearnsii／47, 142, 149
APG 植物分類法／80
A 層／39
B100／200
BKP／151, 155　漂白されたクラフトパルプ(Bleached Kraft Pulp の略)、日本も含め世界で最も生産量のパルプで、kraft はドイツ語で強いの意味。
β-O-4 結合／114, 143
B 層／39
C4H／124 → 4CL
CBF／125　C-REPEAT/DRE BINDING FACTOR 1 の略。低温に反応して発現する植物の転写因子で特別な DNA 配列に結合し、カスケード的に他の遺伝子の働きを制御して、植物体を低温障害から守ると考えられる遺伝子。
CCA 処理木材／168
C-C 結合／157
Cerbera manghas／193, 197
C-E-H／149　パルプの漂白工程で、塩素(C: chlorine)、抽出(E: 苛性ソーダで Extraction)、次亜塩素酸ソーダ(H: Hypochlorite)の順にパルプを処理し白くすること。
CEHD／148　上記と同様であるが、この場合は 4 種類の異なる薬品で順番に処理。D は二酸化塩素(Chlorine Dioxide の略)
Choerospondias axillaris／94
C-O 結合／157
Cocos nucifera／184
C 層／39
E10 ガソリン／192
E3 ガソリン／191, 192
ECF 晒／135, 139　塩素を使わない漂白方法(Elemental Chlorine Free の略)。パルプ排水中の有機塩素化合物の削減を目的として採用。
EFB(Empty Fruits Bunch)／174
Elaeis guineensis／184, 193, 197
Eucalyptus spp.／68, 110, 116, 123, 132, 208, 231
　E. alba／133, 136
　E. botryoides／97
　E. calophylla／132
　E. camaldulensis／69, 133, 135
　E. deglupta／69, 76, 154
　E. delegatensis／69, 132
　E. diversicolor／132
　E. dunnii／72, 142
　E. exerta／137
　E. globulus／69, 133, 134, 136, 137, 140, 143
　E. gomphocephala／76
　E. grandis／69, 133, 136, 137, 142
　E. gunnii／126
　E. miniata／154

E. nitens／137, 142
E. obliqua／70, 134
E. pauciflora／69
E. pellita／69, 142
E. regnans／69, 134
E. robusta／69
E. saligna／72, 136, 142
E. salmonphloia／76
E. tereticornis／69
E. thozetiana／76
E. urograndis（Hybrid *E. urophylla* x *E. grandis*）／72, 124, 133
E. urophylla／69, 136
Falcataria moluccana／77 → *Paraserianthes falcataria*
FOB価格／220　FREE ON BOARD価格の略で、本船(甲板)渡し価格といい、輸出国の国境にある輸送機関(航空機や船)までの運賃と保険料を含めて輸出者が売却した価格である(出典:『経済辞典』、有斐閣、1998)。
FSC／237　1993年に設立された先駆的な森林認証制度。環境影響や地域社会、先住民の権利などを含む10原則56基準に沿って、第三者機関により審査される。
FSC-CoC／233　FSC認証林(FSC-FM)から生産された木材が加工・流通のプロセスで正確に管理されているかFSC認定の認証機関から受ける認証(Chain of Custody)。
FSC森林認証／228, 233　環境、地域住民に配慮した管理がなされているとFSC認定の認証機関から評価された森林。
GFP／105
Gmelina arborea／80
G層セルロース繊維／116, 119
HDF(High Density Fiberboard)／209　木材などの植物を繊維状に解し、接着剤などで結合した繊維板の1つである。ISO規格ではドライプロセスによって製造される繊維板のうち、密度が$0.80 g/cm^3$以上のものを指す。
HDFフローリング／210
Hura crepitans／193, 197
Jatropha curcas／193, 197, 198
KP／149　クラフトパルプ(Kraft Pulpの略)。苛性ソーダと硫化ソーダを用いるパルプ化方法で作られたパルプ。各種のパルプの中では強度が強い。
KP-AQ／149　AQはアンスラキノンと言う薬品で、パルプの収率をアップ(2％程度)させるために使用する。
LC-CAD／152
LIMドメイン／123　最初に、線虫のLIN-11、ラットISL-1、線虫のMEC-3によってコードされるタンパク質に共通して見出されたドメインで、6つのシステインと1つのヒスチジンの位置が保存された60アミノ酸から成っている。DNAとタンパクに相互作用する領域とされている。
LPG／170
LVL(Laminated Veneer Lumber)／207, 211, 226　ロータリーレースやスライサーなどの切削機械で切削された単板の繊維方向(木理)を、平行に積層・接着して造られる木材加工製品である。JAS規格では単板積層材と呼ぶ。
MDF(medium density fiberboard)／207, 209, 226, 231, 233, 234　木材などの植物を繊維状に解し、接着剤などで結合した繊維板の1つである。JIS規格ではドライプロセスによって製造される繊維板のうち、密度が$0.35 g/cm^3$以上のものを指す。
Melaleuca cajuputi／42, 84, 214
Melia azedarach／90
MOE／89
MYB転写因子／107
N_2Oガス／45
NST3／107
OSB(Oriented Strand Board)／211
PAL／124　→4CL
Paraserianthes falcataria／43, 77, 233, 228, 121, 116
Pinus spp.
　P. caribaea／44, 226
　P. merkusii／86
　P. patula／88, 226
　P. radiata／58, 114, 226
PCR(遺伝子合成)／109
PC価／150　Post Color Numberの略。紙やパルプの色戻り(退色、白色度の低下)の指標として使う。大きいほど白色度の低下が大きい。

PEFC／237　1999年にフィンランドなどが中心になって設立した汎ヨーロッパ森林認証制度が拡大し、2003年に名称を変更した森林認証制度。各国の認証制度自体を相互認証することを特徴とする。
PEFC-CoC／233　PEFC認証林(PEFC-FM)から生産された木材を加工・流通で管理するプロセスに対してPEFC認証機関から受ける生産物認証(Chain of Custody)。
PEFC認証林／231, 233　PEFC評議会で相互承認がなされた森林認証制度に適合していると認証機関から評価された森林(PEFC-FM)。
PEFC評議会／230　PEFC森林認証制度を実行し、また加盟する認証制度の適合評価を行う組織。スイス・ジュネーブに本部をおき、現在34ヵ国の森林認証制度が加盟している(2011年)。
Podocarps imbricatus／44
Populus spp.／107, 110, 114, 116, 121, 206, 208, 229
　P. alba／116
Pリグニン／185
RNAi／105　(RNA interference: RNA干渉)二本鎖を形成するRNAと同じ配列(相補する)をもったmRNAが結合し、mRNAが分解されること。アンチセンスも一種のRNAiと考えられる。この性質を利用して、研究目的の遺伝子配列の一部と同じ配列で人工的に二本鎖を形成するようにして遺伝子導入すると目的遺伝子の抑制効果が得られる。
RPF／172　Refuse (Recycled) Paper and Plastic Fuelの略称。古紙と廃プラスチックを主原料に圧縮成型したペレット又はブリケット状の固形燃料。原料に木くずや繊維くずを混合することもある。原料に廃プラスチックを使用するため熱量が石炭またはコークス並みと高く、化石燃料代替として使用できる。
Salix spp.／116
S/G比／137, 143
SNP(一塩基多型)／110　(Single nucleotide polymorphism一塩基多型)ある生物集団内でゲノムDNA配列を比較したときに、一塩基が変異した多様性が見られることをSNP(スニップ)と言う。ヒトでは、遺伝疾患、薬剤耐性に関わるSNPが多く発見されている。
Tectona grandis／80
TOF-SIMS／146, 156, 158　飛行時間二次イオン質量分析計(Time-of-flight secondary ion mass spectrometer: の略)。固体試料上の原子、分子の化学情報を一分子層以下の感度で測定できる。
UKP／156　未晒クラフトパルプ(Unbleached Kraft Pulpの略)で、茶色い色をしており、米やセメントの袋などの原料に使用される。
VND6／107
VND7／107
XPS／156, 157　光電子分光(X-ray photo-electron spectroscopyの略)。サンプル表面にX線を照射し、生じる光電子エネルギーを測定することで、サンプルの構成元素とその電子状態を知る。

ア　行

アーミング酵母／189
アイソザイム／107
アウターウッド／58
アカシア／42, 59, 116
　——アウラコカルパ／147
　——アウリカリフォルミス(カマバアカシア)／59, 62
　——クラシカルパ／147
　——シンシナータ／147
　——ハイブリッド(雑種)／59, 138, 143, 230
　——マンギウム／13, 15, 44, 51, 59, 62, 130, 142, 230
　——メランシ(モリシマアカシア)／47, 142, 149
アカシアパルプ／143
アクリソル／40, 50　世界土壌分類(World reference base for soil resources)の定義で、粘土集積層を持ち、カオリナイトなどの低活性粘土に富む土壌。低活性の粘土は、陽イオン交換容量が粘土画分について24 cmol$_c$ kg^{-1}未満の粘土と定義される。米農務省土壌分類(USDA Soil Taxonomy)

では、ウルティソル(Ultisols)にほぼ該当する。

アグロバクテリウム／116, 121　グラム陰性菌に属する土壌細菌であるリゾビウム(Rhizobium)属の中で、植物に対して病原性を持つものの総称。アグロバクテリウムは、植物細胞に感染してDNAを組み込む(形質転換)性質がある。

アグロフォレストリ(混農林業)／81, 233

亜酸化窒素(N_2O)／38

アッシュ／70

アップドラフト／170　部分燃焼型ガス化炉の一方式で、ガスの流れ方向が上方向のもの。ガス化炉下部での燃焼で得られた高温ガスが上方向に流れ込むことで、上から投入した原料と高温で接触でき、熱効率が高くなる。その一方で多量のタールが副生する欠点がある。「ダウンドラフト」も参照のこと。

厚物合板／208

アポプラスト／116, 121　植物の細胞膜の外側の場所を指す。ほとんどが細胞壁と木部の道管になる。細胞間隙もアポプラストの一部である。反意語は細胞膜内の場所を指すシンプラスト。

アラビノガラクタン／118

アルカリ金属／168

アルカリ触媒法／195

アルカリ性土壌／63

アルカリパルプ／134

アルカリ蒸煮処理／114

アルコール発酵／187

アルティソル／63

アンチセンス法／105, 106　通常転写されるRNAと逆向き(相補的)の配列を人為的に組み換え導入することで、特定のRNAの働きを阻害することが出来る。

アンモニア態窒素(アンモニウムイオン)／38　植物に利用可能な無機態窒素の一つ。森林土壌では主に有機態窒素から、細菌や菌類の働きで分解され、生成される。

硫黄酸化物／198

イオン交換樹脂法／154, 196

維管束植物(Tracheophyta)／183

一段階超臨界メタノール法(Saka法)／195

一酸化窒素(NO)／38

イタリアンポプラ／150

遺伝形質／18

遺伝子組換え／105

稲ワラ／112

イネ／110

イネ科(Gramineae)／184

陰イオン／38

陰イオン交換樹脂／188

陰樹／47

引張あて材／68, 116

引張強度／135, 140, 142

陰葉／119

ウエスタンブロッティング／118　タンパク質混合液から特定のタンパク質を検出する手法である。SDS-ポリアクリルアミドゲル電気泳動、等電点電気泳動や二次元電気泳動後のゲルからタンパク質をメンブランに移動・固定化してブロットを作製し、これを目的タンパク質に対する抗体と反応させて検出する。

ウッドショック／227

ウロン酸／190

エコラベリング協議会／26

エステル化反応／196

エステル交換／195

枝打ち／230

エタノール生成量／120

エネルギー高密度化／176

エバポレーター／141, 153

エラグ酸／130, 133, 141

塩害／124

塩基配列／109

塩基対(bp)／110　塩基(アデニンA、シトシンC、チミンT、グアニンG)が水素結合によりアデニンとチミン、シトシンとグアニンのペアを作った単位を一塩基対(bp: base pair)と言う。1 Mbp(メガベースペア) = 1,000,000 bp。

エンド型キシログルカン転移酵素(XET)／108　一次細胞壁中に存在するセルロース・キシログルカンネットワークのキシログルカン

鎖を切断(加水分解反応)し、他のキシログルカンを繋ぎ換える(転移反応)ことが出来る糖加水分解酵素の一種である。この作用により、細胞分裂後の細胞伸長が可能になる。植物には、30種前後のファミリーが存在し、加水分解反応に偏った酵素(XEH)、両方を司る酵素(XET)に分けられるが、2001年の国際会議でXTHを用いることが決定された。

塩類溶／80

オイルパーム残渣／174
オーキシン／117　伸長成長を促す作用を持つ植物ホルモンの一群。天然にはインドール-3-酢酸(IAA)が最も豊富に存在しており、頂芽優勢、屈性、葉芽の伸長、形成層細胞の分裂、根の分化などを誘導する。合成オーキシンとして、ナフタレン酢酸、2,4-ジクロロフェノキシ酢酸(2,4-D)などがあり、発根促進や果実の結実を誘導する。
オキシソル／63
オクタコソニック酸／158
オジギソウ／122
オゾン処理／140
オゾン層破壊ガス／38
オルガネラ／118　細胞内に存在する、核、ミトコンドリア、葉緑体、小胞体、ゴルジ体、液胞、リボソームなど機能を持つ構造体のことをいう。細胞内小器官とも言う。
オレイン酸(C18:1)／193
温室効果ガス／38

カ　行

カーボン・ニュートラル／163
回収ボイラー／154
塊状構造／51
改質ペレット化／183
階層構造／23
外燃機関／169
皆伐地／49
回復能力(regiliance)／53
開閉運動／122
解剖学特性／212
外来遺伝子／117
外来樹種／7

家具工業／209, 221
拡散系／35
家具用材／230
隔離ほ場／124
加工障害／74, 76
加工廃棄物／208
嵩密度／176
加水分解／152
ガスエンジン／170
ガス化／169
ガス化コージェネレーションシステム／173
ガスクロマトグラフ質量分析計(GC-MS)／137
ガス交換速度／91
ガスタービン／170
ガスタービン・ガスエンジン方式／169
化石資源／163
河川支障木／177　河川敷地内に繁茂する雑木で、河川の流れの阻害、パトロールの障害、洪水や風雨による倒木で堤防や橋梁に危害を及ぼす恐れのあるもの。
型枠用合板／229　コンクリート成形時の型枠用として使用される合板であり、コンパネともいう。JASでは主として打ち放し仕上げをするか、またはじか仕上げをするコンクリートの型枠として使用するものをさす。
活性アルカリ添加率／143　木材からリグニンを除くために高温高圧で煮る(蒸解)際に添加するアルカリの割合。
カッパー価／133, 143, 147, 149　木材を蒸解した後、パルプ中に残るリグニン量を、過マンガン酸カリウムの消費量から簡易的に推定する指標。
仮道管／86
仮道管長／89
カナマイシン／116
可燃性ガス／169
ガム／69
ガラクタン／117
ガラクチュロナーゼ／117
借入金／30
カリウム／36, 38, 153, 168
カリビアマツ／44, 226
カルシウム／38, 155
カルシウム蓄積量／51

カルノーサイクル／169　カルノーが考案した、高温場、低温場の間で動作する可逆熱サイクル。たとえば高温 T_1 [K] の状態から等温膨張、断熱膨張（低温 T_2 [K] となる）、等温圧縮、断熱圧縮（高温 T_1 に戻る）の過程を可逆的に行ったとき、このサイクルの効率が $\eta = 1-(T_2/T_1)$ で与えられる。

環境サービス／21
環境ストレス／124
環境問題／36
乾季落葉性／80
還元糖／119, 122　糖の1番目の炭素(C1)は、アルデヒド基を有する。これはアルカリ性で還元力を示すことから、還元糖と呼ぶ。加水分解によってアルデヒド基が増加するため、還元力を測定することにより、加水分解のレベルが明らかとなる。
環孔材／93
乾性降下物／37
乾燥害／124
乾燥工程／173
乾燥収縮率／73
乾燥障害／73
乾燥スケジュール／221
乾燥ストレス耐性／124
間伐／230
間伐材／177
カンボジアマツ／86

気乾密度／67, 73, 83, 89, 92, 95
キシラナーゼ／117, 118, 119
キシラン／117, 118, 139, 184, 185
キシロース／185
4-キシロース結合／118
キシログルカナーゼ／117, 118, 119, 121
キシログルカン／116, 117, 118, 120
キシログルカン量／122
ギニアアブラヤシ／193, 197
キノ／133
キノ化合物／141
キノン構造／141
逆有償／165, 172
キャッチャー剤／209
吸収式冷凍／181
強度／130

共沸現象／192　液体の混合物を一定の外圧のもとで蒸留するとき、ある温度および組成のところで、溶液の組成と蒸気の組成とが一致する。そのため、沸点がそこで極大または極小となり、定沸点の混合液体が得られる現象をいう。
鋸歯状肥厚／86
希硫酸法／190
菌根菌／63, 121
緊度／140　パルプや紙のシートの密度を表す紙パルプ業界での慣用語。
ギンドロ／116

グアイアシル核／106
グアイアシル(G)リグニン／185
空中チッソ／142
空洞化／149
クエン酸合成酵素／125　アセチルCoAとオキサロ酢酸と水を基質にしてクエン酸とCoAを合成する反応を触媒する酵素．クエン酸回路を構成する酵素の一つ．
クエン酸放出量／125
釘打ち性／215
釘保持力／228
クマツヅラ科／80
組換え体／116
組換えファルカタ／122
組換えポプラ／118, 120
組込み形質転換ポプラ／117
曇り点／196
クラーソンリグニン／149, 188
クラフト蒸解／149
グリーン電力証書／164, 172
グリカナーゼ／116　さまざまな多糖を分解する酵素の総称。
グリシンベタイン／124　グリシンベタインは、アミノ酸であるグリシンの窒素原子がメチル化された四級アンモニウム化合物であり、適合溶質と呼ばれる物質の一種。
クリンカー／168
クルカス油／197
グルクロン酸／185
グルコース／187, 188
4,6-グルコース結合／118
4-グルコース結合／118

索引・用語解説

グルコマンナン／117, 118, 184
クローン増殖／109
クロヨナ／193
クロロフィル／47, 119
燻煙熱処理／212

景観修復／10
蛍光タンパク質／105
形質転換体植物／118
形質転換体／121
形質転換ユーカリ／123
形成層／74
形成層齢／79
形態制御／117
系統分類解析／80
ひずみゲージ／75
化粧合板／211
結晶化度／120
結晶幅／120
ゲノミックサザンブロット（サザンブロッティング）／117　Edwin Southern が考案した DNA 配列を同定するための手法。異なる塩基配列を持つさまざまな二重らせんの DNA の混合溶液中に、ある特定の塩基配列を持つ分子が存在するかどうかを確かめることができる。
ゲノム解析／110
ゲノム DNA／109
ゲノム配列／110
ゲノムプロジェクト／109
嫌気性菌（*Clostridium ljungdahlii*）／190
建材／111, 226
建設発生木材／165, 172, 173
健全率／90
建築資材／224
建築用型枠合板／210
建築用資材／219

コアウッド／58
コア用材／207
高位発熱量／167, 170　燃料が完全燃焼する際に発生する総熱量で、その測定法はJIS M 8814などで定められている。燃料中の水素原子は燃焼により水蒸気となり、燃料中の水分は蒸発により水蒸気となるが、この水蒸気の潜熱も高位発熱量に含まれる。しかしエネルギー利用の現場では、水蒸気の凝縮顕熱を回収せず、水蒸気のまま排出することが多い。そこでこの蒸発（凝縮）潜熱分を高位発熱量から差し引いた熱量を低位発熱量と呼ぶ。
抗HIV活性／226
高温高湿度乾燥／212
高温二酸化塩素処理／140
硬化／20
工業用原木／10
孔隙／49
孔圏道管／93
杭材／216, 219, 224
交錯木理／215　木材の断面に表れた木材構成要素である細胞の配列状態（木理）が、樹木軸や材軸に対して平行でない木理のこと。このような木理を総括して交走木理といい、熱帯材に多くみられる（出典：『木材工学辞典』、工業出版、1982）。
高樹齢／141
工場残材／175
合成バイオエタノール／183, 190
抗生物質／116
構造用材料／215
構造用木材接着剤／223
酵素的糖化性／119
酵素糖化性／114
酵素糖化法／187
高耐水性・耐湿性／209
高炭素固定能／94
固定床タイプ／167
交雑種／124, 230, 232 → 雑種
荒廃地／46
合板／207, 226, 232
合板端材／166
合板複合フローリング／210　合板複合フローリングとは、合板に突き板（木をスライスした0.25〜1.5mmの薄板）または挽き板（のこぎりで薄く挽いた2〜4mmの薄板）を貼ったものである。JAS規格では複合1種フローリングに分類される。
鉱物風化／37
酵母（*Saccharomyces cerevisiae*）／189
合法性／236, 237

合法性証明／13
高容積重／154
コージェネレーション（CHP）／168, 171, 173　電力と熱を同時に得るエネルギー供給形態。JIS B 8121では「単一又は複数のエネルギー資源から、電力又は動力と有効な熱を生産する操作」と定義されている。まず高温の熱を発電に利用し、その排熱をプロセス蒸気や温水に利用するのが一般的である。欧米ではCHP(Combined Heat and Power)と呼んでいる。
黒液／141, 153　木材を蒸解した後の液で、リグニンなどが含まれており黒色をしているので、このように呼ばれる。工場ではこれをボイラーで燃やしてエネルギーを回収し、利用している。
国際自然保護連合（IUCN）／26
国際木材貿易機関（ITTO）／26
国産材／90
国内L材／132, 147　国内で伐採される広葉樹材のこと。ブナなどがある。LはLaubholz（ドイツ語）の略。英語ではHardwoodでHとも略される。
国内販売価格／180
ココナツ油／198
コシヒカリ／109
枯死率／65
固定床／170
固定床ボイラー直接燃焼／175
コミュニティーフォレスト／233　地域住民の参加によって管理し、そこで得られる利益などを住民に配分する森林。その手法は、社会林業（ソーシャルフォレストリー）などとも呼ばれる。
雇用／160
孤立管孔／78
コリン／124　アミノアルコールの1種であり、ビタミンB群に属している。
コリンオキシダーゼ(codA)遺伝子／124　グリシン、セリンおよびトレオニン代謝酵素の1つで、コリンからグリシンベタインを生成する酵素をコードする遺伝子。
ゴルジ体／121
混合ガソリン／192
混合植栽／81

混交林／47
混焼発電／169
昆虫相／19
梱包材／226, 229　物品の輸送、保管などで保護するために使われる材料で、木材梱包材としてはパレットやサンギ、木枠、木箱、ドラムなどがある。輸出入に関しては、無処理の無垢材は検疫が必要だが、合板やパーティクルボードでは検査の必要はない。
梱包材料／211
根粒菌／37, 45, 63, 121　マメ科植物の根に感染し、粒状の塊（根粒 root nodule）を形成する細菌。宿主であるマメ科植物との共生し、空気中の窒素をアンモニアとして固定する能力を持つ。

サ　行

細菌（Zymomonas mobilis）／189
再構成製品／14　木材などの小片を熱圧成形したパーティクルボード、木材などの植物繊維を成形したファイバーボード、ラミナや小角材を集成接着した集成材のように、いったん砕いた木材を成形した木材製品。
細根成長／44
材質／57
材質育種／58, 79, 88, 92, 96
材質因子／73
材質指標／66
菜種栽培／199
サイズプレス／139　紙の表面にインクが滲まないように撥水処理する設備。ここではこの装置を使ってデンプンなどを紙表面に塗って、表面強度を上げる。
再生可能エネルギー／163
最盛期体積成長速度／70
材積成長速度／7, 15
最大光合成速度／91
サイトカイニン／117
栽培費用／218
再分化系／123
細胞壁厚／130
酢酸エステル／190
酢酸発酵／183, 190
挿し木／7

サステナブル材料／235
雑種(交雑種)／59, 124, 230, 232
サトウキビ／112
晒パルプ／150　漂白されたパルプのこと。BKPと類似であるが、BKPはKPだけが対象であるが、晒パルプは広範囲のパルプに使用される。
酸化安定性／196　バイオディーゼルの酸化安定性試験では、規定の条件下、試料が一定基準の酸化劣化を受けるまでの時間を測定し、結果を時間(h)単位で表記する。酸化されにくい試料、あるいは抗酸化剤を含む試料ほどバイオディーゼルとしての酸化安定性は高くなる。
酸加水分解法／187, 188
産業植林／7
散孔材／85
酸処理／140
酸性抄紙／139
酸性土壌耐性／125
酸性硫酸塩土壌／42, 214, 216
酸素漂白／135
散乱係数／147

シート密度／142
自家消費／171
ジクロロメタン／158
次世代シーケンサー／110
自然雑種／60
シソ科／80
自動制御／176
持続性認証／13
持続的森林管理／25
持続的生産／35
下草刈り／230
湿潤熱帯気候／40
自燃／167
師部柔細胞／159
師部繊維／159
脂肪酸／151, 152
脂肪酸メチルエステル(FAME)／192, 194
脂肪族アルコール／151, 152
社会林業プロジェクト／53　植林予定地域の住民に林業活動への参加を促すと同時に、地域住民へ利益還元を行なう林業の形式。しばしば、プロジェクト対象地区への保健、教育といった社会基盤整備と併せて実施される。土地所有や地域住民の森林利用に関する問題解決への一つのアプローチとして、多くの試みがなされている。
ジャワマキ／44
重金属／168
集成材／7, 226　ラミナもしくは小角材などの木材繊維の方向をほぼ平行にして、長さ、幅、および厚さの方向に集成接着した材料(JASによる定義)。
住宅機器／226　住宅設備とも呼ばれ、キッチン、バス、トイレや収納などの取り付け設備のことをいう。
住宅用間柱／229　→ 間柱
収率／149
樹幹内偏差／137
縮合／143
樹脂強化／235
樹種選択／19, 30
樹皮／149, 159, 166, 167, 171, 224
樹皮ペレット／178
受粉／61
腫瘍／116
循環流動床／170
蒸解／131, 143, 155　木材からリグニンを除くために高温高圧で、アルカリを加えて煮る方法。
蒸解効率／106
蒸解収率／148
蒸解薬液／135
小規模コージェネレーションシステム／170
小規模バイオマス発電／163
小径木／208
硝酸態窒素(硝酸イオン)／38　植物に利用可能な無機態窒素の一つ。アンモニウム態窒素から、硝化菌や菌類の働きにより亜硝酸を経て生成される。硝酸態窒素生成の過程で、温暖化ガスの一つでもある亜酸化窒素(N_2O)ガスを生成し、一部を大気に放出する。
蒸散能／70
蒸煮法／113　耐圧容器の中でアルカリ等を含む溶液を使って原料を加熱する方法。通常、原料中の成分の分離や後工程での加工を容

易にするために行う処理。
抄紙工程／130
抄紙性／134
植林費用／217
植物相／19, 24
植林密度／218
処理料金／173
シリカ／85, 215, 221, 222
磁力選別／167
シリンギル核／106
シリンギルタイプ／143
シリンギルプロパン／185
シリンギル(S)リグニン／185
シロイヌナズナ／107, 110, 125
新エネ法／164
新エネルギー発電／164
真空マイクロ波乾燥／212
心腐れ／64, 66, 149
人工降雨装置／50
人工交雑／60
人工林面積／9
芯材(合板)／222
心材／77
心材腐朽／149
侵食／39, 50
靱性／211　材料の粘り強さを表す指標である。材料に外力を加えたとき、材料内部に抵抗力が発生し、亀裂の進展を妨げる性質に関係する。
薪炭材原料／66
浸透圧バランス／124
浸透性／135
シンナミルアルコールデヒドロゲナーゼ／113
森林管理協議会(FSC)／26
森林認証(FSC)／49
森林のゾーニング／57
心割れ／73

水素／165
水素化分解／190
水平樹脂道／86
スケール／153　装置に付着する無機物の総称。燐酸カルシウムなどの溶解性の低い無機物が付着して装置の効率を低下させる。
スターリングエンジン方式／169

ステアリン酸(C18:0)／193
ステリルエステル／159
ステロール／151
ストレーナ／155
ストレス応答性／117, 125
スナバコノキ／193, 197
スパーヒータ／154
SmartWoodプログラム／26
スマトラマツ／86
寸法安定性／213

精英樹／19, 59　人工林や天然林の中から選ばれた、成長速度や幹の通直性など優れた特性をもつ個体。
精英樹クローン／59
精英樹選抜／15
製材工場残材／177
生産力／35
成熟材／79
製紙用パルプ／111
製造コスト／192
生態系／8
生態系修復／36
成帯性土壌／40　一定の地域に典型的に見られる生成が進んだ土壌で、気候条件と植生型に結びついて分布していると考えられる土壌型を指す。
成長応力／66, 68, 74
成長応力解放ひずみ／84
成長環境／212
成長性／117, 123
成長促進／153
成長輪／87
生物多様性／23
生物多様性影響評価／124
生物多様性保全／9, 237
青変菌／87
精油／215, 225
世界自然保護基金(WWF)／26
石炭混焼／173
石炭混焼発電／181
切削加工／222
切削抵抗／85
切削用刃物／221
接着加工／221

接着性／215
接着不良／224
絶滅危惧種／236
施肥試験／18
セラミックス化／207
セルラーゼ／117, 118
セルラーゼ遺伝子／121
セルラーゼ酵素標品／119
セルロース／130
セルロース・キシログルカンネットワーク／108
セルロース生合成／121
セルロースミクロフィブリル／108
遷移／39
繊維間結合／143
繊維形態／134
繊維長／68, 84, 140, 142, 149
繊維板／7
繊維表面／146
繊維壁／135, 142, 146, 148
繊維方向解放ひずみ／75
先駆樹種／72
穿孔／222
潜在的成長速度／14
全収縮率／85, 87, 96
せん断強度／85, 213
センダン／90
センダンこぶ病／94
選抜指標抽出／137
全木ペレット／178

層間強度／140
双子葉類(Dicotyledoneae)／183
早生分枝法／124
層内強度／143
造粒法／176
鼠害／222
組織培養／91

タ 行

タール／170
ダイ／177
耐寒性／136
耐朽性／215
退色性／130
耐水性／234

体積損失率／65
堆積有機物層／40
大腸菌(Escherichia coli)／189
耐凹み傷性／234
耐ワックス性／234
ダウンドラフト／170, 173　部分燃焼型ガス化炉の一方式で、ガスの流れ方向が下方向のもの。生成ガスがガス化炉下部の燃焼ゾーンを通過するのでタールの比較的少ないガスが得られるが、熱効率が低くなる欠点がある。「アップドラフト」も参照のこと。
多幹性／70
脱リグニン／137
脱リグニン処理／122
縦圧縮強度／85
縦圧縮強さ／78, 87, 93
ダルマガ試験林／21
単一樹種／160
単幹化処理／64
担子菌／64
単子葉類(Monocotyledoneae)／183
炭水化物／131, 149
炭素蓄積／40
炭素貯留量／40
タンタル(Ta)製容器／188
単独植栽／81
タンニン／149
短伐期施業産業植林地／20
単板歩留／208

地域経済／214
地域社会／8
チーク／80
チガヤ／63
地球温暖化抑制／163
地上部現存量／22
窒素／36, 43, 44, 121
窒素固定／36, 44
窒素分／165
窒素要求／45
チッパー／224
チップ／140, 167, 224
チップ材／220
チャンチンモドキ／94
虫害／222

抽気復水式／168　蒸気タービン（復水タービン）の途中から蒸気を取り出してプロセス蒸気を需要先へ送り、残りの蒸気を復水器に送る方式。電気と熱を両方供給でき、コージェネレーション向けのシステムといえる。電気の割に蒸気の使用量が少なく、電気、蒸気の需要の変動が大きいときに採用される。

中国植林木／206

中国森林資源調査／205

中国森林認証協議会（CFCC）／230

抽出成分／65, 130, 131, 133, 146, 149, 152

超臨界水／187　臨界温度（374℃）、臨界圧力（22.1MPa）を共に超えた状態の水であり、圧力を高くしてももはや液化しない非凝縮性の流体であり、その特性は常温、常圧の水とは異なる。水の誘電率は常温で80程度であるが、臨界点では5〜10となり、非極性の物質も溶解する。また、水のイオン積は臨界点近傍で増大し、触媒を添加することなく加水分解の反応場となる。

超臨界水法／190

超臨界メタノール／195

直接燃焼／168, 169, 171, 172, 174

貯蔵サイロ／167

チロシン／113

通直／211

通直単幹性／68

低温耐性／125

低温流動性／197

低質材部／93

低樹齢／141

泥炭土壌／41

低地湿潤熱帯天然林／35

適合溶質／124　塩分のストレスを受けると、適合溶質と呼ばれる化合物を合成し細胞内に蓄積する。それらの物質は、細胞内では代謝されにくく、濃度だけを上げると、浸透圧を調節する効果をもつ。

デザインドバイオマス／113

鉄アルミナ質／41

テトラコサニック酸／158

電気抵抗式センサー／75

転写因子／107, 123　DNAに特異的に結合するタンパク質で、制御する遺伝子のDNA上のプロモーターやエンハンサーなどの転写を制御する領域に結合し、遺伝子の発現を促進あるいは抑制する。

転写因子 $EcHB1$ 遺伝子／125　$Eucalyptus$ $camaldulensis$ のホメオボックス遺伝子。発生の調節に関連する相同性の高いDNA塩基配列を持ち、典型的に他の遺伝子の働きを制御する転写因子をコードする。

転写物解析／125　多くの遺伝子の発現プロフィールを網羅的に調べる解析方法で、特に、異なるサンプル間、たとえば、野生型と変異体、薬物などの処理・無処理などで、どの遺伝子の発現レベルが変化しているかを知るのに非常に有効である。

天日干し／222, 224

糖化／112, 159

糖化処理／112

糖化性／117

道管／78

道管分化／107

統合的病害虫管理（IPM）／19

糖鎖分解酵素／118, 121

透水性／51

動的ヤング率／79

動粘度／196

トウモロコシ／112

毒性物質／198

特別利用林／215

土壌構造／50

土壌生産力低下／48

土壌生成／39, 43

土壌肥沃度／15

土壌有機物／40

土壌養分濃度／20

土地生産力／8

トラクター集材跡地／49

トラック床板／230

トリグリセリド／159, 192, 193, 196

トレサビリティ／236　製品の調達・加工・生産・流通・販売・廃棄などのすべての履歴情報が参照可能である状態のこと。

トレファクション／181

ナ 行

内装建材／229
内部収縮応力／212
苗作り／160
ナタネ油／198
ナトリウム／168
波型単板／212
難蒸解性／135
難燃性機能／209
ナンヨウアブラギリ／193, 197, 198
ナンヨウギリ（ファルカタ）／78
南洋材／226

二酸化炭素固定／9
二酸化炭素濃度／163
二段階超臨界メタノール法（Saka-Dadan法）／195
ニトロセルロース膜上／118
日本産早生樹／89
尿素樹脂／223
認証メランティ／232

ぬれ状態／221

根腐れ／64, 65, 66
根形成／117
熱圧締／223, 224
熱交換器／154
熱損失／169
熱帯土壌／35
熱帯ポドゾル／41　有機物が移動した洗脱層と、有機物の集積層を持つ土壌。ポドゾルは通常冷温帯の酸性土壌に発達するが、熱帯地域においても強酸性で砂質な条件下で、有機物の質と地下水位の動きによってポドゾルが形成される。
熱帯林生態系／36
熱利用／164
年間平均材成長量／206
燃焼ガス／154
燃焼灰量／178
粘度／149
粘土鉱物／40
年平均炭素固定量／22

燃料材／10
濃硫酸法／188
ノット粕／155

ハ 行

バーク／135
バークペレット／178
パーティクルボード／7, 207, 209, 226
パーム油／197, 198
背圧式／168
バイオエタノール／112, 159, 183
バイオETBE／192
バイオエネルギー生産／123
バイオガソリン／192
バイオ水素／190　現在の水素製造は石油を原料とし、製造過程でCO_2を排するが、バイオ水素は水の電気分解やバイオマスを原料とした製造システムでCO_2の発生が大幅に削減できると期待されている。集中型と分散型があり、家庭用燃料電池や自動車用燃料として有望であるが、蟻酸を用いた微生物からのバイオ水素製造は反応速度が遅く実用には至っていない。
バイオディーゼル／170, 192
バイオ燃料／112, 164　有機物である生物（バイオマス）自体を原料として生産するバイオエタノール、バイオディーゼル、メタンガスなどの液体および気体燃料のこと。石油や石炭のような化石資源とは違い、再生産が可能なエネルギーである。
バイオマス資源／183
バイオマス専焼発電／172
バイオマス専焼発電所／163, 168
バイオマス・ニッポン総合戦略／164
バイオマス発電／163
バイオマス発電システム／168
バイオリファイナリー／123
廃棄物中間処理業者／172
配向性パーティクルボード／207
胚軸／123
煤塵除去／154
売電／171, 172
ハイパー木質ペレット／183
背板／166　製材の際に引き落とされる丸太の

外周部分。比較的大きいものはさらに板材などがとられるが、小さなものはチップ原料となる。
ハイブリダイゼーション／118
灰分／149, 153, 165, 167
廃油量／199
パイライト(FeS2)／42
バインダーレスボード／225
白液／148　クラフト蒸解法で、苛性ソーダと硫化ソーダを含む薬液のこと。黒液と対比した言葉。
白液量／143
爆砕法／113
白色度／130, 139, 140, 143
白色度安定性／150
剥離強度／213
発現タンパク質／118
発酵バイオエタノール／183, 187
撥水成分／224
発熱量／167, 176
パツラマツ／88, 226
パネル家具生産ライン／209
ハバタキ／109
パルプ化／131
パルプ強度／135
パルプ収率／130, 133, 134, 135, 136, 143, 153
パルプ繊維／111, 130
パルプ退色／139
パルプ適性／123　木材チップをアルカリ存在下で分解し、リグニンなどを分離して、紙の原料となるパルプを製造するが、パルプ化のし易さ、木材繊維量の多さから、木材のパルプ適性を判断する。
パルミチン酸(C16:0)／193
パルミチン酸メチル／197
破裂強度／135, 143
半機械化／209
半裁／234　半分に裁断することであるが、ここでは1枚のMDFを厚さ方向に2つに割いて、薄い2枚のMDFにすること。
半手工化生産／209
半炭化／182
販売可能割合／218

被圧要因／47

被陰樹／78
比引張／148
比引裂／148
引裂き強度／140
非結晶領域／119
被子植物(Angiospermae)／183
肥大成長／68, 68, 95
ピッチ／130
ピッチトラブル／153
ヒドロキシケイ皮アルコール類／113
ヒドロキシフェニルプロパン／111, 114, 185
ヒドロキシル核／106
微粉化／173
苗条原基法／124
病虫害対策／20, 30
病虫害耐性／123
漂白／132, 155
漂白層／41
表面材／222
表面成長応力／74
表面成長応力解放ひずみ／68, 74, 76
表面流／49
肥料木／44

ファイバーボード／207, 232
ファルカタ／77, 43, 233, 228, 121, 116
フェアウッド調達／235
フェイスバック／208
フェース／234
フェニルアラニン／113
フェノール化合物／133
フェラルソル／41, 50　鉄アルミナ質層(フェラリック層)を持つ土壌。鉄アルミナ質層は陽イオン交換容量が粘土画分について16 cmolc kg^{-1}未満かつ、易風化粘土鉱物の割合が10%以下と定義される。米農務省土壌分類(USDA Soil Taxonomy)では、オキシソル(Oxisols)にほぼ該当する。
腐朽菌／149
複合管孔／78
複合材料／207
複合床基材／228, 232
復水式／168
腐食／167
物質収支／36, 52

物質循環／53
不透明度／147
歩留(止)まり／221, 230　投入した原材料の材積に対する産出製品の材積の割合(出来高の割合)のこと(出典：木材工学辞典、工業出版、1982)。
フトモモ科／69
浮遊外熱式ガス化／170
浮遊粒子状物質／198
プラスミド／116
フラットダイ方式／178
ブリード／156, 158
ブリッジ／167
プレーナ屑／171
プローブ／118
フローリング／207, 210
プロット効果／16
プロモーター／105, 116　DNAからRNAを合成する転写の開始に関与して、転写因子やRNAポリメラーゼが結合するDNA上の特定領域の配列のこと。通常、遺伝子の直前に位置する。
35Sプロモーター遺伝子／105
分化誘導因子／108
粉砕エネルギー／183
粉砕動力／183
粉砕法／113
分野壁孔／86
噴流床／170

平滑性／146
平均ミクロフィブリル傾角／95
ヘキサコソニック酸／158
ヘキサン／151
ヘキセンウロン酸／139
ヘキソース／185, 188, 189, 190
ヘキソサン／184
ペクチン／117
ベッセル／130, 139
ベッセルピック／133, 138　紙の表面などにあるベッセルが、印刷時インクによって表面から取られる現象。その防止策としてサイズプレスでデンプンを塗って表面強度を上げる。
ベツリン酸／226

ベニアレース／222
ヘミセルラーゼ／116
ヘミセルロース／116, 130
べら板／166
ベレタイザ／177
ペレット供給量／180
ペレットストーブ／180
ペレット生産能力／179
ペレット製造工程／177
ペレットバーナー／181
ペレットボイラー／180, 181
辺材／77
ペントース／149, 185, 188, 189, 190
ペントサン／184

萌芽特性／91
鉋削性／215
放射仮道管／86
放射柔細胞／85
放線菌／37
ボード産業／205
牧場／160
保護樹／46
補助金／30
保全帯／24
保全林／215
ポドゾル／51
ポプラ／107, 110, 114, 116, 121, 206, 208, 229
ポリフェノール／133
ホルマリンキャッチャー剤／229
ホロセルロース／123, 137, 149
ホワイトペレット／178

マ　行

マイクロアレイ解析／107　細胞内の遺伝子発現量を網羅的に測定するために、多数のDNA断片をプラスチックやガラス等の基板上に高密度に配置した分析機器を用いる。一度に数万の遺伝子発現を検出することが出来る。
マグネシウム／38
膜分離法／189
曲げ強度／85, 95, 213
曲げ弾性率／85, 95
曲げ強さ／78, 87

曲げヤング率／78, 87, 213
松ヤニ／86
マテリアル利用／163, 175
マメ科／37, 121, 142
間柱／226　柱と柱の間に入れる部材で、柱材より見付け断面の小さな柱相当の材。建物の構造を支えるのではなく、石膏ボードや合板などの壁材を打ち付けるのに使われる。
マリー／70
丸太価格／219
マングローブ／41
4-マンノース結合／118

幹現存量／21
ミクロフィブリル傾角／59
実生／49　種子から発芽した芽生えを指す。森林下では利用できる光が少なく根が浅いため、大径木まで生き残るためには条件が限られる。
水流出量／49
未成熟材／79
ミフクラギ／193, 197
未利用間伐材／172

剥き芯／166, 222
無機分／153
麦ワラ／112
無垢板／7

芽かき処理／94
芽形成／117
メコンデルタ地域／215, 225
メチル化分析／118　糖鎖を構成している糖のOH基にメチル基を導入してメトキシル基に変える。これを加水分解すると各糖の結合部位がOH基になるため、これをクロマトグラフィで同定して化学構造を決定する。
4-O-メチルグルクロン酸／139
メラルーカ／42, 85, 214
メリナ／80
メルクシマツ／86
メンテナンスコスト／170

木材チップ／153
木材調達／235, 236, 237

木材密度／77
木質系資源／191
木質バイオマス／163
木質バイオマス発電／164
木質ペレット／173, 175
木質ペレット生産量／179
木部繊維／74
木部繊維長／59, 79
木部ペレット／178
木片セメントブロック／225
木片セメントボード／225
モデル生物／109
モノリグノール／106
モルッカネム（ファルカタ）／78

ヤ　行

ヤシ科／184
宿主植物細胞／116
ヤナギ／116
ヤマネ／80
ユーカリ／42, 69, 110, 116, 123, 208, 231
　——アルバ／133, 136
　——エクザータ／137
　——オブリーカ／70, 134
　——カマルドレンシス／69, 133, 135
　——カロフィーラ／132
　——グニー／126
　——グランディス／69, 133, 136, 137, 142
　——グロブラス／47, 69, 133, 136, 140, 143
　——ゴンフォセファラ／76
　——サーモンフロイア／76
　——サリグナ／72, 136, 142
　——ダニアイ／72, 72, 142
　——ディバシコーラ／72
　——デグルプタ（カメレレ）／69, 76, 154
　——デレガテンシス／70, 132
　——テレティコニス／69
　——トゼチアナ／76
　——ナイテンス／69, 137, 142
　——パウシフローラ／69
　——ペリータ／69, 142
　——ボトリオイデス／98
　——ミニアータ／154
　——ユーログランディス（雑種）／72, 124, 133, 232

——ユーロフィラ／69, 136
——レグナンス／42, 69, 134
——ロブスタ／69
ユーカリ精英樹／123
ユーカリパルプ／143
有機物／36, 39
有機物堆積物／41
有機物蓄積／43
遊離脂肪酸／195
優良遺伝子／109
優良形質／110
優良系統／15
優良材部／92
油脂／192
ユリア樹脂接着剤／209
ユリノキ／98

陽イオン／38, 39, 40
陽イオン交換容量／40, 50
用材特性／72
容積重／123, 134, 148　木材の嵩密度のこと。木材や紙パ業界で使用される慣用語。
容積密度／73, 79, 83, 87, 176
ヨウ素価／196　ヨウ素価とは、100gの油脂試料と反応するハロゲン量をヨウ素換算のg数で表したものである。ハロゲンは不飽和脂肪酸エステルのエチレン基に作用して飽和の化合物を形成する。従って、ヨウ素価はバイオディーゼル燃料中の不飽和二重結合の総数に比例し、不飽和脂肪酸エステルの組成が高いほど値は大きくなる。
養分管理／53
養分収支／53
養分蓄積量／52
養分保持／40
養分要求量／44
養分量／49
養蜂／225
養蜂樹／70
陽葉／119
余剰蒸気／171

ラ　行

ラジアータマツ／58, 114, 226
裸子植物（Gymnospermae）／183

ラワン材／226
ランドスケープレベル／24
ランバーコア／208

リグニン／123, 130, 190
リグニン含有量／143
リグニン合成経路／106
リグニン構成単位／185
リグニン生合成／113, 123, 124
リグニン代謝／115
リグニンモノマー／113
リグニン量／143
リグノセルロース／111, 184, 188, 191, 213
リターフォール／40, 43, 45　樹木の落葉、落枝等、枯死等によって林床に落ちる有機物を示す。場合によっては、根の枯死分も地下部のリターフォールとして含める。バイオマス成長量と合わせ森林の光合成産物（純一次生産）の一部であると同時に、分解した養分が肥料となり、森林生態系の自己施肥系を成立させる重要な経路でもある。
立地管理／19, 30
立地条件／212
リノール酸（C18:2）／193
リノール酸メチル／197
リノレン酸（C18:3）／193
リパーゼ酵素法／196
硫酸イオン／42
硫酸法／113
流通価格／219
リン／36, 44, 121, 153
リン欠乏／125
リングダイ方式／178
リン酸／125
リン酸カルシウム／153
リン酸吸収能力／125
林床植生／18
林地残材／159, 165, 166, 173, 175
林道／48
林板一体化政策／231
林木育種／58

ルーメン径／142
ルンケル比／137, 140, 142

レポーター遺伝子／105　研究目的の遺伝子発現について、いつ、どこで発現しているか観察する為に、目的遺伝子のプロモーター領域下流に結合させ、発色、発光等で可視化することが出来る遺伝子の事。緑色蛍光タンパク質(GFP)、GUS、LUCなどが有名。
レモンユーカリ／69
連続蒸解釜／131
連続熱圧乾燥／212

ロイコシアニン／134
ロータリーキルン式／170, 173
ロータリーレース／208　ロータリーレースとは、原木丸太の中心を軸に回転させ、刃を当てるもので、大根をかつら剥きするように、丸太から単板を製造する機械である。
ローム質沖積土壌／63
ローム質土壌／80

ワ　行

ワックス／152, 234

あとがき

　早生樹産業植林は基本的には荒廃した土地で効率よく木材資源を生産する手法である。正しく管理することにより、持続可能な生産活動によって地域に利益にもたらす。生産から加工・利用まで多くの分野が関係し、それぞれに活発な研究開発が行われてきた。その様な早生樹の生産・産業利用について広く捉えた書籍はこれまでにあまりなく、本書を編集する意義は大きいといえる。海青社の宮内社長の発案により早生樹に関する書籍出版の検討が始まったが、統括的に引き受けて頂ける組織や先生にたどり着けなかった。そこで各分野でご活躍の先生方に編者となっていただき、各章の編集・執筆を検討していただくこととなった。多くの先生方に多大なご協力を頂き、本書の出版が可能となった。ここに深くお礼を申し上げる。

　なお本書では、用語や樹種名をできるだけ統一したために、各著者がこれまで使用してきた表記と多少異なる場合がある。余談ではあるが、例えば「成長」と「生長」という用語がある。本来は動物に対して「成長」が、植物に対しては「生長」が使われてきた。ただ、その使い分けは人によって異なり、より広い意味で使われる「成長」を植物に対して使う著者も多い。昭和31年に発行された学術用語集 植物学編（文部省）では"growth"に「生長」があてられていた。しかし平成2年に出された増訂版では「成長」とされ、小中学校の教科書では動物と植物の両方で「成長」が使用されている。本書では学術用語集に従って「成長」に統一した。「早生樹」については学術用語集 植物学編（増訂版）には掲載されていない。経験的には「早生樹」を広くみかけるが、「早成樹」と表記される場合もある。"Fast growing tree"に求められる特性は短期伐採、つまり植栽後にできるだけ早く収穫できることである。早期に収穫できる作物の品種は「早生（わせ）」と呼ばれることもあり、本書では「早生樹」に統一することが適当ではないかと考えた。

編者　村田功二

●執筆者紹介 （執筆順、＊は編者）

＊藤間　剛（TOMA Takeshi）1章
　（独）森林総合研究所 国際連携推進拠点 国際研究推進室 室長

　稲垣　昌宏（INAGAKI Masahiro）2章
　（独）森林総合研究所九州支所 森林生態系研究グループ 主任研究員

＊松村　順司（MATSUMURA Junji）3章 3.1、3.2.1.1、3.2.5、3.2.6.2、3.3
　九州大学大学院農学研究院 森林資源科学部門 木質資源科学分野 准教授

　山本　浩之（YAMAMOTO Hiroyuki）3章 3.2.1.2、3.2.2、3.2.4
　名古屋大学大学院 生命農学研究科 生物圏資源学専攻 教授

　石栗　太（ISHIGURI Futoshi）3章 3.2.3、3.2.6.1
　宇都宮大学農学部 森林科学科 准教授

　西窪　伸之（NISHIKUBO Nobuyuki）4章 4.1
　王子製紙株式会社 森林資源研究所

　梶田　真也（KAJITA Shinya）4章 4.2
　東京農工大学大学院 生物システム応用科学府 准教授

＊林　隆久（HAYASHI Takahisa）4章 4.3
　東京農業大学応用生物科学部バイオサイエンス学科 植物分野 教授

　海田　るみ（KAIDA Rumi）4章 4.3
　東京農業大学応用生物科学部 バイオサイエンス学科 植物分野

　海老沼　宏安（EBINUMA Hiroyasu）4章 4.4
　日本製紙株式会社 森林科学研究所

　河岡　明義（KAWAOKA Akiyoshi）4章 4.4
　日本製紙株式会社 森林科学研究所

　松永　悦子（MATSUNAGA Etsuko）4章 4.4
　日本製紙株式会社 森林科学研究所

　島田　照久（SHIMADA Teruhisa）4章 4.4
　日本製紙株式会社 森林科学研究所

＊岩崎　誠（IWASAKI Makoto）5章
　元 王子製紙株式会社 製紙技術研究所　現 MIPコンサルタント事務所

　吉田　貴紘（YOSHIDA Takahiro）6章 6.1、6.2
　（独）森林総合研究所 加工技術研究領域 木材乾燥研究室 主任研究員

＊坂　志朗（SAKA Shiro）6章 6.3、6.4
　京都大学大学院 エネルギー科学研究科 エネルギー社会・環境科学専攻 教授

　張　敏（ZHANG Min）7章 7.1
　京都大学生存圏研究所 循環材料創成分野、浙江農林大学教授、生態環境材料研究所所長、南京林業大学兼任教授

　佐藤　雅俊（SATO Masatoshi）7章 7.2
　東京大学大学院 農学生命科学研究科 農学国際専攻 教授

＊村田　功二（MURATA Koji）7章 7.3
　京都大学大学院 農学科学研究科 森林科学専攻 助教

英文タイトル
Fast growing trees
Plantation and Utilization

早生樹
― 産業植林とその利用 ―

発行日 ———————	2012 年 7 月 30 日 初版第 1 刷	
定　　価 ———————	カバーに表示してあります	
編　　者 ———————	岩　崎　　　誠	
	坂　　　志　朗	
	藤　間　　　剛	
	林　　　隆　久	
	松　村　順　司	
	村　田　功　二	
発行者 ———————	宮　内　　　久	

海青社
Kaiseisha Press

〒520-0112　大津市日吉台 2 丁目 16-4
Tel. (077) 577-2677　Fax. (077) 577-2688
http://www.kaiseisha-press.ne.jp
郵便振替　01090-1-17991

© 2012 IWASAKI, M., SAKA, M., TOMA, T., HAYASHI, T., MATSUMURA, J. & MURATA, K.
● ISBN978-4-86099-267-5 C3061　● Printed in JAPAN
● 乱丁落丁はお取り替えいたします

本書のコピー、スキャン、デジタル化等の無断複製は著作権法上での例外を除き禁じられています。本書を代行業者等の第三者に依頼してスキャンやデジタル化することはたとえ個人や家庭内の利用でも著作権法違反です。

◆ 海青社の本・好評発売中 ◆

日本木材学会論文データベース1955-2004
日本木材学会 編　　CD-ROM版/ Win・Mac

木材学会誌に掲載された 1955 年から 2004 年までの 50 年間の全和文誌論文(5,515本、35,414頁)を PDF 化して収録。題名・著者名・要旨等を対象にした高機能検索で、目的の論文を瞬時に探し出し閲覧することができる。
〔ISBN978-4-906165-905-6／B 5 判 CD 4 枚・定価 28,000 円〕

樹木の顔　抽出成分の効用とその利用
編集／日本木材学会抽出成分と木材利用研究会
編集代表／中坪文明

1991〜1998 年に Chemical Abstracts に掲載された日本産樹種を中心とする 54 科約 180 種の抽出成分関連の報告書約 6,000 件を、科別に研究動向・成分分離と構造決定・機能と効用・新規化合物についてまとめた。PDF版 3,885 円も発売中
〔ISBN978-4-906165-85-8／B 5 判・384 頁・定価 4,900 円〕

広葉樹材の識別　IAWAによる光学顕微鏡的特徴リスト
IAWA委員会編／伊東隆夫・藤井智之・佐伯浩 訳

IAWA(国際木材解剖学者連合)が刊行した"Hardwood List"(1989年)の日本語版。221 項目の木材解剖学的特徴の定義と光学顕微鏡写真(180 枚)は広く世界中で活用されている。日本語版の「用語および索引」は大変好評。PDF版 2,000 円も発売中
〔ISBN978-4-906165-77-3／B 5 判・144 頁・定価 2,500 円〕

針葉樹材の識別　IAWAによる光学顕微鏡的特徴リスト
IAWA委員会編／伊東・藤井・佐野・安部・内海 訳

IAWA の"Hardwood list"と対を成す"Softwood list"(2004年)の日本語版。木材の樹種同定等に携わる人にとって、『広葉樹材の識別』と共に必携の書。124 項目の木材解剖学的特徴リストと光学顕微鏡写真 74 枚を掲載。PDF版 1,840 円も発売中
〔ISBN978-4-86099-222-4／B 5 判・86 頁・定価 2,310 円〕

南洋材の識別/英文版　Identification of the Timbers of Southeast Asia and the Western Pacific
緒方 健・藤井智之・安部 久・P.バース 著

『南洋材の識別』(日本木材加工技術協会、1985)を基に、新たに SEM 写真・光学顕微鏡写真約 2000 枚を加え、オランダ国立植物学博物館の P. Baas 氏の協力も得て編集。南洋材識別の新たなバイブルの誕生ともいえよう。(英文版)
〔ISBN978-4-86099-244-6／A 4 判・408 頁・定価 6,300 円〕

生物系のための 構 造 力 学
竹村冨男 著

材料力学の初歩、トラス・ラーメン・半剛節骨組の構造解析、および Excel による計算機プログラミングを解説。また、本文中で用いた計算例の構造解析プログラム(マクロ)は、実行・改変できる形式で添付のCDに収録した。
〔ISBN978-4-86099-243-9／B 5 判・315 頁・定価 4,200 円〕

木 質 の 形 成　第 2 版
福島・船田・杉山・高部・梅澤・山本 編

木質とは何か。その構造、形成、機能を中心に最新の研究成果を折り込み、わかりやすく解説。最先端の研究成果も豊富に盛り込まれており、木質に関する基礎から応用研究に従事する研究者にも広く役立つ。全面改訂 200 頁増補。
〔ISBN978-4-86099-252-1／A 5 判・590 頁・定価 4,200 円〕

木 材 乾 燥 の す べ て
寺澤 眞 著　【改訂増補版】

「人工乾燥」は、今や木材加工工程の中で、欠くことのできない基礎技術である。本書は、図267、表243、写真62、315樹種の乾燥スケジュール という圧倒的ともいえる豊富な資料で「木材乾燥技術のすべて」を詳述する。増補 19 頁。
〔ISBN978-4-86099-210-1／A 5 判・737 頁・定価 9,990 円〕

木材科学講座（全12巻）　□は既刊

☑ 1 概 論	定価 1,953 円 ISBN978-4-906165-59-9	7 乾 燥 (続刊)
☑ 2 組織と材質 第 2 版	定価 1,937 円 ISBN978-4-86099-279-8	☑ 8 木質資源材料 改訂増補 定価 1,995 円 ISBN978-4-906165-80-3
☑ 3 物 理 第 2 版	定価 1,937 円 ISBN978-4-906165-43-8	☑ 9 木質構造 定価 2,400 円 ISBN978-4-906165-71-1
☑ 4 化 学	定価 1,835 円 ISBN978-4-906165-44-5	10 バイオマス (続刊)
☑ 5 環 境 第 2 版	定価 1,937 円 ISBN978-4-906165-89-6	☑ 11 バイオテクノロジー 定価 1,995 円 ISBN978-4-906165-69-8
☑ 6 切削加工 第 2 版	定価 1,932 円 ISBN978-4-86099-228-6	☑ 12 保存・耐久性 定価 1,953 円 ISBN978-4-906165-67-4

＊表示価格は 5 ％の消費税を含んでいます。PDF 版は直販のみのお取り扱いです。

◆ 海青社の本・好評発売中 ◆

COOL WOOD JAPAN （和文）
木材のクールな使い方
日本木材青壮年団体連合会 編

日本木青連が贈る消費者の目線にたった住宅や建築物に関する木材利用の事例集。おしゃれで、趣があり、やすらぎを感じる「木づかい」の数々をカラーで紹介。木材の見える感性豊かな暮らしを提案。オールカラー。
〔ISBN978-4-86099-281-1／A4判・99頁・定価2,500円〕

木の魅力
阿部 勲・大橋英雄・作野友康 著

人と木はどのように関わってきたか、また、今後その関係はどう変化してゆくのか。長年、木と向き合ってきた3人の専門家が、木材とヒトの心や体との関わり、樹木の生態、環境問題、資源利用などについて綴るエッセー集。
〔ISBN978-4-86099-220-0／B6判・253頁・定価1,890円〕

広葉樹の文化 雑木林は宝の山である
広葉樹文化協会 編／岸本・作野・古川 監修

里山の雑木林は弥生以来、農耕と共生し日本の美しい四季の変化を維持してきたが、現代社会の劇的な変化によってその共生を解かれ放置状態にある。今こそ衆知を集めてその共生の「かたち」を創生しなければならない時である。
〔ISBN978-4-86099-257-6／B6判・240頁・定価1,890円〕

桐で創る低炭素社会
黒岩陽一郎 著

早生樹「桐」が、家具・工芸品としての用途だけでなく、防火扉や壁材といった住宅建材として利用されることで、荒れ放題の日本の森林・林業を救い、低炭素社会を創る素材のエースとなりうると確信する著者が、期待を込め熱く語る。
〔ISBN978-4-86099-235-4／B5判・100頁・定価2,500円〕

すばらしい木の世界
日本木材学会 編

グラフィカルにカラフルに、木材と地球環境との関わりや木材の最新技術や研究成果を紹介。第一線の研究者が、環境・文化・科学・建築・健康・暮らしなど木についてあらゆる角度から見やすく、わかりやすく解説。オールカラー。
〔ISBN978-4-906165-55-1／A4判・104頁・定価2,625円〕

木材の基礎科学
日本木材加工技術協会 関西支部 編

木材に関連する基礎的な科学として最も重要と考えられる樹木の成長、木材の組織構造、物理的な性質などを専門家によって基礎から応用まで分かりやすく解説した初学者向きテキスト。
〔ISBN978-4-906165-46-9／A5判・156頁・定価1,937円〕

この木なんの木
佐伯 浩 著

生活する人と森とのつながりを鮮やかな口絵と詳細な解説で紹介。住まいの内装や家具など生活の中で接する木、公園や近郊の身近な樹から約110種を選び、その科学的認識と特徴を明らかにする。木を知るためのハンドブック。口絵カラー16頁付。
〔ISBN978-4-906165-51-6／四六判・132頁・定価1,631円〕

樹体の解剖 しくみから働きを探る
深澤和三 著

樹木の体のしくみは動物のそれよりも単純といえる。しかし、数千年の樹齢や百数十メートルの高さ、木製品としての多面性など、ちょっと考えるだけで樹木には様々な不思議がある。樹の細胞・組織などのミクロな構造から樹の進化や複雑な機能を解明。
〔ISBN978-4-906165-66-7／四六判・199頁・定価1,600円〕

木材接着の科学
作野友康・高谷政広・梅村研二・藤井一郎 編

木材と接着剤の種類や特性から、木材接着のメカニズム、接着性能評価、LVL・合板といった木質材料の製造方法、施工方法、VOC放散基準などの環境・健康問題、廃材処理・再資源化まで、産官学の各界で活躍中の専門家が解説。
〔ISBN978-4-86099-206-4／A5判・211頁・定価2,520円〕

森をとりもどすために② 林木の育種
林 隆久 編

本書は「地球救出のための樹木育種」を基本理念とし、林木育種の技術を交配による育種法から遺伝子組換え法までを網羅した。遺伝子組換えを不安な技術であると考える人が多いが、交配による育種の延長線上に遺伝子組換え技術があるのである。
〔ISBN978-4-86099-264-2／四六判・171頁・定価1,380円〕

森をとりもどすために
林 隆久 編

森林の再生には、植物の生態や自然環境にかかわる様々な研究分野の知を構造化・組織化する作業が要求される。新たな知の融合の形としての生存基盤科学の構築を目指す京都大学生存基盤科学研究ユニットによる取り組みを紹介する。
〔ISBN978-4-86099-245-3／四六判・102頁・定価1,100円〕

＊表示価格は5％の消費税を含んでいます。

◆ 海青社の本・好評発売中 ◆

木力検定 ①木を学ぶ100問
井上雅文・東原貴志 編著

木を使うことが環境を守る? 木は呼吸するってどういうこと? 鉄に比べて木は弱そう、大丈夫かなあ? 本書はそのような素朴な疑問について、楽しく問題を解きながら木の正しい知識を学べる100問を厳選して掲載。
〔ISBN978-4-86099-280-4/四六判・124頁・定価1,000円〕

木育のすすめ
山下晃功・原 知子 著

「食育」とともに「木育」は、林野庁の「木づかい運動」、新事業「木育」、また日本木材学会円卓会議の「木づかいのススメ」の提言のように国民運動として大きく広がっている。さまざまなシーンで「木育」を実践する著者が知見と展望を語る。
〔ISBN978-4-86099-238-5/四六判・142頁・定価1,380円〕

大学の棟梁 木工から木育への道
山下晃功 著

木工を通じた教育活動として国民的な運動となりつつある「木育」。長年にわたり、教育現場で「木育」を実践し、その普及に尽力してきた著者の半生を振り返るとともに、「木育」の未来についても展望する。
〔ISBN978-4-86099-269-9/四六判・197頁・定価1,680円〕

木の文化と科学
伊東隆夫 編

遺跡、仏像彫刻、古建築といった「木の文化」に関わる三つの主要なテーマについて、木材研究者・伝統工芸士・仏師・棟梁など木に関わる専門家による同名のシンポジウムを基に最近の話題を含めて網羅的に編纂した。
〔ISBN978-4-86099-225-5/四六判・220頁・定価1,890円〕

ものづくり 木のおもしろ実験
作野・田中・山下・番匠谷 編

イラストで木のものづくりと木の科学をわかりやすく解説。木の技や木の性質を手軽な実習・実験で「見る」「作る」ように編集。循環型社会の構築に欠くことのできない資源でもある「木」を体験的に学ぶことができます。木工体験のできる104施設も紹介。〔ISBN978-4-86099-205-7/Ａ５判・109頁・定価1,470円〕

カラー版 日本有用樹木誌
伊東隆夫・佐野雄三・安部 久・内海泰弘・山口和穂

"適材適所"を見て、読んで、楽しめる樹木誌。古来より受け継がれるわが国の「木の文化」を語る上で欠かすことのできない約100種の樹木について、その生態と、特に材の性質や用途をカラー写真とともに紹介。オールカラー。
〔ISBN978-4-86099-248-4/Ａ５判・238頁・定価3,500円〕

Wood and Traditional Woodworking in Japan (英文)
メヒティル・メルツ 著

日本の伝統的木工芸における木材の利用法について、木工芸職人へのインタビューを元に、技法的・文化的・美的観点から考察。著者はドイツ人東洋美術史・民俗植物学研究者。日・英・独・仏４カ国語の木工芸用語集付。
〔ISBN978-4-86099-262-0/Ｂ５判・253頁・定価6,090円〕

Agricultural Sciences for Human Sustainability (英文)
北海道大学大学院農学研究院 編

「食料・バイオマス生産」「環境保全」「食の安全・機能性」など、世界が直面する諸課題に対し、農学先進校・北大農学院の各分野ではどのような研究が行われているのか。札幌農学校精神を今に伝える「農学概論テキスト」。オールカラー。
〔ISBN978-4-86099-283-5/Ｂ５判・136頁・定価2,500円〕

広葉樹資源の管理と活用
鳥取大学広葉樹研究刊行会 編/古川・日置・山本 監

地球温暖化問題が顕在化した今日、森林のもつ公益的機能への期待は年々大きくなっている。本書は、鳥取大広葉樹研究会の研究成果を中心にして、地域から地球レベルで環境・資源問題を考察し、適切な森林の保全・管理・活用について論述。
〔ISBN978-4-86099-258-3/Ａ５判・242頁・定価2,940円〕

広葉樹の育成と利用
鳥取大学広葉樹研究刊行会 編

戦後におけるわが国の林業は、あまりにも針葉樹一辺倒であり過ぎたのではないか。全国森林面積の約半分を占める広葉樹林の多面的機能(風致、鳥獣保護、水土保全、環境など)を総合的かつ高度に利用することが、強く要請されている。
〔ISBN978-4-906165-58-2/Ａ５判・205頁・定価2,835円〕

森への働きかけ 森林美学の新体系構築に向けて
湊・小池・芝・仁多見・山田・佐藤 編

森林の総合利用と保全を実践してきた森林工学・森林利用学・林業工学の役割を踏まえながら、生態系サービスの高度利用のための森づくりをめざし、生物保全学・環境倫理学の視点を加味した新たな森林利用学のあり方を展望する。
〔ISBN978-4-86099-236-1/Ａ５判・381頁・定価3,200円〕

＊表示価格は５％の消費税を含んでいます。